中國學術思想 研究輯刊

六 編

林慶彰 主編

第 2 冊

先秦兵家思想探源
——以孫武、孫臏、尉繚為例

羅獨修 著

花木蘭文化出版社

國家圖書館出版品預行編目資料

先秦兵家思想探源——以孫武、孫臏、尉繚為例／羅獨修 著
— 初版 — 台北縣永和市：花木蘭文化出版社，2009〔民98〕
目 4+274 面；19×26 公分
（中國學術思想研究輯刊 六編：第 2 冊）
ISBN：978-986-254-053-4（精裝）
1. 兵家　2. 先秦哲學　3. 學術思想
592.09　　　　　　　　　　　　　　　　98015119

ISBN - 978-986-2540-53-4

9 789862 540534

中國學術思想研究輯刊
六 編 第二 冊　　　　　ISBN：978-986-254-053-4

先秦兵家思想探源
——以孫武、孫臏、尉繚爲例

作　　　者	羅獨修
主　　　編	林慶彰
總 編 輯	杜潔祥
出　　　版	花木蘭文化出版社
發 行 所	花木蘭文化出版社
發 行 人	高小娟
聯 絡 地 址	台北縣永和市中正路五九五號七樓之三
	電話：02-2923-1455／傳眞：02-2923-1452
網　　　址	http://www.huamulan.tw 信箱 sut81518@ms59.hinet.net
印　　　刷	普羅文化出版廣告事業
封 面 設 計	劉開工作室
初　　　版	2009 年 9 月
定　　　價	六編 30 冊（精裝）新台幣 50,000 元

先秦兵家思想探源
——以孫武、孫臏、尉繚爲例

羅獨修　著

作者簡介

羅獨修小傳

本人生於民國四十年四月十日。湖南邵陽人。家鄉為武俠之發源地之一，寶慶仔至長沙打碼頭的故事不少湖南人耳熟能詳，平江不肖生之《江湖奇俠傳》有特別介紹。此地務農為生之農民心目中之天堂是長沙商埠，洪揚之亂為寶慶人開了另一條榮華富貴之路——投軍。因此占商埠經商與研究軍事為縈繞於心之問題。閱讀廣泛，只要看得懂，於書無所不窺。制式教育對我一無影響，只以少數時間應付課業、考試。大學、研究所均就讀於文化大學，讀書為輔，經商為主。二年兵役得以親身體驗軍旅生活。退伍後做過搬運工、開過餐館，其後再入工廠做工，共十二年，生活閱歷堪稱豐富。後再讀博士班、任副教授、教授迄今。研究範圍主要為軍事史、上古史、文獻學及史學方法等。

提　　要

　　先秦諸子為中國思想上之銘印 影響至深且巨。其淵源為歷史之謎。本文透過兵家思想溯源，做為瞭解此一複雜問題之基礎。

　　先秦兵家思想淵源未發之覆至夥，其犖犖大者為：《孫子》是否如司馬遷所說為《司馬法》之申述解說？《孫子》有無承繼兵陰陽、技巧、形勢之處？《孫子》是否源出管子？孫臏籌策龐涓究竟是事實抑或只是司馬遷之過度渲染？《孫臏兵法》下篇是否與孫臏有關？孫臏名列兵權謀家，何以其兵法中查無兵技巧之內容？孫臏籍隸齊人抑或楚人？其思想有無襲自孫武之處？孫臏貴勢名聞戰國時代，出土之《孫臏兵法》能否具體指實其貴勢之內容？《尉繚子》究竟屬雜家抑兵家？尉繚思想是否源出商鞅？《尉繚子》名列兵形勢家，何以其內容完全不類《藝文志》對兵形勢之形容？尉繚究竟身處梁惠王之世抑或秦始皇之世？尉繚之尉與晉國尉之職掌是否有關？尉繚重將思想有無歷史上之淵源？

　　上述諸多謎團，本論文大體提出合理解釋。並進一步知悉先秦兵家愈是高明深邃之兵學思想，愈有久遠之歷史淵源。兵家之主幹思想實源出古之官守，但其思想並不局限於古之官守，有些思想與作者之親身體驗或時代特性有密切關連。

目
次

第一章　先秦兵家思想淵源問題之回顧

　　先秦諸子不但是中國思想之淵源，亦是中國思想上之銘印，對中國影響至深且巨，成為中國文化之主流，歷朝歷代文化取資於此，借鑒於此。爾後兩千年中國文化並無長足而飛躍之發展，但周邊各國文化與中國文化相較，無不相形見拙。先秦文化之深厚於此可見。

　　但先秦諸子這種絢麗奪目之文化從何而來，卻實為中國文化最大問題之一。莊子認為諸子之學皆出自古學，諸子多得一察以自好，未能得古人之全，均為一曲之士。〔註1〕荀子認為出自官守：

　　　　父子相傳，以持王公，是故三代雖亡，治法猶存，是官人百吏之所
　　　　以取祿秩也。〔註2〕

班固認為諸子百家皆出於王官；〔註3〕《淮南子》則主「起于救時之弊」；〔註4〕康有為則主「託古改制說」；〔註5〕胡適力主諸子不出王官論。〔註6〕然胡適之

〔註1〕　《南華真經‧卷十‧天下》（宋刊本，郭象注）（臺北：商務印書館，民國60
　　　　年），頁15上，16下。

〔註2〕　《荀子‧榮辱》（王先謙集解本）（臺北：世界書局，民國63年7月新二版），
　　　　頁37。

〔註3〕　班固，《漢書‧卷三十‧藝文志》（點校本）（臺北：世界書局，民國61年9
　　　　月初版），頁1701～1781。

〔註4〕　《淮南子‧要略訓》（高誘註本）（臺北：世界書局，民國80年3月九版），
　　　　頁374～376。但《淮南子‧要略》並無「救時之敝」之語，此語實為胡適總
　　　　括淮南思想之言。

〔註5〕　康有為，《孔子改制考‧諸子改制託古考第四》（北京：中華書局，1988年3
　　　　月二刷），頁47～100。

〔註6〕　胡適，〈諸子不出於王官論〉，收錄於《古史辨‧第四冊》（臺灣影印，書局、
　　　　時間不詳），頁1～8。

論點實襲自曹耀湘。〔註7〕康、胡、曹之論點在外觀上似同《淮南子・要略訓》之說法，但其實則截然不同。《淮南子》之「救時之敝」思想是諸子對古學增損選擇以應時代之需，仍是有源之水，而康、胡、曹之說，實主諸子之學爲其在春秋戰國時代向壁捏造，並無源頭。章太炎則主調合之說，以爲：

> 九流皆出王官，及其發舒，王官所弗能與，官人守要，而九流宣其義。〔註8〕

呂思勉之看法與章氏相同。呂思勉言：

> 諸子之學，《漢志》謂皆出王官；《淮南・要略》則以爲起于救時之敝，蓋一言其因，一言其緣也。〔註9〕

古人著書不嫌剽竊，但其引用前人成說是有規則可循，使後之讀者能一眼判明何者爲經，何者爲傳？抑或是經、傳熔鑄爲一，杳無蹤跡？這亦是本論文欲藉研究兵家思想淵源所探討之眾多主題之一。

在先秦諸子思想淵源上，本文站在兵家立場看待此一問題，雖未能一窺全貌，但管窺部份可以深切著明。部份之充分瞭解，可作爲全面瞭解此一重大問題之基礎。

本論文探討兵家思想淵源以孫武、孫臏、尉繚爲研究分析之對象，主因有二：一因臨沂銀雀山漢墓出土有此三種兵法，其時代距作者不遠，可確信這三本兵書爲其手著或與作者有密切關連，其絕非後人向壁捏造之僞書，已可斷言。二因兵家四派之中，兵陰陽家有目無書，無法做完整全面之溯源研究。兵技巧家之思想部份保留在《墨子・備城門》以下二十多篇之中，資料可謂詳贍，但在墨子之前之相關資料實在太少，不易做溯源之分析比較；而

〔註7〕 曹耀湘，《墨子箋・卷十五》云：「余按班志藝文本取劉歆之七略，其於諸子區分九流，墨家、名家之書爲最少，周之末，墨言雖盈天下，傳其術者，類優于行而絀于文，雖有著述，殆無足觀。故不能及儒家、道家之什一。志中推墨家所出與其短長之處，所見不逮淮南遠甚，寧論史公與莊子乎？劉歆之敘諸子必推本於古之官守，則迂闊而鮮通。其曰：『道家出於史官。』不過因老子爲柱下史及太史公自敘之文而傅會爲此說耳。若云歷記成敗興亡然後知秉本執要，未免以蠡測海之見。至其謂墨家出於清廟之守，則尤爲無稽之臆說，無可采取。唯是焚書以後，遺文間出，是賴此時校輯之勤以得存世而傳于後，故條錄而辨之於此。」此書收錄於《墨子集成》中（臺北：成文出版社，民國64年），頁253～254。

〔註8〕 章太炎，《原學》，《章太炎遺書》（臺北：世界書局，民國71年4月再版），頁477。

〔註9〕 呂思勉，《先秦學術概論》（江蘇：東方出版中心，1996年2月二刷），頁16。

兵權謀家之《孫子》、《孫臏兵法》，兵形勢家之《尉繚子》原書保留大體完整，作者之活動時間、地域大體清晰，而其先之權謀、形勢之兵學思想在古籍之中尚有遺留，方便做探源之分析。

　　從西漢以來，有關此三家（孫武、孫臏、尉繚）思想之淵源，幾乎任何細微末節，都存在著種種異說。有些異說之觀點恰成兩極式之對立，有些則似千縷萬絲，糾纏不清。任何研究者置身於這些問題之中，都有眼花撩亂、難措手足之感。

　　《史記‧孫子吳起列傳》明言：「於是闔廬知孫子能用兵，卒以爲將，西破強楚，北威齊晉，顯名諸侯，孫子與有力焉。」但宋代學者葉適以《左傳》未提及孫武，且孫子未曾與聞國政，根本懷疑歷史上曾存在孫武其人。〔註10〕章學誠、全祖望、齊思和、陳振孫、錢穆等均與葉適持同樣之看法。〔註11〕章學誠並進一步認爲：

　　　　且觀闔廬用兵前後得失，亦與孫武之書大相刺謬，天下固有所行不
　　　　逮其所言者，必出游士空談，不應名將終身用兵所言如出兩人，是
　　　　則史遷誤採，不根傳記，著於列傳，明矣。〔註12〕

全祖望以入郢吳軍之師出無律，而認爲其書其事，皆縱橫家之所僞爲。〔註13〕

　　宋濂即針對葉適之觀點予以批駁：

　　　　葉適以不見《左傳》疑其書乃春秋末戰國初山林處士之所爲，予獨

〔註10〕葉適云：「遷載孫武齊人而用于吳，在闔閭時破楚入郢，爲大將，按左氏無孫武。
　　　　他書所有，左氏不必有，然潁考叔、曹劌、燭之武、鱄設諸之流，微賤暴用事
　　　　而左氏未嘗遺，而武功名章灼如此，乃更闕略。又周時伍員、宰嚭一一銓次，
　　　　乃獨不及武。即詳味孫子，與管仲、六韜、越語相出入，春秋末戰國初山林處
　　　　士所爲，其言得用于吳者，其徒誇大之說也。自周之盛至春秋，凡將兵者必與
　　　　聞國政，未有特將于外者。六國時，此制始改，吳雖蠻夷，而孫武大將，乃不
　　　　爲命卿，而左氏無傳，焉可乎？」見葉適，《學習記言‧卷第四十六》（萃古齋
　　　　精鈔本），（中國子學名著基金會印行，民國67年12月初版），頁1上1下。
〔註11〕見章學誠，〈與孫淵如觀察論學十規〉，《章學誠遺書‧佚篇》（北京：文物出
　　　　版社，1985年8月1版），頁637；全祖望，《鮚埼亭集‧卷二十九‧孫武子
　　　　論》（臺北：華世出版社，民國66年3月初版），頁364；齊思和，〈孫子兵法
　　　　著作時代考〉，《中國史探研》（臺北：弘文館出版社，民國74年9月），頁218；
　　　　陳振孫，《直齋書錄題解‧卷十二‧孫子三卷》（人人文庫本）（臺北：商務印
　　　　書館，民國67年5月1版），頁346；錢穆，《先秦諸子繫年考辨‧七‧孫武
　　　　辨》（臺北：東大出版社，民國79年9月），頁12。
〔註12〕章學誠，《章學誠遺書‧佚篇‧與孫淵如觀察論學十規》，頁637。
〔註13〕全祖望，《鮚埼亭集‧卷二十九‧孫武子論》，頁363～364。

不敢謂然。春秋時，別國之事赴告則書于策，不然則否。二百四十
二年之間，大國若秦楚，小國若越燕，其行事不見于經傳者有矣，
何獨武哉！〔註14〕

畢以珣則以爲《左傳》未言及孫武之原因在「武惟爲客卿，故《春秋左氏傳》
言伍員而不詳孫武也。」〔註15〕方苞亦認爲：

楚之戰功，吳起實專之。吳則申胥華登之謀居多。故曰：武與有力
焉。蓋古人之不苟於言如此。〔註16〕

魏源云：

吳，澤國文身封豕之蠻耳，一朝滅郢，氣溢于頂，主傲臣驕，據宮
而寢，子胥之智不能爭，季札之親且賢不能禁，一羈旅臣能巳之乎？
故《越絕書》稱「巫門外有吳王客孫武冢」。是則客卿將兵，功成不
受官，以不盡行其說故也。〔註17〕

魏源此言雖針對蘇洵之論點而發，但實際上與全祖望之論點更是針鋒相對。

　　孫武係春秋時人，其手著之兵法理應爲春秋時代之作品。葉適以「試以
婦人，奇險不足信」、「（春秋時）無中御之患」、「投之無所往者，諸劌之勇也。」
爲依據，認爲十三篇非春秋時之著作。〔註18〕姚鼐據「春秋大國用兵，不過
數百乘」、「主在春秋時，大夫稱也。」認爲《孫子》是「戰國言兵者爲之」。
〔註19〕齊思和以《孫子》著於戰國時代，其基本論點多同於葉適、姚鼐，其
附加之論點爲：「連年用兵，非春秋時人之語」；霸王、形名、五行之名詞爲
戰國所有；戰國以前無私人著述。〔註20〕錢穆先生亦以《孫子》書中有「首
之以道，而後天地」、「形名」而推斷其「洵非春秋時書」。〔註21〕

〔註14〕宋濂，《宋學士全集・卷二十七・諸子辨・孫武》（金華叢書本）（臺北：藝文
　　　　印書館印百部叢書集成），頁58上～58下。
〔註15〕畢以珣，〈孫子敘錄〉，《孫子十家註》（嘉慶二年版），收錄於《孫子集成・冊
　　　　15》（濟南，齊魯書社，1993年4月1版），頁1下。
〔註16〕方苞，《史記評語・孫子吳起列傳》，《二十五史三編・第一冊》（長沙：岳麓
　　　　書社，1994年12月），頁87。
〔註17〕魏源，《魏源集・孫子集注序》上冊（北京：中華書局，1976年3月1版），
　　　　頁227。
〔註18〕葉適，《學習記言》，卷四十六，頁1下、3下、4上、5上。
〔註19〕姚鼐，《惜抱軒全集・卷五・題跋・讀孫子》（臺北：世界書局，民國56年5
　　　　月再版），頁54。
〔註20〕齊思和，《中國史探研・孫子兵法著作時代考》，頁223～225。
〔註21〕錢穆，《先秦諸子繫年考辨・七・孫武辨》，頁13。

　　《孫子》之作者，亦有數說。司馬遷在《史記‧孫子吳起列傳》明言孫武著《孫子》十三篇，承襲此一說法者有畢以珣、楊家駱、劉仲平等人。〔註22〕錢穆、金德建等則主孫臏著《孫子》。〔註23〕葉適則主山林處士著《孫子》。〔註24〕牟庭、張其昀則以爲伍子胥著《孫子》。〔註25〕直至一九七二年銀雀山竹簡出土，始完全廓清孫武爲一爲二、兵書爲一爲二之疑惑。

　　關於孫武之籍貫，亦存在著種種異說。一說孫武爲齊人，此說見之於《史

〔註22〕見畢以珣，〈孫子敍錄〉；楊家駱，〈孫子兵法考〉，收錄於世界書局版《孫子十家註》中（臺北：世界書局，民國61年10月新1版），頁1～4；劉仲平，〈孫子兵法一書的作者〉，收錄於《孫子兵法大全》中（臺北：黎明文化事業公司，民國75年7月4版），頁347～365。

〔註23〕其詳可參錢穆，《先秦諸子繫年考辨‧八五‧田忌鄒忌孫臏考》（香港：中華書局香港分局，1986年12月重印版），頁73～84。

〔註24〕同註10。

〔註25〕牟庭之論《孫子》作於伍員，說頗新穎。較早著錄此說者似爲民國二十九年陸達節所編之《孫子考‧卷八‧牟庭校正孫子》，此書雖註《校正孫子》未見，但引用《登州府志》之記述：「校正孫子，棲霞牟庭著，以孫武與伍員爲一人，據託其子於鮑氏爲王孫氏爲徵，亦以孫武不見春秋傳，徒爲之詞也。」陸達節，《孫子考》，收錄於《孫子集成‧冊15》，頁803。承襲牟氏之說者爲張其昀。張其昀曰：「孫武殆書名而非人名，謂孫氏世傳之武經，猶之言毛詩也。孫氏之祖先即伍子胥。……太史公著史記……稱其戰功如西破強楚入郢，北威齊晉，顯名諸侯，此可總括子胥生平。左傳記吳事頗詳，絕不及孫武，殊爲可疑，清人牟庭謂伍子胥與孫武，似非二人，實有所見。」見張其昀，《中國軍事史略》（臺北：中華文化事業委員會，民國45年1版），頁81～82。牟庭之《校正孫子》未見刊本，牟氏之說似由《登州府志》傳播而來。目前所能見到轉錄原文最多者，似爲吳九龍在《銀雀山漢簡釋文：敍論》上所引的一段話。牟之此論亦非來自《校正孫子》，而是出自《雪泥雜志》。吳九龍錄文如下：「古有伍胥無孫子，世傳《孫子》十三篇，即伍子胥所著書也。而史記有孫臏生阿鄄間爲孫之子孫者，實子胥之裔也。……知者據《左傳》哀公十一年子胥囑其子于齊鮑氏爲王孫氏，是爲伍氏之後，在齊姓孫，有明驗矣。既用改姓其子，故其著書，亦以自號，其所欲寄託者然也。其書舊題，當曰孫子武十三篇，後人習傳，輒曰孫子名武，而不知武者書名，非人名也，其姓名居趾，皆不著于書中，而其子孫居齊，傳述其家書，故世人由此稱之曰孫子武齊人也。司馬遷不知孫子即子胥，別爲〈孫武列傳〉。……蓋子胥自柏舉以前，說聽于闔閭，以覆楚爲事，非遑著書。夫椒之後，以越爲憂，而寢不見用于夫差，乃托著書以自見，其書多言越人而不及楚，知爲夫差時作也。覆楚則曰伍子胥，著書則曰孫子，前後異稱，非兩人也。……左丘明喜言兵，愛奇士，使吳有孫武其人，安得內外傳無一言及之？故余以左氏之所不言，而知孫武之爲它是公，可無疑也。」見吳九龍，《銀雀山漢簡釋文‧敍論》（北京：文物出版社，1985年12月第1版），頁15～16。

記‧孫子吳起列傳》。一說孫武為吳人，班固、趙曄均持此說。〔註26〕一說孫武為衛人，此說見之於《廣韻》。〔註27〕

　　《史記‧太史公自序》認為「司馬法所從來尚矣，太公、孫吳、王子能紹而明之。」故孫武之兵學思想前有所承，《孫子》並非中國兵書之原始。《漢書‧藝文志》所著錄之《孫軫》、《地典》、《由余》等兵書，均在《孫子》之前。劉師培云：

　　　　四曰兵學，自風后握奇經，詳言列陣之法，而神農黃帝有兵書，封

　　　　胡、風后、力牧、鬼容區亦傳兵法，是古人未嘗空言兵也。〔註28〕
孫星衍、《四庫全書總目提要》等均認為《黃帝兵法》、《司馬兵法》、《六韜》原本失傳，兵陰陽家出於依託，術數非真正兵法，故兵法惟《孫子十三篇》為最古。〔註29〕

　　《孫子》篇題與其內容是井然有序，抑或是雜論無章，亦存在著截然不同之兩種意見。鄭友賢稱揚《孫子》「其義各主於篇題之名，未嘗泛濫而為言。」〔註30〕蔣百里、劉邦驥認為「結構縝密，秩序井然。」〔註31〕但日人平山潛

〔註26〕班固，《漢書‧藝文志》記錄兵權謀家有吳孫子八十二篇，頁1756；《漢書‧古今人表中中》：「吳孫武」，頁929；趙曄：《吳越春秋‧卷第四‧闔閭內傳》（臺北：世界書局，民國69年3月再版），頁92，云：「孫子者名武，吳人也，善為兵法，辟隱深居，世人莫知其能。」

〔註27〕《廣韻上平‧二十三魂‧孫》（臺北：藝文印書館，民國75年12月校正六版），頁55下，云：「文王子，康叔封於衛。至武公子惠孫曾耳為衛上卿，因氏焉，後有孫武、孫臏，俱善兵法。」

〔註28〕劉師培，《劉申叔先生遺書‧左盦外集》（臺北：京華出版社，民國59年10月再版），頁1718～1719。

〔註29〕孫星衍，《孫子十家註‧序》，頁3；永瑢等編撰，《四庫全書總目提要‧卷九十九‧子部兵家類》（臺北：商務印書館，民國74年5月增訂三版），頁2033-2034。

〔註30〕鄭友賢，《孫子遺說》，《孫子十家注》，《孫子集成‧冊15》，頁584～587。鄭友賢專就虛實立說，「如虛實一篇，首尾次序皆不離虛實之用，但文辭差異耳。」文長不引。

〔註31〕蔣方震、劉邦驥，《孫子淺說‧序》，云：「十三篇結構縝密，次序井然，固有不能增減一字，不能顛倒一篇者。計篇第一，總論軍政，平時當循正道，臨陣當用詭道，而以廟算為主，實軍政與主德之關繫也。第二篇至第六篇，論百世不易之戰略也。第七篇至第十三篇，論萬變不窮之戰術也。……用間第十三者，以間為詭道之極則，而廟算之能事盡矣。非有道之主，則不能用間，而反為敵所間。可見用間為廟算之作用也。準此以讀十三篇，若網在綱，有條不紊，不能增損一字，不能顛倒一篇矣。」收錄於《孫子集成‧冊20》，頁100～101。

則以爲《孫子》：

> 每篇文法始終不相配，與此篇（火攻）同者往往有焉。如〈軍爭〉
> 末論治心氣力變之機；〈九變〉篇末說將之五危；〈地形〉篇末言六
> 敗；〈九地〉篇末議廟謨也。蓋是孫子一家文法而已，知之而後，始
> 可讀孫子矣。〔註32〕

鄧廷羅亦認爲《孫子》不論篇題、內容都有欠妥之處。〔註33〕其中最大問題，
實在〈火攻〉之結尾：

> 戰勝攻取，而不修其功者凶，命曰「費留」。故曰：明主慮之，良將
> 修之。非利不動，非得不用，非危不戰。主不可以怒而興師，將不
> 可以慍而致戰。合於利而動，不合於利而止。怒可以復喜，慍可以
> 復悅，亡國不可以復存，死者不可以復生。故明君愼之，良將警之，
> 此安國全軍之道也。

葉適認爲「下文戰勝攻取而不修其功者凶，命曰費留，不與上篇連屬。」〔註34〕
聚訟近千年之疑問，直待銀雀山漢墓竹簡出土，始得判明。〔註35〕

　　司馬遷一再申說《孫子十三篇》，但《漢書·藝文志》卻言：「吳孫子兵法
八十二篇，圖九卷。」多出部份，孫星衍以爲或即與吳王之問答。〔註36〕張守
節云：「《七錄》云孫子兵法三卷。案十三篇爲上卷，又有中下二卷。」〔註37〕

〔註32〕 平山潛，《孫子折衷·卷十二·火攻》，頁6下7上，收錄於《孫子集成·冊
15》。

〔註33〕 鄧廷羅，《孫子集註·凡例·章句一》，頁17，云：「惟是嬴秦灰燼之餘，編次
失序，迨漢晉唐宋而還，傳不一代，註不一家，魯魚豕亥之訛，相沿而愈亂。
如作戰竄謀攻，軍變誤九變，九地前後參差重複。」本書收錄于《孫子集成·
冊12》。

〔註34〕 葉適，《學習記言》，卷四十六，頁6上。

〔註35〕 在銀雀山木牘篇題上，〈火攻〉篇在〈用間〉篇之後，實爲末編。其詳可參看
銀雀山漢墓整理小組，《銀雀山漢墓竹簡〔壹〕》（北京：文物出版社，1985
年9月1版），頁38。又朱軍云：「我認爲上述古今注解有進一步研究之必要。
關鍵是對本節整個內容含意的認識問題。我認爲本節是講愼重從事戰爭，認
眞準備戰爭的問題。從這個中心思想看來，本節雖置于〈火攻篇〉的末節，
並非本篇的小結，乃是上述十二篇的結束語。它上承『兵者，國之大事，……
經之以五事，校之以計』的全部含義，在這裡提出了『不修其功者凶』，『明
主慮之，良將修之』，『此乃安國全軍之道也』，提到如此高度自然指的戰爭的
整體行爲，豈能只指火攻水攻，豈是只講賞功罰過。」見《孫子兵法釋義》（北
京：海潮出版社，1992年3月1版），頁317。

〔註36〕 孫星衍，《孫子十家注·序》，頁3。

〔註37〕 見《史記·孫子吳起列傳》之「子之十三篇」下，張守節《正義》的說法。

呂思勉亦認爲十三篇爲原書，而《漢志》八十二篇出於後人附益。〔註38〕畢以珣云：

> 按八十二篇者，其一爲十三篇，未見闔廬時所作，今傳《孫子兵法》
> 是也；其一爲問答若干篇，既見闔廬所作，即諸傳記所引遺文是也。
> 〔註39〕

畢以珣總結十三篇之外文字計有：

> 按八十二篇，圖九卷者，其一爲十三篇，今所傳《孫子兵法》是也。
> 其一爲問答若干篇，即諸傳記所引、滎陽鄭友賢所輯遺說是也。一
> 爲八陣圖，鄭注《周禮》引之，是也。一爲兵法雜占，《太平御覽》
> 所引，是也。外有牝八陣變陣圖、戰鬥六甲兵法俱見《隋·經籍志》。
> 又有三十二壘經，見《唐·藝文志》。按《漢志》惟云：八十二篇，
> 而隋、唐〈志〉於十三篇之外，又有數種，可知其具在八十二篇之
> 内也。〔註40〕

但唐之杜牧認爲孫武原書數十萬言，魏武帝「削其繁剩，筆其精切」始成今本十三篇。〔註41〕章學誠以爲：

> 蓋十三篇爲經語，故進於闔廬，其餘當是法度名數，有如形勢、陰
> 陽、技巧之類，不盡通於議論之詞，故編次於中下，而爲後世亡逸
> 者也。十三篇之自爲一書，在闔廬時已然，而《漢志》僅記八十二
> 篇之總數，此其所以益滋後人之惑矣。〔註42〕

紐國平、王福成認爲杜牧錯誤之由實係誤解曹操〈孫子序〉之「而但世人未之深亮訓說，況文煩富，行于世者，失其旨要，故撰爲略解焉。」眞正含義。〔註43〕對此問題之產生做了正本清源之澄清。張舜徽據銀雀山出土之

〔註38〕呂思勉，《先秦學術概論·第七章·兵家》，頁133，云：「《漢志》有《吳孫子兵法》八十二篇，《齊孫子》八十九篇。今所傳者，乃《吳孫子》也，《史記·孫武傳》云：『以兵法見于吳王闔閭。闔閭曰：子之十三篇，吾盡觀之矣。』又謂：『世俗所稱師旅，皆道道《孫子》十三篇。』則今所傳十三篇，實爲原書。《漢志》八十二篇，轉出後人附益也。」

〔註39〕畢以珣，〈孫子敘錄〉，收錄於《孫子十家注》中，頁15上。

〔註40〕畢以珣，〈孫子敘錄〉，頁15上。

〔註41〕杜牧，〈孫子注三卷·自序〉，《古今圖書集成冊五八·理學彙編·經籍典·第四百四十二卷·孫子部彙考》（臺北：鼎文書局，民國74年4月再版），頁4449。

〔註42〕章學誠，《章學誠遺書》，頁107。

〔註43〕紐國平、王福成，《孫子釋義·前言》（蘭州：甘肅人民出版社，1991年5月1版），頁7。

《孫子兵法》「其已發現之篇名，與《十家注孫子》大致相同，此墓葬之時，適當漢武帝初年，距今已兩千一百年。」故「有此確據，則魏武重編之說，不攻自破矣。」〔註44〕

至於《孫子》與古兵書或先秦典籍之淵源關係，更是眾說紛紜。

司馬遷認爲《孫子》不過是紹明古者《司馬法》。〔註45〕班固《漢書‧藝文志‧兵書略》泛論兵家，「蓋出古司馬之職，王官之武備也。」亦以爲與司馬之職有關。

任宏將兵書分成權謀、形勢、技巧、陰陽四家，孫武名列權謀第一。《漢書‧藝文志》敘及權謀及內容是「權謀者，以正守國，以奇用兵，先計而後戰，兼形勢、包陰陽、用技巧者也。」實際上兵權謀家是兵家中之雜家，雜取各家之長。是任宏、劉歆、班固認爲《孫子》之中含有兵陰陽、形勢、技巧之內容。但章學誠卻認爲在《孫子》一書中形勢、陰陽、技巧三門，百不能得一。〔註46〕呂思勉認爲兵家之技巧、陰陽、形勢大多失傳，所可考見者僅只權謀。〔註47〕是呂氏認爲《孫子》之中實無技巧、陰陽、形勢之內容。劉師培則認爲孫武之流兼明形勢而已。〔註48〕龐樸則認爲《孫子》全無陰陽氣味，不採當時五行說。〔註49〕同一李零，在一九八六年一月發表〈關於《孫子兵法》研究整理的新認

〔註44〕 張舜徽，《漢書藝文志通釋》，《二十五史三編‧冊三》（長沙：岳麓書社，1994年12月1版），頁813。

〔註45〕 司馬遷，《史記‧太史公自序》（百衲本）（臺北：商務印書館，1995年4月臺一版七刷），頁1205，云：「司馬法所從來尚矣，太公孫吳王子能紹而明之。」

〔註46〕 章學誠云：「（孫子）八十二篇之僅存十三，非後人刪削也。大抵文辭易傳，而度數難久。即如同一兵書，而權謀之家尚有存文，若形勢、陰陽、技巧三門，百不能得一矣。」見章學誠，《章學誠遺書》，頁107。

〔註47〕 呂思勉，《先秦學術概論》，頁133，云：「兵家之書，《漢志》分爲權謀、形勢、陰陽、技巧四家。陰陽、技巧之書，今已盡亡，權謀、形勢之書，亦所存無幾，大約兵陰陽家言，當有關天時，亦必涉迷信。兵技巧家言，最切實用。然古今不同。爲其理多相通，故其存者，仍爲後人所能解。至兵權謀，則專論用兵之理，幾無古今之異。兵家言之可考見古代學術思想者，斷推此家矣。」

〔註48〕 劉師培，〈周末學學術史序‧兵學史序〉云：「漢志之敘兵家也，析爲四類。（以陰陽爲最乏實用），一曰陰陽（此用兵之貴天時也），二曰形勢（此用兵之貴地利者也），三曰權謀（此用兵之貴人爲者也），四曰技藝（此用兵之貴物者也）。孫武之流，兼明形勢者也（如孫子九地諸篇是）。」劉師培，《劉申叔先生遺書》，頁611～612。

〔註49〕 龐樸，〈先秦五行說之嬗變〉，云：「孫子兵法是倖存的惟一先秦兵書，其中全無陰陽氣味。……《孫子》是唯物主義的兵書，其不採當時的五行說，原是很自然的。」見《穰莠集》（上海：上海人民出版社，1988年3月1版），

識〉時，認爲「今本《孫子》十三篇內容是以權謀爲主而包括形勢。」〔註50〕
但在四年後所寫之〈《孫子》中的兵陰陽說〉卻有進一步的認識：「古陰陽家主
要與天文、地理有關。它對軍事學的影響也主要在這一方面。」〔註51〕

　　葉適首先論及「詳味《孫子》，與《管仲》、《六韜》、《越語》相出入。」
〔註52〕黃鞏云：「《孫子》十三篇，與管子兵法相表裡。管子論其正，孫子
則兼極其變。故兵法唯孫子得其全。」〔註53〕日人新井白石確信孫武思想
源出管子，「于《孫武兵法擇》中援引了《管子》的二十餘條語句作爲典據。」
〔註54〕

　　葉子奇、袁了凡、孫星衍則認爲孫子思想源出黃帝。〔註55〕

　　支偉成、李浴日、顧實、張舜徽等均泛論孫子之學，出於老子。〔註56〕
鄭良樹在〈孫子軍事思想的繼承和創新〉一文中，則細密分析孫武與老子之
相似之處，以明孫武源出老子。〔註57〕

　　　　　頁466～467。

〔註50〕李零，〈關於《孫子兵法》研究整理的新認識〉，《孫子古本研究》（北京：北
　　　　京大學出版社，1995年7月1版），頁287。

〔註51〕李零，〈讀《孫子》劄記·五《孫子》中的兵陰陽說〉，《孫子古本研究》，頁
　　　　302。

〔註52〕葉適，《學習記言》，卷四十六，頁1下。

〔註53〕黃鞏，《孫子集成·例言》，《孫子集成·冊20》，頁13。

〔註54〕佐藤堅司著，高殿芳等譯，《孫子研究在日本》（北京：軍事科學出版社，1993
　　　　年2月1版），頁79～84。

〔註55〕葉子奇，《草木子·雜制篇》（清藍格精抄），收錄於《中國子學名著集成》中
　　　　（臺北：中國子學名著基金會影印。）孫星衍，《孫子十家注·序》，頁1，云：
　　　　「黃帝李法、周公、司馬法、太公六韜，原本今不傳，兵家言惟孫子十三篇
　　　　最古。古人學有所授，孫武之學，或即出於黃帝。」袁了凡《孫子參同·卷
　　　　一·始計第一·眉批》，《孫子集成·冊8》，頁1上，云：「先言經之以五事，
　　　　後言因利制權，經權二字，一篇眼骨。所論五事，大都本軒轅矣。」

〔註56〕支偉成，《孫子兵法史證·序》，云：「孫武之學，出于黃老。」收錄于《孫子
　　　　集成·冊20》，頁515。李浴日，《孫子兵法新研究·自序》（臺北：世界兵學
　　　　社，民國40年4月1版），頁3，云：「孫子的哲理淵源于老子，卻不入於玄。」
　　　　顧實，《漢書藝文志講疏·兵書略·兵權謀》（臺北：廣文書局，民國77年10
　　　　月再版），頁203，云：「老子云：以正治國，以奇用兵。孫子云：凡戰以正合，
　　　　以奇勝。故道家兵家通也。」張舜徽評之曰：「按道家弘博深遠，爲諸子學說
　　　　所自出。司馬遷所謂『皆源於道德之意』者是也。不僅道與兵通而已。」張
　　　　說見《漢書藝文志通釋·五兵書略·兵權謀》，收錄於《二十五史三編·冊三》，
　　　　頁815。

〔註57〕鄭良樹，〈孫子軍事思想的繼承和創新〉，云：「孫武〈計篇〉說：『兵者，詭

　　有關孫武諸多問題中，最令人感到疑惑的是相傳《孫子算經》、《五曹算經》亦出自孫武。認爲《孫子算經》出自孫武者有朱彝尊、畢以珣、支偉成。〔註58〕持反對意見者爲《四庫全書總目提要・孫子算經提要》之撰者及余嘉錫。《四庫全書總目提要・孫子算經提要》之撰者（余嘉錫以爲即是戴震）以《孫子算經》中有「長安洛陽相去九百里，又云佛書二十九章，章六十三字」知其爲「後漢明帝以後人語，孫武春秋末人，安有是語乎？」〔註59〕余嘉錫認爲「朱彝尊以孫子即爲作兵法之孫武，其說本無所據。」〔註60〕羅振玉雖不能肯定《孫子算經》出於孫武，但認爲「文義古質，絕非出兩漢人之手也。」〔註61〕

　　《史記・孫子吳起列傳》明言：「後百餘歲有孫臏。臏生阿、鄄之間。臏亦孫武之後世子孫也。」是孫臏齊人，與齊地有密切之地緣關係。但高誘注《呂氏春秋・不二》之「孫臏貴勢」卻云：「孫臏楚人，爲齊臣，作謀八十九篇。」王符《潛夫論・賢難第五》亦云：「孫臏修能於楚，龐涓自魏變色，誘以刖之。」是東漢時人又有孫臏楚人之說。

　　孫臏籌策龐涓，一步步將龐涓誘入其精心設計之屠殺機關之中，其過程之細緻實已至絲絲入扣之地步，至「讀其書未畢，齊軍萬弩齊發」，實爲全篇

道也，故能而示之不能，用而示之不用，近而視之遠，遠而示之近。』〈軍爭篇〉說：『故兵以詐立，以利動，以分合爲變者也。』都認爲用兵是一種詭詐的行動。……似此詭詐的行動和思想，恐怕淵源於老子。《老子》三十一章說：『將欲歙之，必固張之；將欲弱之，必固強之；將欲廢之，必固興之；將欲奪之，必固予之。』這類反道而行的詭詐思想，到處充斥《老子》書內。……孫子繼承了《老子》反道而行的詭詐思想，然後擴充發展，成爲行軍的思想和指揮守則。……根據詭詐思想，孫武再發展出『虛實』的用兵守則。……根據詭詐思想，孫武又發展出『多變』的用兵守則。……」見《漢學研究》第十卷第 2 期，民國 81 年 12 月，頁 169～170。

〔註58〕朱彝尊之說法可看《四庫全書總目提要・卷一百七・天文算法類二・孫子算經三卷》，頁 2199～2200，文長不引；畢以珣之說法可見〈孫子敘錄〉，《孫子十家註》，收錄於《孫子集成・冊 15》，頁 42～43，云：「孫子算經篇者即以度量數稱四事，分爲四編，與他算書不同，則斷知其爲孫武書無疑。」支偉成之說法可看《孫子兵法史證・序》，頁 516。

〔註59〕見《四庫全書總目提要・卷一百七・天文算法類二・孫子算經三卷》，頁 2199～2200。

〔註60〕余嘉錫，《四庫全書總目提要・卷十二・天文算法類二・孫子算經三卷》（臺北：藝文印書館，民國 86 年 9 月），頁 691。

〔註61〕羅振玉，《流沙墜簡・小學術數方技書考釋》（北京：中華書局，1993 年 9 月 1 版），頁 93。

之最高潮，牛運震評之爲「讀其書未畢，著未畢二字，便有精神。」〔註62〕
但因司馬遷敘述孫臏之復仇過程，其筆法彷彿是最精彩之戲劇而非歷史，洪
邁疑及其每一過程。〔註63〕

　　有關孫臏之結局亦存在種種異說。《史記·孫子吳起列傳》之敘述是「孫
臏以此名顯天下，世傳其兵法。」是孫臏在馬陵之戰以後頗爲躊躇滿志。錢
穆先生卻認爲田忌與鄒忌爭權失敗奔楚，孫臏隨之逃亡，其後是否返齊，則
不可知。〔註64〕《漢書·刑法志》云：「孫、吳、商、白之徒，皆身誅戮于前，
而國滅亡于後。」顏師古注將孫視之爲孫武、孫臏。是班固或顏師古相信孫
臏亦不得善終。

　　《漢書·藝文志》稱「齊孫子八十九篇，圖九卷。」文物出版社於 1975
年 2 月出版之《孫臏兵法》，內容分爲上、下編，上編十五篇，下編十五篇，
共三十篇，總篇數不及《漢書·藝文志》所記篇數之半，知銀雀山出土之《孫
臏兵法》尚非全帙。但至 1985 年 9 月文物出版社所出版之《銀雀山漢墓竹簡
〔壹〕·孫臏兵法》中，加進一篇〈五教法〉，將下編十五篇全都排斥在《孫
臏兵法》之外，並認爲：

　　　　其中有些篇（如〈將敗〉、〈兵之恆失〉）在後來的整理過程中已發現
　　　　有確鑿的證據證明不是孫臏書（詳本書〔貳〕），可見通俗本的編輯
　　　　方法是不妥當的。〔註65〕

因《銀雀山漢墓竹簡〔貳〕》迄今仍未出版，其所謂之「確鑿證據」爲何，讀
者仍是無法知悉。

　　《史記·孫子吳起列傳》敘述孫武、孫臏不但有血緣關係，而且思想、
言行幾乎完全無殊。二人同著兵法，二人同樣名顯天下。《呂氏春秋·不二》
稱「孫臏貴勢」，而《孫子》有〈勢〉篇；孫臏言兵，且屢引《孫子》，如：

　　　　善戰者，因勢而利導之。兵法百里而趣利者，蹶其上將，五十里而
　　　　趣利者軍半至。〔註66〕

以致錢穆先生、金德建等均疑及《孫子》之作者爲孫臏，孫武即孫臏。

〔註62〕牛運震，《史記評註·孫子吳起列傳》，《二十五史三編》冊一，頁 755。
〔註63〕其詳見洪邁，《容齋隨筆·卷十三·孫臏減灶》（點校本），（長春：吉林文史
　　　　出版社，1995 年 2 月 2 刷），頁 136。
〔註64〕錢穆，《先秦諸子繫年考辨·八五·田忌鄒忌孫臏考》，頁 263。
〔註65〕銀雀山漢墓竹簡整理小組，《銀雀山漢墓竹簡〔壹〕·編輯說明》，頁 8。
〔註66〕見《孫子·軍爭》。

杜佑云：

> 孫臏曰：用騎有十利……此十者，騎戰利也。夫騎者，能離能合，能
> 散能集，百里爲期，千里而赴，出入無間，故名離合之兵也。〔註67〕

錢穆先生卻云：「然疑當孫臏之世，尚不能有騎戰。」〔註68〕

《漢書‧藝文志》將孫臏列入兵權謀家，但《呂氏春秋‧不二》卻言：「孫臏貴勢。」

　　關於《尉繚子》是眞是僞，姚際恆、譚獻之看法即與呂思勉完全不同。

姚際恆云：

> 其首〈天官〉篇與梁惠王問對，全倣《孟子》天時不如地利爲説，
> 至戰威章則直舉二語矣。豈同爲一時之人，其言適相符合若是耶，
> 其僞昭然。〔註69〕

譚獻云：「《尉繚子》世以爲僞書。文氣不古，非必出於晚周。」〔註70〕

　　呂思勉則云：「《六韜》及《尉繚子》皆多存古制，必非後人所能僞爲。」
〔註71〕銀雀山竹簡出土，證明呂思勉所言非虛，《尉繚子》確爲先秦古籍。
　　在《漢書‧藝文志》中既有雜家《尉繚子》二十九篇，又有兵形勢家《尉
繚》三十一篇。現今流行之《尉繚子》二十四篇究竟屬雜家抑或是兵家，則眾
說紛紜。《隋書‧經籍三》、《舊唐書‧經籍志下》、《新唐書‧藝文志》均將《尉
繚子》列入雜家，姚鼐則以爲「尉繚之書，不能論兵形勢，反雜商鞅刑名之説，
蓋後人雜取，苟以成書而已。」〔註72〕張烈以《尉繚》之〈兵談〉論及立邑建
城、〈將理〉議論平反冤獄、〈治本〉論述耕織，其書完全不類《漢書‧藝文志》
對兵形勢之描述，故今本《尉繚》只能是《漢書‧藝文志》裡所說的雜家《尉
繚》，而非兵形勢家《尉繚》。〔註73〕李解民以《隋書‧經籍志》、《舊唐書‧經

〔註67〕杜佑，《通典‧卷一百四十九‧兵二》（點校本），（長沙：岳麓書社，1995年
　　　　11月1版），頁2009。
〔註68〕錢穆，《先秦諸子繫年考辨‧八五‧田忌鄒忌孫臏考》，頁263。
〔註69〕姚際恆，《古今僞書考》（《知不足齋叢書》本）（臺北：藝文印書館影印百部
　　　　叢書），頁27上、下。
〔註70〕見張心澂，《僞書通考‧子部‧兵家‧尉繚子》（上海：上海書店，1998年1
　　　　月1版），頁804，引譚獻《復堂日記》。
〔註71〕呂思勉，《先秦學術概論》，頁134。
〔註72〕姚鼐，前引書，頁52。
〔註73〕張烈，〈關於《尉繚子》的著錄和成書〉，《文史》第八輯，1980年3月，頁

籍志》、《新唐書‧藝文志》之歸類，唐宋人之徵引及流傳至今之佚文（如《北堂書鈔‧卷一二九》之「天子玄冠玄纓、諸侯素冠素纓、自大夫以下皆皂冠皂纓」與「天子文衣文緣」；《初學記‧卷二四》之「天子宅千畝，諸侯百畝，大夫以下里舍九畝。」）爲據以爲今本《尉繚子》當歸雜家。〔註74〕鍾兆華亦以《尉繚子》佚文與《禮記‧玉藻》、《禮記‧禮器》係屬同一體系，由此可見，李善、徐堅所引的《尉繚子》不是兵家，而是「兼儒墨名法」的雜家。〔註75〕但王陽明則以爲「《尉繚》通卷論形勢而已」。〔註76〕《四庫全書總目提要》亦認爲今之所傳即兵家《尉繚》。〔註77〕劉仲平亦以今本《尉繚子》爲《漢書‧藝文志》兵形勢家之《尉繚》，但未說明理由。〔註78〕鄧澤宗等人則認爲流傳至唐時只有一種《尉繚子》，只因觀點不同，故《隋書‧經籍志》、《舊唐書‧藝文志》、《新唐書‧藝文志》均將其收錄於雜家；《崇文總目》、《武經七書》等的編撰者則將其列入兵書。〔註79〕何法周比較竹簡本、唐治要本、宋《武經》本之《尉繚》，篇名篇數篇章內容略有差異，但其基本內容相同，但卻被班固「分在雜家、兵家兩大類，當成了兩部書，從而引起了誤解，造成了混亂。」〔註80〕鄭良樹、劉春生對此問題則採折衷方案，其折衷方式略有小異。鄭良樹認爲《尉繚》前十二篇屬雜家，中八篇屬兵家。劉春生則認爲《尉繚》前十二篇最後二篇屬雜家，爲梁惠王時之尉繚所撰作，後十篇（〈兵令〉上、下除外）屬兵家，秦始皇時人所撰作。〔註81〕

27～31。

〔註74〕李解民，《尉繚子譯註‧前言》（石家莊：河北人民出版社，1995 年 4 月二刷），頁 2～3。

〔註75〕鍾兆華，〈關于《尉繚子》某些問題的商榷〉，《文物》1978 年第 5 期，頁 60～63。

〔註76〕王陽明硃批，《武經七書‧卷之五‧尉繚子》（陸軍指揮參謀大學，民國 55 年 5 月），頁 52 上。

〔註77〕永瑢等編撰，《四庫全書總目提要‧卷九十九‧子部九‧兵家類‧尉繚子五卷》，頁 2037。

〔註78〕劉仲平，《尉繚子今註今譯‧前言》（臺北：商務印書館，民國 73 年 3 月修訂初版），頁 6。

〔註79〕見鄧澤宗等，《武經七書譯註‧尉繚子簡介》（北京：解放軍出版社，1986 年 8 月 1 版），頁 141～142。

〔註80〕何法周，〈《尉繚子》初探〉，《文物》1977 年第 2 期，頁 29～31。

〔註81〕鄭良樹之說法見《尉繚子全譯‧尉繚子的內容和類屬》（貴陽：貴州人民出版社，1995 年 3 月二刷），頁 4～6；劉春生之說法見《尉繚子譯註‧前言》，頁 3。

劉向《別錄》云：「繚爲商君學」。〔註82〕承襲此一說法者有錢穆、〔註83〕方克、〔註84〕鄭良樹。〔註85〕張烈則以許多重要議論（如戰爭觀、賞罰觀、對儒法兩個學派的態度上）兩者大異其趣而持相反意見。〔註86〕

尉繚籍屬何國，亦有兩種不同之說法。《司馬遷・秦始皇本紀》記大梁人尉繚見秦王，錢穆先生以爲戰國尉繚僅只一人，故尉繚爲魏大梁人。〔註87〕但宋代金人施子美則云：「尉繚子，齊人也，史不紀其傳。」〔註88〕

尉繚之姓名，顏師古註《漢書・藝文志・雜家類・尉繚子》云：「尉，姓；繚，名也。」錢穆先生則以爲「秦王覺，因止以爲秦國尉。則所謂尉繚者，尉乃其官名，如丞相綰、御史大夫劫、廷尉斯之例，而逸其姓也。」〔註89〕

尉繚爲何時人，則更顯複雜，總共約有四種說法。第一種說法是梁惠王時代之人。持此看法者有何法周、李解民，張文儒。何法周之理由是《尉繚子》起首即是：「梁惠王問尉繚子曰……」理由之二是託古改制一定託之名人，何以尉繚要託之於連國都安邑都保不住的敗國之君。理由之三是書內引證歷史人物僅止於戰國早期之吳起。〔註90〕李解民之看法大體同於何法周。〔註91〕張文儒以書中反映之事實比較貼合梁惠王之現況，而與秦始皇時代完全不同。〔註92〕第二種說法是秦始皇時代之人，持此一看法者有錢穆、張烈。錢穆先生將《尉繚子》之作者尉繚與秦王政時之尉繚合併爲一，以爲只存在秦王政時之尉繚。〔註93〕張烈推斷尉繚可能是信陵君之門客。〔註94〕

〔註82〕洪頤煊輯，《劉向別錄》，收錄於《經典集林》中（臺北：藝文印書館影印《百部叢書集成》），頁 7 下。

〔註83〕錢穆，《先秦諸子繫年考辨・一六二・尉繚辨》，頁 495。

〔註84〕方克，《中國事辯證法史（先秦）・第三篇・第九章・尉繚子其人其書》（北京：中華書局，1992 年 5 月），頁 384～385。

〔註85〕鄭良樹，《尉繚子全譯・尉繚子的內容和類屬》，頁 2。

〔註86〕張烈，〈關於《尉繚子》的著錄和成書〉，《文史》第八輯，頁 32～33。

〔註87〕錢穆，《先秦諸子繫年考辨・一六二・尉繚辨》，頁 494～495。

〔註88〕施子美，《尉繚子講義・前言》（臺北：光復大陸設計研究委員會，民國73年12月），頁 1。

〔註89〕錢穆，《先秦諸子繫年考辨・一六二・尉繚辨》，頁 494。

〔註90〕何法周，〈《尉繚子》初探〉，《文物》1977 年第 2 期，頁 31～32。

〔註91〕李解民，《尉繚子譯註・前言》，頁 4。

〔註92〕張文儒，《中國兵學文化》（北京：北京大學出版社，1997 年 3 月 1 版），頁 127～128。

〔註93〕錢穆，《先秦諸子繫年考辨・一六二・尉繚辨》，頁 494。

〔註94〕其詳可參看張烈，〈關於《尉繚子》的著錄和成書〉，《文史》第八輯，頁 33

第三種說法是尉繚活躍於梁惠王晚年（公元前 320 年）至秦王政十年（公元前 237 年），這是調合《尉繚子》本身之記載與《史記·秦始皇本紀》所敘尉繚之活動之一種折衷說法，代表學者爲徐勇。〔註 95〕第四種說法是尉繚可能爲西漢時人，持此一看法者爲屈萬里，此種錯誤之結論實肇因於改字解經。〔註 96〕

施子美認爲尉繚「而其所著之書，乃有三代之遺風。」〔註 97〕而方孝孺則持反對意見：

> 三山施子美稱其有三代之遺風，其然哉？三代之盛，未嘗有兵書也，非惟無兵書，而兵亦非君子之所屑談也。……其重刑諸令皆嚴酷苛暴，道殺人如道飲食常事，則其人之深刻少恩，可知矣。〈武議〉〈原官〉諸篇，雖時有中理，譬猶盜跖而誦堯言，非出其本心，是以無片簡之可取者，謂之有三代之遺風，可乎？〔註 98〕

《尉繚子》最爲特殊的一段文字是〈兵令下〉之結尾：

> 臣聞：古之善用兵者，能殺士卒之半，其次殺其十三，其下殺其十一。能殺其半者，威加海內，殺十三者，力加諸侯，殺十一者，令行士卒。

這種教人以殺之用兵法肯定者有唐之李靖、〔註 99〕宋之何良臣。〔註 100〕反對者有姚際恆，姚際恆認爲「教人以殺，垂之于書，尤堪痛恨，必焚其書然後

～36。

〔註 95〕見徐勇，〈尉繚子逸文蠡測〉，《歷史研究》1997 年第 2 期，頁 23。

〔註 96〕屈萬里云：「按尉繚在始皇十年還健在，他能引用孟子之說，自不成問題。只是他能和梁惠王問對，則時間差得太遠。即此可知本書決不是尉繚自己作的。而開頭的天官篇，『天官』二字，很可能是襲自周官。周官到西漢初年才出現。如此說來，這書的著成時代，就很可能晚到西漢了。」見屈萬里，《先秦文史資料考辨·第五章僞書·尉繚子》（臺北：聯經出版事業公司，民國 72 年 2 月初版），頁 489。

〔註 97〕施子美，《尉繚子講義·前言》，頁 1。

〔註 98〕方孝孺，《遜志齋集·卷四·讀尉繚子》（聚珍倣宋版）（臺北：中華書局，民國 56 年 6 月臺二版），頁 15 下。

〔註 99〕汪宗沂輯，《衛公兵法·卷上》，收錄於《漸西村舍叢書》中（臺北：藝文印書館影印《百部叢書集成》），頁 17 上，云：「古之善爲將者，必能十卒殺其三，次者十殺其一。三者，威振於敵國；一者，令行于三軍。是知畏我者不畏敵，畏敵者不畏我。」

〔註 100〕其詳可見何良臣，《何博士備論·楊素論》（《指海叢書》本）（臺北：藝文印書館影印《百部叢書集成》），頁 61 下。

可也。」〔註101〕

　　施子美《尉繚子講義・兵令下》、劉寅《尉繚子直解・兵令下》等對「殺士卒之半」之殺字，均解釋成「殺己之士卒」。但這種慘酷不近人情之用兵法，今日之人無法接受，往往另做別解，如李解民在《尉繚子譯註・兵令下》均將「殺」做「犧牲」解。

　　有關先秦兵家孫武、孫臏、尉繚之思想淵源之林林總總之謎團，經過前人之努力有些謎底已然揭曉，有些紛擾已能理出一些頭緒。如孫武、孫臏爲一爲二，兵法爲一爲二之疑惑；歷史有無孫武其人之疑問；《左傳》敘事不及孫武之原因；魏武帝有無刪削《孫子》之紛爭；〈火攻〉篇之結尾不與上文連屬之癥結；《尉繚子》一書之眞僞問題等。

　　但更多之疑問至今仍是懸案。有些問題雖經前人做過細緻之研究，但仍留有商榷之餘地；有些謎團如治絲一般愈理愈亂，迷霧愈來愈厚，問題愈來愈多。其犖犖大者如：

　　孫武生平與其思想有何關連？《孫子》是否春秋時代之作品？五行、形名可否做劃分春秋、戰國兩時代之判斷標準？孫武究竟籍屬何地？《孫子》是否爲中國現存最古之兵書？《孫子》之篇題及其內容是井然有序抑或是率意爲之？《孫子》是否爲紹明《司馬法》之解經之作？《孫子》中究竟有無兵技巧、兵陰陽之內容？若有，其具體內容爲何？其與《漢書・藝文志》所列其他三家之思想是否有前承後繼之關連？何以《孫子》中兵技巧家之內容杳無跡象可尋？《孫子》之主要思想是否如新井白石所言源出《管子》？孫星衍、葉子奇、袁了凡泛論《孫子》出自黃帝，現在可否根據有關黃帝之有限資料及馬王堆出土之《黃帝四經》坐實孫、葉、袁之推測？《孫子》部份思想、邏輯運作與老子無殊，是《孫子》襲自《老子》，抑或別有原因？

　　孫臏究竟是楚人抑或是齊人？孫臏久居魏地，其兵學思想是否帶有魏地之色彩？孫臏之籌策龐涓是歷史抑或是好事者所捏造之神話？孫臏是凶死抑或是善終？《孫臏兵法》下編與上編是有所關連抑或是全無干係？我們可否經由旁敲側擊瞭解銀雀山漢墓整理小組所謂之可以證明下編若干篇非《孫臏兵法》之確鑿證據爲何？孫臏思想是否確與孫武有關？與孫臏同一時期之孟子在〈盡心〉篇明言當時兵家之大罪是「我善爲陣，我善爲戰。」《孫臏兵法》中就有極多篇

〔註101〕姚際恆，《古今僞書考》，頁27下。

章論及行軍布陣，孫臏適逢中國兵學爲陣之關鍵時期，而布陣是中國兵學中相當重要但卻又最爲神祕之部份，我們可否經由《孫臏兵法》解開此一千古難解之謎團？孫臏究竟屬於兵權謀家抑或是兵形勢家？法家有重勢、貴勢之說，兵家亦有重勢、貴勢之說。但法家之勢治理論，近百年來之學者對之已是所知無幾，〔註102〕孫臏以「貴勢」名聞戰國時代，法家之重勢與兵家之重勢是否相通？可否經由孫臏之論勢使我們對勢治理論有深一層之認知？杜佑引述孫臏騎有十利之說，錢穆先生則以爲孫臏之世尚無騎戰，而《孫臏兵法·八陣》則明言「險則多其騎」，是孫臏之世已有騎兵，惟當時之騎戰究屬何種性質？

　　張之洞曾言：「一分眞僞，而古書去其半。」〔註103〕《尉繚子》之軍事思想用之於整軍經武收效至宏，二千年來無數將領行軍用兵之道，深受此書啓迪。但兩千年來對此書作學理之探討者微乎其微，實在令人遺憾。其所以會產生如此現象，實肇因於宋後學者誤以《尉繚子》爲僞書，以致研究者寥寥。故《尉繚子》中未發之覆實爲至夥。《尉繚子》究竟是兵家之學抑或是雜家之學？《漢書·藝文志》將《尉繚子》列入兵形勢家，何以《尉繚子》之內容完全不類《漢書·藝文志》對兵形勢家之形容？《尉繚子》雖名列兵形勢家，其思想是否僅止於形勢，與其他各家（兵技巧、兵陰陽）之思想完全無涉？《尉繚子》前編與後編之思想是有關抑或是無關？1972 年臨沂銀雀山出土之竹簡六篇與今本《尉繚子》類似。但其中〈兵令〉篇雖與《尉繚子》的〈兵令〉上、下編相合，但其簡式爲兩道編繩，字體接近草書，與其他五篇完全不同，而與篇名和〈兵令〉同見於一塊木牘的〈守法〉、〈守令〉等十二篇相同。銀雀山漢墓整理小組原本將〈兵令〉與另外五篇《尉繚子》一併刊出。但有些學者對此有疑義，因此後來《銀雀山漢墓竹簡》正式出版時，又將〈兵令〉篇與〈守法〉、〈守令〉等十二篇合編在一起。《尉繚子》中是否含有〈兵令〉？其與〈守法〉、〈守令〉等十二篇是有關，抑或是無關？「繚

〔註102〕楊寬對勢之瞭解，可參看《戰國史·第十章·五·愼到的勢治理論》（上海：上海人民出版社，1980 年 7 月 2 版 8 刷），頁 417；馮友蘭對勢治之瞭解，可看《中國哲學史新編·第二冊·第二十三章·第五節·韓非關於勢的論述》（臺北：藍燈文化事業公司，民國 80 年 12 月初版），頁 463～467；王叔岷對勢治之瞭解，可參看〈論司馬遷述愼到、申不害及韓非之學〉一文，《中央研究院歷史語言研究所集刊》第五十四本第一分，民國 72 年 3 月，頁 75～99。

〔註103〕張之洞，《輶軒語·語學第三》，收錄於《書目答問二種》中，（香港：三聯書店（香港）有限公司，1998 年 7 月一版一刷），頁 310。

為商君學」是有據之言，抑或是無稽之談？尉繚究竟是齊人抑或是魏人？尉繚究竟是梁惠王時人，秦始皇時人，戰國中期至晚期之人，抑或是西漢時人？尉繚之學是否具三代之遺風？《尉繚子》以殺垂教是襲自古人抑或是其一己之發明？〈兵令〉下之「殺士卒之牛」之「殺」字究作何解？

　　這些錯綜複雜的問題都是本論文所欲進一步探討之主題。

第二章　孫武思想淵源之探討

第一節　概　說

追本溯源爲眞正瞭解某人重要思想方法之一。胡適曾云：

> 他（指杜威）從來不把一個制度或學說看作一個孤立的東西，總把
> 他看作一個中段：一頭是他所以發生的原因，一頭是他自己發生的
> 效果：上頭有他的祖父，下面有他的子孫。捉住了這兩頭，他再也
> 逃不出去了。〔註1〕

讀其書，只能「知其然」，瞭解其思想所自，就能「知其所以然」，對其思想
學說往往能有深一層之瞭解。

探索當代人之思想淵源，因資料典籍具在，只要肯花時間、下功夫，研
究對象之思想淵源脈絡，一經排比，往往可以一目瞭然。但意圖瞭解二、三
千年前之孫武思想淵源，情況恰好相反。古人之流風餘韻，得以流傳後世者，
往往僅是一鱗半爪。在極其有限之材料限制之下，意圖清晰瞭解古人思想之
來龍，其事之艱鉅，殆可想見。但此一工作卻並非完全不可能。我們可藉著
分析孫武之地域、家世、生平、歷史事實、時代、先前及當時流行之各家思
想以及作品透露出之思想出處等概略瞭解其思想之淵源。但往往會因「文獻
不足徵」，許多地方只能訴諸合理之推測，這就影響到結論的精確性，這實是
限於材料而莫可奈何之事。

〔註1〕 胡適，〈杜威先生與中國〉，《胡適文選》（臺北：遠流出版社，民國78年3月
　　　　4版），頁10。

歷史或歷史經驗爲一切學科之基礎。我們可否在歷史中找到孫武思想之淵源？

司馬遷云：「司馬法所從來尚矣。太公孫吳王子能紹而明之。」〔註2〕《孫子兵法》中，是否有承其遺緒之處？

管仲相桓公，霸諸侯，名震天下，其影響大至「齊人知管仲、晏子而已矣」之地步。孫武籍屬齊人，孫武思想是否受到管子影響？

班固《漢書‧藝文志》稱：「權謀者，以正守國，以奇用兵，先計而後戰，兼形勢，包陰陽，用技巧者也。」是兵權謀家實爲兵家中之雜家。但歷來學者（如章學誠、劉師培，呂思勉等）均認爲《孫子兵法》中根本不含陰陽、技巧之內容，〔註3〕是《漢書‧藝文志》之敘述有誤？抑或是別有隱情？如章學誠即認爲《孫子兵法》散佚者恰巧爲形勢、陰陽、技巧之類。

《孫子兵法》中既有〈軍形〉，又有〈兵勢〉，但章學誠、劉師培卻認爲孫武所謂之形，當指地形。〔註4〕兵權謀家所包之形勢爲地形抑或形、勢？

錢穆先生以「其曰：鬥眾如鬥寡，形名是也。形名之語，亦起戰國中晚。

〔註2〕 司馬遷，《史記‧太史公自序》（百衲本）（臺北：商務印書館，民國84年4月七刷），頁1205。

〔註3〕 章學誠，《校讎通義‧右十六之三》云：「即如同一兵書，而權謀之家，尚有存文。若形勢、陰陽、技巧三門，百不能得一矣。同一方技，而醫經，百家尚有存文，若經方、房中、神仙，百不能得一矣。蓋文辭人皆誦習而制度則非專門不傳，此其所以有存逸之別歟？然則校書之於形名制度，尤宜加之意也。」又曰：「孫子十三篇，杜牧謂魏武削其數十萬言，爲十三篇，非也。蓋十三篇爲經語，故進之於闔廬，其餘當是法度名數，有如形勢、陰陽、技巧之類。」見《章學誠遺書》（北京：文物出版社1985年8月1版），頁107。劉師培，〈兵學史序〉云：「在班志之兵家也，析爲四類：（以陰陽爲最乏實用）一曰陰陽（此用兵之貴天時者也）；二曰形勢（此用兵之貴地利者也）；三曰權謀（此用兵之貴人者也）；四曰技勢（此用兵之貴物巧者也。）分部別居，有條不紊。誠哉，其該備也。然自吾觀之，則師曠之流，兼用陰陽者也。孫武之流，兼明形勢者也。（如孫子〈九地〉諸篇是）……」見《劉申叔先生遺書》（臺北：京華出版社，民國59年10月再版），頁611～612。呂思勉，云：「兵家之書，《漢志》分爲權謀、形勢、陰陽、技巧四家。陰陽、技巧之書，今已盡亡。權謀、形勢之書，亦所存無幾。大約兵陰陽家言，當有關天時，亦必涉迷信。兵技巧家言，最切實用。然今古異宜，故不傳于後。兵形勢之言，亦今古不同。惟其理多相通，故其存者，仍多古人所能解。至兵權謀，則專論用兵之理，幾無今古之異。兵家之可考見古代學術思想者，推此家矣。」見《先秦學術概論‧第七章‧兵家》（東方出版中心，1996年3月第二次印刷），頁133。

〔註4〕 章學誠，《章學誠遺書》，頁100，云：「地理，形家之言，若主山川險易，關塞邊形，與兵書形勢相出入矣。」

則《孫子十三篇》，洵非春秋時書」〔註5〕形名之說是否如錢穆所謂起自戰國中晚，可作爲斷代之依據？

　　《史記·孫子吳起列傳》明言孫武著兵法十三篇，而《漢書·藝文志》卻稱：「吳孫子兵法八十二篇，圖九卷」其故安在？

　　這些問題，均是本章所欲進一步探討之問題。

第二節　孫武生平與其思想淵源之關係

　　作者生平行誼往往與書之內容息息相關。對作者所知愈多，對書之瞭解程度就愈深。書中許多未發之伏，其關鍵往往繫於作者之生平。胡適以曹雪芹之身世解開連串有關《紅樓夢》之難解謎團。與此類似者爲錢穆先生之《劉向歆父子年譜》，以劉向、劉歆之生平與古文經之流傳比合而觀，徹底推翻康有爲所謂「劉歆僞造古文經」之謬說。

　　《史記·孫子吳起列傳》首先敘述孫武爲齊人，手著兵法十三篇，以兵法見吳王闔廬；爲了驗證兵學，曾以宮女練兵；曾爲吳將，西破強楚，入郢，北威齊晉，孫子與有力焉。《吳越春秋》則記錄孫武與伍子胥友善，爲吳國人，（此點與《史記》記載完全不同）伍子胥薦之於吳王。《新唐書·世系表》則透露出：孫武爲齊田氏之苗裔，齊將田書之後。孫武思想與齊地學術關係極爲密切。齊地代表作品《管子》，有不少地方與孫子類似程度之深，到了令人震驚的地步。〔註6〕

　　「吳王闔廬曰：『子之十三篇，吾盡觀之矣。』」可證孫武手著之兵法爲十三篇。《漢書·藝文志》所謂「吳孫子兵法八十二篇，圖九卷。」多出部份，可能出於孫子後學或後人所附益。〔註7〕

〔註5〕　錢穆，《先秦諸子繫年·卷一·七·孫武辨》（臺北：東大圖書股份有限公司，民國79年9月再版），頁13。
〔註6〕　見本章第五節〈孫武思想與管子思想類似之比較研究〉。
〔註7〕　如臨沂出土之竹簡本《孫子兵法》，有些部分不見於現存十三篇之正文。詹立波，〈略談臨沂漢墓竹簡孫子兵法〉云：「至于新發現的不見于現存十三篇的佚文，可能爲孫子遺文的失傳都份，如有一部份簡在講到『塗有所不由，軍有所不擊，地有所不爭，城有所不攻，君令有所不行』之後，又分別解釋不由、不擊、不爭、不攻的道理，然後說：『君令有所不行，君令有反此四變者，則弗行也』，從文體上看，像是問對，與孫子遺文中吳孫子問對相似，都屬于對十三篇兵法的解釋。還有關于黃帝伐赤帝的一部份殘簡，現存十三篇〈行軍〉篇中只有『黃帝之所以勝四帝也』一句，簡文有孫子曰：『黃帝伐赤帝』、

第一位為孫子作註之曹操云：

> 吾觀兵書戰策多矣。孫武所著深矣。審計重舉，明畫深圖，不可相
> 誣。但世人未之深亮訓說，行於世者，失其旨要，故撰為略解焉。
> 〔註8〕

杜牧以此為據，以為「武著書凡數十萬言，曹魏武帝削其繁剩，筆其精切，凡十三篇」。紐國平、王福成以為杜牧誤解曹序文意，「文煩富，行於世者」當指十三篇以外之《吳問》等篇，後曹注《十三篇》流行，其他多散佚。〔註9〕所言可信。

《孫子兵法》第十三篇為〈用間〉篇，明白說明用間關係到國之興衰成敗。「殷之興也，伊摯在夏；周之興也，呂牙在殷。」頗有雷霆萬鈞之勢。《孫子兵法》由〈始計〉，以迄〈火攻〉，一十二篇首尾相應，一氣呵成。〈始計篇〉之「兵者，國之大事，死生之地，存亡之道，不可不察也。」實為全書之總綱，非僅止於〈始計篇〉之破題。〈火攻篇〉之結尾：

> 夫戰勝攻取，而不修其功者凶，命曰「費留」。故曰：明主慮之，良
> 將修之，非利不動，非得不用，非危不戰。主不可怒而興師，將不
> 可慍而致戰，合於利而動，不合於利而止；怒可以復喜，慍可以復
> 悅，亡國不可以復存，死者不可以復生。故明君慎之，良將警之，
> 此安國全軍之道也。

與〈火攻〉全篇完全無涉，實為全書之結論，恰好與〈始計〉篇之開端遙相呼應。〈用間〉篇則類似臨時起意，為了干謁吳王而追加之篇。臨沂銀雀山出土之竹簡兵法，亦是以〈計〉起始，〈火攻〉做結。〔註10〕因此，孫武之〈用

『東伐□帝』、『西伐白帝』、『北伐黑帝』至于何地等殘句，也像是對十三篇
的解釋。」，見《文物》1974 年 12 期，頁 16。以一般成書過程來看，本文完
成時間最早，解釋部份則晚得多。因此十三篇為孫武手著，當無疑問。附加
之註解固然可能為孫武自加，但孫武或其他後人附益之可能性更大。章學誠
《章學誠遺書・校讎通義・漢志兵書第十六》，頁 107，云：「蓋十三篇為經語，
故進之於闔廬。其餘當是法度名數，有如形勢、陰陽、技巧之類。不盡通於
議論文辭，故編次於中下。」十三篇為經語，頗有可能。如韓非〈內儲說〉、
〈外儲說〉之著作方式，即採前經後傳之書寫方式。其餘當是法度名數，有
如形勢、陰陽、技巧之類，則不盡然。後有詳辨。

〔註8〕 嘉慶庚申蘭陵孫氏顧千里手摹之宋本，《魏武帝註孫子》，《孫子集成・冊 1》
（山東，齊魯書社，1993 年 4 月 1 版），頁 189。

〔註9〕 紐國平、王福成，《孫子釋義》（蘭州：1991 年 5 月），頁 7。

〔註10〕 對火攻、用間之秩序，千古難解。葉適，《學習記言・讀孫子》云：「下文載戰

間〉篇頗有爲自己及伍子胥開說之處，其性質極爲類似李斯之〈諫逐客書〉。
只是〈用間〉篇由正面立論，〈諫逐客書〉由反面立論而已。吳國其後能西破
強楚，北威齊晉，未嘗不是肇因於重用來自此三國之重要客卿。如：吳子胥
來自楚，孫武來自齊，伯嚭祖籍爲晉。吳樹平認爲吳王之能兵震天下，肇因
於孫武爲吳王闔廬進行過法制之改革。〔註 11〕如果吳樹平之推論正確，孫武
實開戰國變法圖強之先河，爲商鞅、吳起等人之前輩。依《呂氏春秋》之說
法，闔廬入楚之前，曾有過大規模變法圖強之舉，但主其事者並非孫武，而
是伍子胥。〔註 12〕《孫子兵法》中留下了一句干謁吳王之言：「將聽吾計，用

勝攻取而不修其功者凶，命曰費留，不與上篇連屬。」對此已提出疑難。日人
平山潛，《孫子折衷》，云：「〈孫子〉每篇文法終始不相配。與此同者，往往有
焉。如軍爭篇末論治心氣力變之機，九變篇末說將之五危。……蓋是孫子一家
文法而已。知之而後始可讀孫子矣。」見《孫子集成・冊 15》，頁 926。是平
山潛亦知〈火攻〉篇結語與全篇主旨不類，但仍認爲此爲孫子一書特有之文法。
周亨祥云：「篇末強調了國君與將帥對戰爭要慎重從事，指出，『主不可怒而興
師，將不可慍而致戰』，這一思想在十三篇中是一脈相承的，尤其與首篇首句
相呼應。在漢簡本中，〈火攻〉爲末篇，此語可看作全書結束警語。」見《孫
子譯註・導讀》（貴陽：貴州人民出版社，1992 年 9 月 1 版），頁 101。朱軍云：
「本節雖置于〈火攻篇〉的末節，但並非是本編的小結，乃是上述十二篇的結
束語。」見《孫子法釋義》（北京：海潮出版社，1992 年 3 月 1 版），頁 317。
在臨沂銀雀山之孫子篇題木牘上，最後一篇極可能是〈火攻〉篇。
〔註 11〕吳樹平，〈從臨沂漢墓竹簡吳問看孫武的法家思想〉云：「吳王闔廬問伍員治
國之道時說：『吾國僻遠，顧在東南之地，險阻潤濕，又有江海之害，君無守
御，民無所依，倉庫不設，田疇不墾，爲之奈何？』吳國明顯的落後于齊、
晉、楚等國，常常受到威脅。但是闔廬認識到了法家的進步性，指出它是『王
者之道』。所以把孫武從下層大膽提拔起來，『辛以爲將』。限於史料，我們無
法知道孫武在吳國改革的具體情況。不過孫武進見闔廬時表示，『將聽吾計，
用之必勝，留之，將不聽吾計，用之必敗，去之。』去留態度相當堅決。如
果把受到重用的情況與此聯系起來考察，可以推知闔廬採納了孫武的法家思
想和路線，吳國貧弱局面逐步改變，國勢轉爲強盛，『西破強楚』，『北威齊、
晉』，稱雄一時。司馬遷認爲吳國的強大，『孫子與有力焉』，這話是言之有據
的。」，見《文物》1975 年 4 期，頁 13。《史記・律書》記載孫武對吳國之軍
制做了相當程度之改革：「申明軍約，賞罰必信。」以致吳國能稱霸諸侯。
〔註 12〕《呂氏春秋・孝行覽・首時》（高誘註畢沅校本）（臺北：世界書局，民國 61
年 10 月新 1 版），頁 144，云：「伍子胥欲見吳王而不得。客有言之王子光者，
見之，而惡其貌，不聽其說而辭之。客請之王子光。王子光曰：『其貌適吾所
甚惡也。』客以聞伍子胥。伍子胥曰：『此易故也，願令王子居於堂上，重帷
而見衣若手，請因說之。』王子光許。伍子胥說之半，王子光舉帷搏其手而
與之坐。說畢，王子光大說。〔高誘註曰：子胥說霸術畢，子光大悅，其將
必用之也。〕伍子胥以爲有吳國者必王子光也。退而耕於野。七年，王子光

之必勝，留之。將不聽吾計，用之必敗，去之。」〔註13〕

《孫子兵法》字裡行間透露出作者軍事閱歷豐富，軍事素養深厚，如：「將能而君不御者勝」、「進不求名，退不避罪，唯民是保。」、「戰道曰必勝，主曰無戰，必戰可也。」、「必死可殺，廉潔可辱，愛民可擾。」、「圍地則塞其闕，死地則示之以不活。」、「城有所不攻，地有所不爭，君命有所不受。」等，非久歷行陣不能道。絕非紙上談兵之徒。春秋晚期以前，私人講學之風未開，先秦學術往往存於世家大族或特定職官之中。傅斯年曾說：「戰國諸子除墨之外，皆出於職業。」〔註14〕孫武出自軍人家庭之可能性極高，孫武在兵法中曾屢次引用過去兵書或綜合前人兵書之內容而以自己的語言加以復述。如：〈軍爭〉之：「《軍政》曰：言不相聞，故爲鼓金；視不相見，故爲旌旗。」〈軍形〉之「昔之善戰者，先爲不可勝，以待敵之可勝。」〈行軍〉之：

> 凡處軍、相敵，絕山依谷，視生處高，戰隆無登，此處山之軍也。絕水必遠水，客絕水而來，勿迎之於水內，令半濟而擊之，利。欲戰者，無附於水而迎客，視生處高，無迎水流，此處水上之軍也。絕斥澤，惟亟去勿留。若交軍於斥澤之中，必依水草，而背眾樹，此處斥澤之軍也。平陸處易，而右背高，前死後生，此處平陸之軍也。凡此四軍之利，黃帝之所以勝四帝也。

〈軍形〉之：

> 兵法：一曰度，二曰量，三曰數，四曰稱，五曰勝。地生度，度生

代吳王僚爲王，任子胥。子胥乃修法制，下賢良，選練士，習戰鬥。六年然後大勝楚于柏舉，九戰九勝，追北千里。昭王出奔隨，遂有郢。親射王宮，鞭荊平之墳三百。」

〔註13〕見《孫子・始計》。楊家駱〈孫子兵法考〉云：「武先著十三篇干吳王。〈計〉篇云：『將聽吾計，用之必勝，留之；將不聽吾計，用之必敗，去之。』〈虛實〉篇云：『越人之兵雖多，亦奚益於勝敗哉？』〈九地〉篇云：『吳人與越人相惡也，當其同舟而濟，遇風，其相救也，如左右手。』皆爲求售吳王而發。」見《孫子十家註》（臺北：世界書局，民國 61 年 10 月新 1 版），頁 1～2。

〔註14〕馮友蘭，〈原儒墨〉云：「過了兩年，傅孟眞先生由廣州來，示以他在中山大學所印之講義，內有戰國子家敘論。在此敘論裡，他有一節『論戰國諸子，除墨子外，皆出于職業。』他說：『百家之説，皆由于才智之士，在一個特殊地域，當一個特殊的時代，憑藉著一種特殊的職業而生。』」見《中國哲學史・上冊・附錄原儒墨》（臺北：商務印書館，民國 82 年 4 月增訂臺 1 版），頁 1045。傅氏議論亦見〈戰國子家敘論・（二）戰國諸子除墨子外皆出於職業〉，收錄於韓復智所編之《中國通史論文選輯（上）》（臺北：南天書局，民國 83 年 9 月三刷），頁 254～261。

量，量生數，數生稱，稱生勝。

〈九地〉之

所謂古之善用兵者，能使敵人前後不相及，眾寡不相恃，貴賤不相
救，上下不相收，卒離而不集，兵合而不齊。

等。

《新唐書‧宰相世系表》云：

齊陳無宇之子書，伐莒有功，賜姓孫氏。生子憑，字起宗。憑生武，
字長卿，奔吳。

此條史料係宋人追敘春秋晚期之事，資料來源不明，未必可據。楊伯峻據春
秋戰國史料考證出齊國之田、陳、孫出自一源。〔註 15〕加強了《新唐書‧宰
相世系表》有關孫武世系說法之可信度。如果《新唐書‧宰相世系表》之資
料確有所本，則孫武〈行軍〉篇所述黃帝以四地敗四帝，不過是紹述先人之
德而已。〔註 16〕

第三節　孫武思想源出歷史經驗者

　　歷史或歷史經驗是一切學科的基礎，歷史之中蘊含了極為豐富之參考資
料。章學誠有言：「古人不著書，古人未嘗離事而言理。」戰爭是關係國家生
死存亡之大事，兵家對戰爭絕不會等閒視之。對戰略、戰術要做深入之比較
研究，人類最直接簡便之方式即為乞靈於歷史經驗。孫武自然也不例外。若
將春秋以前之戰爭經驗與《孫子兵法》詳加比較，我們會發現孫武許多思想

〔註 15〕楊伯峻，〈孫臏和孫臏兵法雜考〉，云：「在齊國，陳、田、孫三家屬于同一始
　　　　祖，可以認為是同族。《新唐書‧宰相世系表》說：『田桓四世孫子無宇。無
　　　　于二子：恆、書。書字子占，齊大夫，伐莒有功，景公賜姓孫氏。』這個記
　　　　載是有根據的。齊伐莒，事見《左傳‧昭公十九年》，稱『陳書』為『孫書』；
　　　　在《左傳‧哀公十一年》又稱他的原姓為『陳書』。所以《戰國策》才說：『齊
　　　　負郭之民有孤咺，正議，閔王斮之檀衢，百姓不附。齊宗室陳舉直言，殺之
　　　　陳閭，宗室離心。司馬穰苴，為政者也，殺之，大臣不親。』被殺者孤咺的
　　　　身份是民，所以說『百姓不附』；穰苴的身份是大官，所以說『大臣不親』；
　　　　這樣，孫室子陳舉的身份一定是宗族，被殺後會『宗室離心』。這是陳、田、
　　　　孫三姓同屬一族的又一確鑿證據。」見《文物》1975 年 3 期，頁 10。
〔註 16〕由齊侯因資敦可知田齊追溯遠祖，直追至黃帝，其詳可參看丁山，〈由陳侯因
　　　　胥錞銘黃帝論五帝〉，《中央研究院歷史語言研究所集刊》第三本第四分，北
　　　　平，民國 22 年，頁 517～535。

與古人之經驗是分不開的。

一、始計、廟算之思想

　　未戰先占思想在遠古時代就是戰爭之前決定可戰不可戰之必要措施。在神權時代，往往求神問卜，以占卜的結果決定可戰不可戰。〔註17〕到了西周以後，神意固然還有若干的影響力，但人文思想已逐步抬頭。師曠辨律聽音，由「南音不競」，知「楚人師出無功」〔註18〕楚莊王雖在邲之戰勝晉，但由晉俘智罃之辭色，慨嘆「晉未可與爭」；〔註19〕城濮之戰，晉文公由晉師「少長有禮」，知「其可用也」；〔註20〕曹劌論戰，由魯君「小大之獄，雖不能察，必以情。」認爲這是「忠之屬也，可以一戰。」〔註21〕晉楚鄢陵之戰，卻至曰：「楚有六間，不可失也。」〔註22〕王孫滿由孟明所率之秦師舉止輕佻，逆知秦師必敗。〔註23〕

　　孫武〈始計〉篇整篇思想主題是「未戰先占（算）」，但神意色彩已極爲淡薄。如：

> 故經之以五事，校之以計，而索其情。……曰：主孰有道？將孰有能？天地孰得？法令孰行？兵眾孰強？士卒孰練？賞罰孰明？吾以此知勝負矣。

> 夫未戰而廟算勝者，得算多也；未戰而廟算不勝者，得算少也；多算勝，少算不勝，而況無算乎？吾以此觀之，勝負見矣。

二、拙速思想

　　《孫子‧作戰》篇曰：「故兵聞拙速，未睹巧之久也。夫兵久而國利者，

〔註17〕從《殷曆譜》之〈武丁日譜〉中可以知悉殷人不僅每戰之前一定占卜，即使登人與否亦以占卜之結果爲斷。見董作賓，《陰曆譜‧下編‧卷九‧武丁日譜》（臺北：藝文印書館，民國66年1月初版），頁633～664。《書經‧大誥》（蔡沈《集傳》本）（臺北：世界書局，民國70年11月五版），頁84，云：「寧王惟卜用，克綏受茲命。今天相民，矧亦惟卜用。」
〔註18〕《左傳‧襄公十八年》。
〔註19〕《左傳‧成公三年》。
〔註20〕《左傳‧僖公二十八年》。
〔註21〕《左傳‧莊公十年》。
〔註22〕《左傳‧成公十六年》。
〔註23〕《左傳‧僖公三十三年》。

未之有也。」、「善用兵者，役不再籍，糧不三載，取用於國，因糧於敵。」

春秋時期晉之執政韓起則曰：「兵，民之殘也，財用之蠹，小國之大災也。」〔註24〕魯大夫眾仲曰：「兵猶火也，弗戢，將自焚也。」〔註25〕

三、狀況判斷

行軍作戰之際，狀況判斷正確與否，攸關戰爭之勝負。《孫子·行軍》有大段狀況判斷之敘述：

> 眾樹動者，來也；眾草多障者，疑也；鳥起者，伏也；獸駭者，覆也；塵高而銳者，車來也；卑而廣者，徒來也；散而條達者，樵採也；少而來往者，營軍也。辭卑而益備者，進也；辭強而進驅者，退也；輕車先出居其側者，陣也；無約而請和者，謀也；奔走而陣兵者，期也；半進半退者，誘也。杖而立者，飢也；汲而先飲者，渴也；見利而不進者，勞也；鳥集者，虛也；夜呼者，恐也；軍擾者，將不重也；旌旗動者，亂也；吏怒者，倦也；殺馬肉食者，軍無糧也；懸罐不返其舍者，窮寇也；諄諄翕翕，徐與人言者，失眾也；數賞者，窘也；數罰者，困也；先暴而後畏其眾者，不精之至也；來委謝者，欲休息也；兵怒而相迎，久而不合，又不相去，必謹察之。

日本八蟠太郎在陸奧之役，悟及「鳥起者，伏也。」判斷前有敵伏，得免於危，日人至今猶極口稱讚《孫子》之科學性。〔註26〕

單由《左傳》所透漏出之一麟半爪，我們可以知悉當時確有一套見微知著的狀況判斷法。秦晉河曲之戰，臾駢曰：「使者目動而言肆，懼我也，將遁矣。」〔註27〕平陰之戰，師曠曰：「鳥烏之聲樂，齊師其遁。」邢伯告中行伯曰：「有班馬之聲，齊師其遁。」叔向告晉侯曰：「城上有鳥，齊師其遁。」〔註28〕晉楚邲之戰，《左傳》以晉軍撤退之際「終夜有聲」形容晉軍之驚恐。〔註29〕曹劌論

〔註24〕《左傳·襄公二十七年》。
〔註25〕《左傳·隱公四年》。
〔註26〕李浴日，《孫子兵法研究·總論》（臺北：世界兵學社，民國40年4月），頁20。
〔註27〕《左傳·文公十三年》。
〔註28〕《左傳·襄公十八年》。
〔註29〕《左傳·宣公十二年》。

戰之「夫齊，大國也，懼有伏焉。吾視其轍亂，望其旗靡，故逐之。」〔註30〕

四、死地則戰

《孫子》十三篇中，最爲特殊之思想爲「圍地則塞其闕」、「死地則示之以不活」、「圍地則謀」、「死地則戰」，與正統兵書大相逕庭。如黃帝之四地在佈局上是前死後生、居生擊死。直至楚漢之際，韓信井陘之戰以背水陣與陳餘交戰，尚引起漢軍將領之疑忌，趙軍將領之哂笑。此種「圍地塞闕」、「死地則示之以不活」、「死地則戰」之思想，實爲一種權變措施，其目的在掃除官兵之僥倖心理，以「風雨同舟，死生與共」之方式將上下凝聚爲一，以不勝則必死之決心，一舉破敵。見之於歷史者爲「（秦穆公、孟明）濟河焚舟，取王官及郊，晉人不出，遂至茅津濟，封殽屍而還。」〔註31〕

五、火　攻

《孫子兵法》第十二篇爲〈火攻〉篇。〈火攻〉篇詳述火攻之時機以火攻擊敵人之道。戰國時人追述火攻之用於戰陣，直接追述至五帝時代，傳說炎、黃二帝即以水火攻戰。〔註32〕鍾柏生認爲：

> 《孫子》及《孫臏兵法》（〈銀雀山漢墓竹簡·十陣〉篇）更有〈火攻篇〉及火戰之法，詳細說明火戰的方法及施行的時機、對象、目標。這些戰術均脫胎於狩獵時焚田之法。〔註33〕

中國過去田獵採取火攻之法可溯源至夏代。傳說爲夏代文獻之《大戴禮記·夏小正》即云：「主夫出火－主以時縱火。」而三代以還，戰爭與田獵不但息息相關，而且幾乎到了密不可分之地步。〔註34〕《逸周書》敘及武王一戰克

〔註30〕《左傳·莊公十年》。
〔註31〕《左傳·文公三年》。
〔註32〕《呂氏春秋·卷七·孟秋紀·蕩兵》（高誘注畢沅校本）（臺北：世界書局，民國61年10月新1版），頁67。
〔註33〕鍾柏生，〈卜辭中所見殷代的軍禮之一──殷代的大蒐禮·附錄一·田獵方法〉，《中國文字》新16期，（民國81年4月），頁97。
〔註34〕董作賓，《殷曆譜·日譜三·帝辛日譜》，頁723～735，主要敘述帝辛十年九月至十一年七月征伐人方之戰爭。紂伐東夷爲商代晚期繫乎存亡之一戰，但紂王之行徑卻是且戰且獵。郭沫若於《卜辭通纂·征伐畋遊》之小結，云：「以上由第四七五片至七五一片，所收征伐與畋遊之例，凡二百七十七片。征伐與畋遊之事，每多不可分。多於師行之次，從事畋獵或舟遊。」見《卜辭通

殷之後之壯舉爲率軍大規模的獵捕野獸。〔註 35〕這種火田以獵捕野獸之舉，一直延至戰國時代。〔註 36〕《左傳》在魯桓公之世，記有「焚郑婁之成丘」，這是火攻用之於春秋時代戰史最早之記錄。但追本溯源，鍾柏生所謂「（火攻）戰術脫胎於狩獵時焚田之法」，確有可能；但亦有可能直接源自五帝時之火攻。《司馬法》之逸文記敘如果可用，則孫武之火攻可能直接承自《司馬法》。《司馬法》佚文云：「火攻有五」，與《孫子兵法》完全一致。

六、用　間

《孫子兵法》第十三篇〈用間〉以「昔殷之興也，伊摯在夏；周之興也，呂牙在殷。」總結用間與國之興亡、軍之成敗之密切關係。詳稽歷史，伊摯確曾爲間覆亡有夏，〔註 37〕呂牙在殷若指其在商爲間，顚覆殷商，則未詳所據。若指呂望曾居殷商，瞭解殷商虛實，以致能在牧野，一戰克殷，「會朝清明」，古書頗多這一方面之記錄。〔註 38〕春秋時代間諜之活躍，造成國際局勢之千變萬化、瞬息消長。聲子論楚材晉用生動說明楚人爲患楚國之可怕、威脅。〔註 39〕魏壽餘之間諜活動造成士會返晉、繞朝被殺。〔註 40〕晉之伯州犁

纂》（臺北：大通書局，民國 65 年 5 月影印），頁 539～540。不但在卜辭中，田獵與戰爭不分，在字書《爾雅・第八・講武》中，亦將田獵與治兵混在一起敘述。見《宋本爾雅》（臺北：藝文印書館，民國 77 年 3 月初版），頁 55。

〔註 35〕《逸周書・世俘》（朱右曾校本）（臺北：世界書局，民國 69 年 11 月三版），頁 93～97，云：「二月旣死魄越五日甲子期，至接于商，咸劉商王紂，執矢惡臣百人。……武王狩，禽虎二十有二，貓二，麋五千二百三十五，犀十有二，麈七百二十有一，熊百五十有一，羆百一十有八，豕二百五十有二，貉十有八，麈六，麝五十，麋三十，鹿三千五百有八。武王遂征四方，凡憝國九十有九，馘磿億有十萬七千七百七十有九，俘人三億萬有二百三十，凡服國六百五十有二。」

〔註 36〕劉向輯，《戰國策・楚策一・江乙說於安陵君》（點校本）（臺北：河洛圖書公司影印，民國 69 年 8 月 1 版），頁 490，云：「於是楚王游於雲夢，結駟千乘，旌旗蔽日，野火之起若雲蜺，兕虎之嗥聲若雷，有狂兕牂車依輪而至，王親引弓而射，壹發而殪。……」

〔註 37〕《汲冢紀年存眞》（朱右曾輯本）（臺北：新興書局，民國 48 年 12 月 1 版），頁 38，云：「后桀命扁伐岷山，岷山莊王女于桀，二人曰琬曰琰，桀愛二女無子焉，斲其名于苕華之玉，苕是琬，華是琰，而棄其元妃于洛，……妺喜氏以與伊尹交，遂以間夏。」

〔註 38〕劉向輯，《戰國策・秦策五・四國爲一將以攻秦》（點校本），頁 296。

〔註 39〕《左傳・襄公二十六年》云：「聲子對曰：『……子儀之亂，析公奔晉，晉人置之戎車之殿，以爲謀主。繞角之役，晉將遁矣，析公曰：『楚師輕窕，易震

逃奔至楚，鄢陵之戰爲楚共王之謀主，造成晉人之一度驚恐：「國士在，且厚，不可當也。」〔註41〕孫武、伍員之處境與苗賁皇、申公巫臣等極爲類似。這些前輩之「豐功偉績」孫武必定會有銘刻於心之感受。

七、勝強而益強

戰爭的特性之一是其消耗性、自我毀滅性。戰敗之後果固是國破家亡，但屢戰屢勝的後果往往亦以悲劇收場。眾仲曾謂：「兵猶火也，弗戢，將自焚也。」晉將欒書曰：「紂之百克而卒無後。」〔註42〕《逸周書‧史記》曰：「武不止者亡。」《孫武‧作戰》云：「兵聞拙速，未睹巧之久也，夫兵久而利國者，未之有也。」在當時環境下，完全避而不戰，幾乎不可能。如何做到屢戰不傷，愈戰愈強，實是用兵者的一大難題。商湯鳴條敗夏之後，似乎曾以收編夏眾的方式鞏固殷商政權。〔註43〕周人則有效的收編殷之降眾，組成殷八師，東征南討，加強周之軍力，擴展周之勢力。〔註44〕直至春秋時代，齊

溫也。若多鼓鈞聲，以夜軍之，楚師必遁。』晉人從之，楚師宵潰，晉遂侵蔡、襲沈，獲其君，敗申、息之師於桑隧，獲申麗而還。鄭於是不敢南面。楚失華夏，則析公之所爲也。雍子之父兄譖雍子，君與大夫不善是也，雍子奔晉，晉人與之鄐，以爲謀主。彭城之役，晉、楚遇於靡角之谷，晉將遁矣，雍子發命於軍曰：『歸老幼，及孤疾，二人役，歸一人。簡兵蒐乘，秣馬蓐食，師陳焚次，明日將戰。』行歸者，而逸楚囚。楚師宵潰，晉降彭城而歸諸宋，以魚石歸。楚失東夷，則雍子之爲也。子反與子靈爭夏姬，而雍害其事，子靈奔晉，晉人與之邢，以爲謀主，扞禦北方，通吳於晉，教吳叛楚，教之乘車、射御、驅侵，使其子孤庸爲吳行人焉，吳於是伐巢、取駕、克棘，入州來，楚罷於奔命，至今爲患，則子靈之爲也。若敖之亂，伯賁之子賁皇奔晉，晉人與之苗，以爲謀主。鄢陵之役，楚晨壓晉軍而陣。晉將遁矣。苗賁皇曰：『楚師之良在其中軍王族而已，若塞井夷灶，成陣以當之，欒、范易行以誘之，中行、二郤必克二穆，吾乃四萃於其王族，必大敗之。』晉人從之，楚師大敗，王夷師熸，子反死之。鄭叛、吳興，楚失諸侯，則苗賁皇之爲也。」

〔註40〕見馬王堆帛書《春秋事語‧晉得隨會章》，《文物》1977 年 1 期，頁 33；《韓非子‧說難》以及《左傳‧文公十三年》的記事。

〔註41〕《左傳‧成公十六年》。

〔註42〕《左傳‧宣公十二年》。

〔註43〕《書經‧多士》（蔡沈《集傳》本），頁 103，云：「夏眾迪簡在王庭，有服在百僚。」

〔註44〕傅斯年，〈周東封與殷遺民〉云：「且佶屈鰲牙的〈周語〉明明記載周人對殷遺是用一種相當的懷柔政策，而最近發現之〈白懋父敦〉蓋言：『王命伯懋父以殷八師征東夷。』然則周初東征的部隊中當有不少范文虎、留夢炎、洪承疇一流的漢奸。周人以這樣一個臣妾之攻策，固速其王業，而殷遺民藉此亦

軍之中有「萊夷」，魯軍主力之一爲殷遺。〔註45〕這些史實應該對孫武之「百戰百勝，非善之善者也，不戰而屈人之兵，善之善者也。」「故上兵伐謀，其次伐交，其下攻城。」「必以全爭於天下，故兵不頓而利可全。」「車雜而乘之，卒善而養之，是謂勝強而益強。」「戰勝而不修其功者凶。」有相當程度之影響。

第四節　孫武思想源出司馬法者

一、史、漢所述《孫子》與《司馬法》之關係

　　一般人論及《孫子兵法》，均認爲不但是中國也是世界最早的軍事理論著作。但司馬遷、班固之看法則非如此，認爲在《孫子兵法》之前，另有所謂《司馬法》或《司馬兵法》，而《孫子兵法》不過是承其遺緒之一部兵法。《漢書·藝文志》敍及兵家源流時，云：「兵家者流，蓋出司馬職，王官之武備也。」是班固認爲司馬之職掌爲兵家源流之所自。司馬遷《史記·司馬穰苴列傳》，云：「太史公曰：余讀《司馬兵法》，閎廓深遠，三代征伐未能究其意。」又云：

> 齊威王使大夫追論古者司馬兵法，而附穰苴於其中，因號曰「司馬穰苴兵法」。

在《史記·太史公自序》云：「自古王者而有司馬法，穰苴能申明之。」、「司馬法所從來尚矣。太公、孫、吳、王子能紹而明之。」司馬遷這一連串之敍述，旨意極其明顯，即古之《司馬兵法》（或《司馬法》）爲兵家所本，司馬穰苴、孫、吳、王子之軍事思想不過是繼承《司馬法》之思想而有所申明而

<hr>

可延其不尊榮之生存。」見《中央研究院歷史語言研究所集刊》第四本第三分（民國 23 年），頁 285。李亞農，《東周與西周》（上海人民出版社，1966年 11 月），頁 31，云：「於是周公結合著第一個辦法提出了第二個辦法。即『無變舊新，唯仁是親。』從遠親不知近鄰上看，這兩句話是冠冕堂皇無可非議的，但它的眞正的涵義，和邵公的『有罪者殺之，無罪者活之。』的方針，並無多大差別。不單是區別不大，並且更進了一步。這就是說，有罪（反周）者，周人固然要去殺，同時還要殷人自己去殺，無罪（順周）者，只好讓他們活下去，但不能讓他們安靜地活下去，他們必須幫助周，去殺反周的殷人來讓周人安全地活下去。這就叫『無變舊新，唯仁是親。』」

〔註45〕夾谷之會，齊景公曾以萊夷擾亂盟會會場，事見《左傳·定公十年》。《左傳》記述魯哀公伐邾，「以邾子益來，獻於亳社。」事見《左傳·哀公七年》。亳社爲商人之社，由此條史料可證魯軍中殷遺之眾。

已。《司馬法》與其後各家兵法之關係，彷彿經之與傳，《司馬法》爲經，而《孫子》、《吳子》、《司馬穰苴》是《司馬法》之傳。

二、《孫子》與現存《司馬法》及其佚篇之繼承關係

司馬遷、班固明言孫武等人之軍事思想均承自《司馬兵法》，或古之司馬職掌，並且有所解釋、發揮。我們如欲明瞭兩者之繼承關係，似乎只要看《孫子兵法》本身明言何者襲自《司馬兵法》，或將兩者細加比較，此一問題即可迎刃而解。但古人著書，引用前人之說，不嫌剽竊，往往不註明出處。章學誠即言：

> ……夫子曰：述而不作。六藝皆周公之舊典。……《論語》記夫子之言矣。不恆其德，證義巫醫，未嘗言出於書也。……（要之古人引用成說，不甚拘別）……〔註46〕

魏晉以後《司馬法》大量散佚，由《漢書・藝文志》所述之一百五十五篇，散佚至現今之五篇。現在我們已無法以《孫子》與《司馬法》原書細加比較，以明《孫子》與《司馬法》之整體淵源關係。若將《孫子》與現存《司馬法》五篇及佚文加以比較，我們僅能知其一面，無法一窺全貌。我們將兩者細加比較，兩者之前承後繼或有所發展部份，約可分爲以下幾點：

（一）重　將

《司馬法・佚文》「閫外之事，將軍裁之。」「進退惟時，無曰寡人。」此爲重將思想之擇要敘述。《孫子・九變》則是：「君命有所不受。」〈始計〉之「將聽吾計，用之必勝，留之；將不聽吾計，用之必敗，去之。」〈地形〉：「故戰道必勝，主曰無戰，必戰可也。戰道不勝，主曰必戰，無戰可也。」〈謀攻〉篇之：

> 故君之所以患於軍者三：不知軍之不可以進而謂之進，不知軍之不可以退而謂之退，是謂縻軍；不知三軍之事，而同三軍之政，則軍士惑矣；不知三軍之權，而同三軍之任，則軍士疑矣。三軍既疑且惑，則諸侯之難至矣。

完全是對《司馬法》之「進退惟時，無曰寡人。」進一步之申明。

（二）用兵以奇

用兵有正、有奇，爲中國兵學上之一大發明。《司馬法・佚文》：

〔註46〕章學誠，《章學誠遺書・卷第四・言公》，頁29。

> 五人為伍，十伍為隊，一軍凡二百五十隊，餘奇為握奇。故一軍以三
> 千七百五十人為奇兵，隊七十有五，以為中壘。守地六千尺，積尺得
> 四里，以中壘四面乘之，一面得地三百步。壘內有地三頃，餘百八十
> 步。正門為握奇，大將居之。六纛、五麾、金鼓、府藏、輜積，皆中
> 壘外。餘八千五百七十人，隊百七十五，分為八陣。六陣各有千九十
> 四人，每陣各減一人，以為一陣之部署。舉一軍，則千軍可知。

又：

> 五人為伍，五十伍為隊，萬二千五百人，為隊二百五十，十取三焉
> 而為奇。其餘七，以為正，四奇四正而八陣生焉。

說明奇、正之體。

而《孫子·兵勢》之：

> 凡戰者，以正合，以奇勝。故善出奇者，無窮如天地，不竭如江海。……
> 戰勢不過奇正，奇正之變，不可勝窮也。奇正相生，如循環之無端，
> 孰能窮之哉？激水之疾，至於漂石者，勢也。鷙鳥之疾，至於毀折
> 者，節也。故善戰者，其勢險，其節短，勢如彍弩，節如發機。

則是說明奇、正之用。

（三）兵不雜則不利

《司馬法·天子之義》云：

> 兵不雜則不利，長兵以衛，短兵以守。太長則難犯，太短則不及。
> 太輕則銳，銳則易亂。太重則鈍，鈍則不濟。

畢以珣《孫子敘錄》所引《通典》之孫子佚文，則是：

> 強弱長短雜用。……遠則用弩，近則用兵，兵相解也。

各種兵器有效配合，使之相互支援，充份發揮戰力，此為戰術上一絕大發明。
中國在先秦時代已慮及此一問題。在兵車上，車左負責射箭，遠距離殺傷敵
兵，車右負責近距離之戰鬥，排除車行之障礙，遇險推車；馭者則專心負責
駕車，以這種分工方式，使戰車順暢無阻發揮最大戰力。步兵則以伍為單位，
一伍五人，使用矛、戟、戈、弓等三至五種不同的兵器，發揮整合有效之戰
力。這種「兵惟雜」以充份發揮戰力之思想，即使是近代戰爭，仍不失其優
越性。〔註47〕

〔註47〕如拿破崙天才表現之一，即是「兵惟雜」——師的創制。蔣百里云：「我如今再
從今戰史上講一件事，做為諸君用心的基礎，我們現在這個「師」字，歐洲原

（四）《孫子》與《司馬法》字句完全無殊者

　　《孫子》原文與《司馬法》之原文有些相似程度達到完全一樣之地步。在這一方面，計有《文選・關中詩》引《司馬法》之「兵者，詭道也。故能而示之不能」；《文選・馬督誄註》引《司馬法》之「善守者，藏於九地之下，善攻者，動於九天之上」；《後漢書・皇甫嵩傳注》引《司馬法》之「窮寇勿追，歸眾勿迫」；《文選・馬督誄註》引《司馬法》之「火攻有五」；《文選・射雉賦》引《司馬法》之「始如處女」；這些《司馬法》之引文，與《孫子兵法》原文幾完全一樣。而這些引文不見今本《司馬法》，全是《司馬法》之逸文。

三、《孫子》可能源自《司馬法》或其他兵書之內容

　　李零在其《司馬法譯註・附錄：司馬法逸文》認為所有李善等人所引《司馬法》逸文字句與《孫子兵法》無殊者，均屬誤引《孫子兵法》，故其所附錄《司馬法》逸文中，並不包含這些材料。〔註48〕

　　我之看法恰好與李零相反。《孫子》與《司馬法・逸文》完全一致，正好印證了司馬遷所謂之「孫吳能紹而明之」，先入為主觀念作祟，往往造成判斷之錯誤。姚際恆心中先存有「天時不如地利，地利不如人和」源出《孟子》之概念，後見《尉繚子》亦有此語，即認為是《尉繚》襲自《孟子》，並以此為證意圖證明《尉繚子》為偽書。今銀雀山出土之《孫臏兵法》亦有此語，可證此為梁惠王時，梁地通行用語，絕非《孟子》之專用語。

　　司馬遷《史記・太史公自序》所謂之「太公、孫吳、王子能紹而明之。」明指孫武思想襲自《司馬法》而有所發揮。今《司馬法》已大量散佚，古人著書又不註明出處。《孫子》大量襲自古之《司馬兵法》者，我們已不易確知。但古人著書，引用前人成說，亦非全無跡象可尋。《孫子兵法》中有簡明之經體，亦有詳細之解說，簡明之經體部份頗有紹述《司馬兵法》之可能，而詳細之解說則屬作者「申明」自著之範疇。與孫子時代最近之《左傳》之

文叫做 division，這個字的原意，是分的意思。在十八世紀時代，步兵、騎兵、砲兵大概各自集團使用，拿破崙就能將遲重的砲兵，輕快的使用。所以能將步、騎、砲三種兵種聯合起來，組成一個能獨立作戰的師，而以師為作戰的單位，這個單位的發明是戰術上的一大進步。」見蔣百里，《國防論・第二篇・第二章・兵學革命與紀律進化》（臺北：中華書局，民國51年5月臺1版），頁33～34。

〔註48〕李零，《司馬法譯注・附錄：司馬法逸文》（石家莊，河北人民出版社，1995年4月2刷），頁78～79。

著作體例最足以說明此中景況。《左傳》之中即有經有傳。劉逢祿《左氏春秋考證》最大發明，為找到《左傳》書法，劉逢祿認為凡「書曰、凡例」皆劉歆「引傳文以解經，轉相發明之處」，這些地方是否為劉歆偽造《左氏春秋》為《左傳》之確證不可知。但先秦古書凡「書曰、故曰、故、凡」等連接辭之後，往往均為引證前人之語，或所欲詳解之「經文」。《左傳》部份可參看劉逢祿之《左氏春秋考證》。《韓非子・解老》、《韓非子・喻老》均以「故曰：上德不德，是以有德。」等方式做結，而「故曰」之後所述之文字，即為《老子》正文。《淮南子》亦是如此，凡引述類似定理之前人名言，其前往往加一「故」字、「凡」字。今以〈兵略訓〉為證，如「故全兵先勝而後戰，敗兵先戰而後求勝。」〔註49〕「凡用兵者，先自廟戰，主孰賢，將孰能，兵孰附，國孰治，蓄積孰多，士卒孰精，甲兵孰利，器孰備。」〔註50〕「故運籌於廟堂之上，而決勝乎千里之外。」〔註51〕「故兵不必勝，不苟接刃，攻不必取，不為苟發。故勝定而後戰，鈴縣而後動。故眾聚不虛散，兵出不徒歸。」〔註52〕「是故善用兵者，勢如決水於千仞之隄，若轉圓石於萬丈之谿。」〔註53〕「故靜為躁奇，治為亂奇，飽為飢奇，佚為勞奇。」〔註54〕「是故無天於上，無地於下，無敵於前，無主於後，進不求名，退不避罪，惟民是保，利合於主。國之寶也，上將之道也。」〔註55〕

　　《孫子兵法》此等情形亦極其明顯。其「凡」、「故」等連接辭而下之簡短經語，大多出自古兵書，可以無疑。其明言出自「軍令」、「軍政」者或「黃帝」者，我們當然可確知其確實出處。如〈行軍〉篇「凡處軍相敵，……黃帝所以勝四帝也。」毫無可疑出自黃帝。其未明言者，對於何者出自《司馬法》，何者出自《黃帝》，或其他古兵書，我們只有存疑。像〈作戰篇〉之「凡用兵之法……」「故知兵之將，民之司命，國家安危之主也。」〈謀攻〉之「故曰：知彼知己，百戰不殆；不知彼而知己，一勝一負；不知彼不知己，每戰必殆。」〈兵勢〉之「凡治眾如治寡，分數是也；……」「故善戰人之勢，如轉圓石於千仞之山者，

〔註49〕此引自《孫子・形》：「勝兵先勝而後求戰，敗兵先戰而後求勝。」
〔註50〕此全引自《孫子・始計》，而略有變化。
〔註51〕此引自漢高祖稱讚留侯之語而略有變化，見《史記・高祖本紀》，頁138。
〔註52〕此幾乎全引自《尉繚子・攻權》。
〔註53〕此引自《孫子・形》篇、《孫子・勢》篇。
〔註54〕此引自《孫臏兵法》下篇〈奇正〉。
〔註55〕此段「無主於後」以前出自《尉繚子・武議》；後半段出自《孫子・地形》。

形也。」〈虛實〉之「凡先處戰地而待敵者佚。……」等。

　　《孫子》十三篇中，不少篇是以「凡」字起始，以「故」字做結，解釋前人理論之色彩確實極其濃厚，益增司馬遷所謂之「司馬法所從來尙矣。太公、孫、吳、王子能紹而明之。」之可信度。尤其令人驚異的是李善等所引之《司馬法》逸文與《孫子兵法》字句完全無殊者，李零認爲是誤引，而這些逸文之前，大都有「凡」字或「故」字，可以做爲《孫子兵法》不少地方確實源出古之《司馬兵法》之證據。如：〈始計〉之「兵者，詭道也，故能而示之不能。」；〈火攻〉之「凡火攻有五」；〈軍爭〉之「故用兵之法，高陵勿向，背丘勿逆，……歸師勿遏，……窮寇勿迫。」〔註56〕其中僅只「善守者藏于九地之下，善攻者動于九天之上。」之前，無「凡」、「故」字樣。

　　唐之《群書治要》頗明《孫子》此等體例，其所抄撮之《孫子》，其前大都有「故」字字樣，故《群書治要》本《孫子》，確實對《孫子兵法》有提要勾玄、綱舉目張之功。

四、孫武與司馬穰苴之關係

　　司馬穰苴爲孫武之同宗前輩。兩人同樣著有兵書，兩人兵學思想同樣來自古者《司馬兵法》，並能加以申明。在治兵方面，兩人同樣重刑名，充份發揮「重將」之特色，殺之貴大，以申明軍紀。穰苴之計斬莊賈，可能對孫武之演陣斬美姬有相當程度之影響。

　　但宋代葉適以來，學者對穰苴之斬莊賈、孫武之斬美姬均致以最大之懷疑。學者一般都將兩人相提並論。葉適以爲此等事是「謬誤流傳」；〔註57〕全祖望則認爲：「今世之所共稱，莫如以軍令斬吳王寵姬一事。不知此乃七國人所傳聞，而太史公誤信之者。」〔註58〕尙鎔以爲「（此二事）似皆周秦好事者所爲，遷好奇探之耳。」〔註59〕崔適以爲「且穰苴斬君之寵臣，與孫武殺王

〔註56〕 此句《司馬法逸文》文字略有出入，句意不變，而且只有二句：「窮寇勿追，歸眾勿迫。」

〔註57〕 葉適，《學習記言・讀孫子》，《中國子學名著集成》（中國子學名著集成編印基金會，民國76年12月初版），頁1425。

〔註58〕 全祖望，《鮚埼亭集・卷第二九・論孫武子》（臺北：華世出版社，民國66年3月初版），頁363。

〔註59〕 尙鎔，《古史辨證》，《二十五史三編・冊一》（長沙：岳麓書社，1994年12月1版），頁917。

之愛姬。如此矯激之風，春秋時所未有。蓋亦寓言，非事實也。」〔註60〕造成這種現象之主因可歸結一句是「文人不知兵」。文人對「重將」思想太過陌生，才會有此等誤解。

第五節　孫武思想與管子思想類似部份之比較研究

《管子》一書內容龐雜，在諸子之中罕有其比。葉適認為「非一人之筆，亦非一時之書」，〔註61〕管子一生行誼，在齊國廣為流傳，戰國初年之齊國學者「知管子晏子而已矣」。〔註62〕戰國中晚期，《管子》一書已廣為流傳，〔註63〕漢代劉向將當時有關管子之著作編輯成書，此即流傳後世之《管子》。〔註64〕其中何者代表真正之管子思想，何者為後人偽作，實難一言而決。宋代學者葉適認為「詳味《孫子》與《管子》、《六韜》、〈越語〉相出入。」〔註65〕但葉適並未對二書做細密之分析。

一、新井白石認為《孫子》源出《管子》之依據及其批評

大規模對《孫子兵法》與《管子》做比較之研究者，其為日人新井白石。日人佐藤堅司云：「（新井）白石認為《管子》是《孫子》引以為據的兵法書。」「白石確信，齊國孫子學習前輩管子的兵法并得出體會，從而寫出了《孫子》十三篇。」〔註66〕新井白石在《孫子兵法擇》中，一共找到二十餘條孫子源自《管子》之證據，並加上按語。現重新審核白石所謂之典據，二十餘條之中，有些孫武確有可能受到《管子》影響，有些條目兩者全不相干，出之於白石之

〔註60〕 崔適，《史記探源》，《二十五史三編·冊二》（長沙：岳麓書社，1994 年 12月 1 版），頁 54。

〔註61〕 葉適，《學習記言》，頁 1399。

〔註62〕 《孟子·公孫丑篇》（焦循《正義》本）（臺北：世界書局，民國 63 年 7 月二版），頁 102。

〔註63〕 《韓非子·五蠹》（王先慎《集解》本）（臺北：世界書局，民國 63 年 7 月新二版），頁 347：「今境內之民皆言治，藏商管之法者家有之，而國愈貧。」

〔註64〕 見洪頤煊輯《劉向·序錄·管子書錄》（《經典集林》本），收錄於《百部叢書集成》（臺北：藝文印書館影印）。惟今本《管子》已非全帙，較之〈管子書錄〉之說法，已缺十篇。

〔註65〕 葉適，《學習記言》，頁 1424。

〔註66〕 左藤堅司著，高殿芳等譯，《孫子研究在日本》（北京：軍事科學出版社，1993年 2 月 1 版），頁 79、頁 83。

誤解。現將白石所謂此二十餘條典據,依《孫子》原文、《管子》原文、白石按語及本人按語之次序,列表如下,以明新井白石所言何者可信,何者不可信。

《孫子》原文	《管子》原文	白石按語	本人按語
〈計篇〉經之以五事	五事五經也(《管子‧立政第四》)		
法者,曲制、官道、主用也	曲制時舉(《管子‧七法第六》)		
賞罰孰明	明賞不費,明刑不暴,賞罰明。(《管子‧樞言第十二》)		
〈作戰篇〉:其用戰也,勝久則鈍兵挫銳。	強還銳士摧。		
〈作戰全篇〉	大度之書曰:舉兵之日,而境內不貧,戰而必勝,勝而不死,得地而國不敗,此四者若何。舉兵之日,而境內不貧者,計數得也。戰而必勝者,法度審也。戰而不死者,教與器備利而敵不敢校也。得地而國不敗者,因其民也。(《管子‧兵法第十七》)	《孫子》是篇意出乎此。	《孫子》〈作戰〉全篇主旨在速戰速決,一再申說兵久之害,兩者內容全不相類。
〈謀攻篇〉:上兵伐謀	凡有天下者,以情伐者帝,以事伐者王,以攻伐者霸。(《管子‧禁藏第五十三》)		兩者主旨不同,孫武重在全生,管子強調作戰之性質。
識眾寡之用者勝	眾若時雨,寡若飄風。(《管子‧兵法第十七》)		
〈形篇〉:善戰者立於不敗之地	不傾之地。(《管子‧牧民第一》),亦見(《管子‧度地五十七》)		孫武講用兵,而管子此處所謂之不傾之地,意指立都,兩者性質完全不同。
勝兵先勝而後求戰,敗兵先戰而後求勝	計必先定,而兵出于竟。(《管子‧七法第六》)		戴濬《管子學案》中以爲《管子》之計必先定實爲《孫子‧計》篇「廟算」思想之淵源,所言較白石之看法更爲正確。〔註67〕

〔註67〕戴濬,《管子學案》(上海:學林出版社,1994年6月1版),頁115。

治眾如治寡，分數是也。	治眾有數。		
三軍之眾可使必受敵而無敗者，奇正是也。	桓公曰：野戰必勝若何？管仲對曰，以奇。（《管子・小問第五十一》）	孫武奇正說，蓋本於此。	用兵奇正在中國有久遠之淵源。司馬法、黃帝均有奇正之說，孫武源自《司馬法》、《黃帝》之可能性遠較源自《管子》為高。
夫擇之法，則在教練矣；任之道，則在興威矣。	為兵之數，存乎選士，而士無敵，存乎政教，而政教無敵，存乎服習……又曰五教。一曰，教其目，以形色之旗。二曰，教其身，以號令之數。三曰，教其定，以進退之度。四曰，教其手，以長短之利。五曰，教其心，以賞罰之威。五教各習，而士負以勇矣。（《管子・兵法第十七》）		《孫子・勢》篇中無此二句。
善戰人之勢，如轉圓石于千仞之山者，勢也。	教器備利，進退若雷電，而無所疑匱，一氣專定，則旁通而不疑。屬士利械，則涉難而不匱，進無所疑，退無所匱，敵乃為用。凌山阬，不待鉤梯。屬水谷，不須舟楫。徑于絕地，攻于恃固，獨出獨入，莫之能止。（《管子・兵法第十七》）		《管子》此處所言，與孫子完全無涉。
〈虛實篇〉：微乎微乎，至於無形，神乎神乎，至于無聲，故能為敵之司命。	善者之為兵也，使敵若據虛，若捕影。無設無形焉，無不可以成也。無形無為焉，無不可以化也。此之謂道矣。（《管子・兵法第十七》）	孫武之言，蓋本於此。夫有形者，生於無形，猶泥之在鈞，惟甄者之所為，善用兵者，夫惟無形，是以能制有形。故曰，能為敵之司命。	
夫兵形象水，水之形，避高而趨下，兵之形，避實而擊虛，水因地而制流，兵因敵而制勝。	釋實而攻虛。	孫武之言，蓋本於此。水因地制流，無分于東西是也；兵因敵而制勝，因利而制權是也。	

〈軍爭篇〉：不知山林、險阻、沮澤之形者，不能行軍。	凡兵主者，必先審知地圖。軒轅之險，濫車之水，名山通谷，徑川陵陸兵阜之所在，苴草林木薄葦之所茂，道里之遠近，城郭之大小，名邑廢邑，困殖之地，必盡知之，地形之出入相錯者，盡藏之，然後可以行導襲邑，舉錯知先後，不失地利，此地圖之常也。（《管子·地圖第二十七》）		
先知迂直之計者勝。	軍爭者，不行于完城池。（《管子·制分第二十九》）		兩者言軍爭，但意義全然不同。《孫子》所言是指行軍奇襲之道，《管子》則是言不攻堅城、不伐喪。
《軍政》曰：言不相聞，故爲金鼓；視不相見，故爲旌旗。	鼓所以任也，所以起也，所以進也。金所以坐也，所以退也，所以免也。旗所以立兵也，所以利兵也，所以偃兵也。此之謂三官，有三令而兵法治也。（《管子·兵法第十七》）		孫武此處明言，言不相聞等語出自《軍政》。與《管子》完全無涉。
〈九變篇〉：途有所不由，軍有所不擊，城有所不攻，地有所不爭，君命有所不受。	軍爭者，不行完城池。		
〈行軍篇〉：令之以文，齊之以武，是謂必取。令素行以教其民，則民服，令不素行以教其民，則民不服，令素行，與眾相得也。	四時之行，有寒有暑，聖人法之，故有文有武，天地之位，有前後，有左右，聖人法之，以建經紀春生于左，秋殺于右，夏長于前，冬藏于後。生長之事，文也，收藏之事，武也。是故文事在左，武事在右，聖人法之，以行法令，以治事理。	文與武左右也，皆是古者齊人學管子兵法者之說耳。據之觀之，蓋其所謂令之以文者，禮也賞也，齊之以武者，法也刑也。所爲之教者，文事也，武事也。所以行之者，其所謂道者也。	
〈九地篇〉：兵之情主速，乘人之所不及，由不虞之道，攻其所不戒也。	徑乎不知，莫之能禦也。發乎不意，故莫之能應也。（《管子·兵法第十七》）		

始如處女，敵人開戶，後如脫兔，敵不及拒。	遠用兵，則可以必勝，出入異途，則傷其敵，深入危之，則士自修。士自修，則同心（同力，善者之為兵也，使敵若據虛，若搏影，無設無形焉，無不可以成也。）《管子·兵法第十七》)	《管子》之言，比之孫武，其詞簡，而其義盡矣。〔註68〕	《管子》此處所言，與始如處女，後如脫兔完全無關。管子此處所謂之深入危之，則士自修，與《孫子·九地》另一段話意旨完全一樣：「凡為客之道，深入則專，主人不克。……投之無所往，死且不北，死焉不得，士人盡力。兵士甚陷則不懼，無所往則固，入深則拘，不得已則鬥。是故其兵不修而戒，不求而得，不約而親，不令而信，禁祥去疑，至死無所之。」

佐藤堅司認為新井白石漏列了《管子·幼官》之「至善不戰」，此言與《孫子·謀攻》之「不戰而屈人之兵，善之善者也。」相應。

二、其他相關部份

除此之外，孫武思想與《管子》類似者，尚有：

（一）用　間

孫武有〈用間篇〉，明言：「明君賢將，所以動而勝人，成功出於眾者，先知也。……（先知）必取於人也。」而欲得間之用，必須不惜爵祿。

《管子·制分》則云：

> 大征，遍知天下，日一間之，散金財，用聰明也。故善用兵者，無溝壘而有耳目。

（二）虛　實

《管子》之虛實思想與孫武完全一致。《管子·制分》云：「故凡用兵者，攻堅則軔，乘瑕則神。攻堅則瑕者堅，乘瑕則堅者瑕。故堅其堅者，瑕其瑕

〔註68〕有關新井白石「以管子為孫子的先導」，本表資料取自佐藤堅司之《孫子研究在日本》，頁79至83。

者。屠牛坦朝解九牛而刃可以莫鐵,則刃游間也。」《孫武・兵勢》則是:「兵之所加,如以碬投卵者,虛實是也。」〈虛實〉之「進而不可禦者,衝其虛也。」〈九地〉之「敵人開闔,必亟入之。」〈虛實〉之「兵形象水,水之形,避高而趨下,兵之形,避實而擊虛。」

第六節　孫武思想源出兵形勢家者

　　班固《漢書・藝文志》將《孫子兵法》列入兵權謀家中,總括權謀家之特色爲「以正治國,以奇用兵,先計後戰,兼形勢,包陰陽,用技巧者也。」是《孫子兵法》之主要內容之一爲形勢。《孫子兵法》第四篇爲〈形〉,第五篇爲〈勢〉,足徵〈藝文志〉所言不虛。但劉師培、章學誠認爲兵家之形勢爲地理形勢,〔註69〕驗之《孫子》本文,以及名列兵形勢之《尉繚子》(《尉繚子》則根本反對用兵利用地形),全係望文生義之無稽之談。兵家統言形勢,但形與勢還是有差別。形主形名合一、立於不敗之地、整陣而戰,勢主分合爲變、出奇無窮、因勢制敵、不失敵之敗、變陣求勝。

一、形名之由來

　　孫武〈勢〉篇云:「鬥眾如鬥寡,形名是也。」形名爲兵形之基礎。但近人胡適、錢穆先生、齊思和等對「形名」之誤解極深。胡適誤以中國古代哲學之名學思想係受孔子「正名」之影響而生,孔子的正名主義爲中國名學之起始。〔註70〕錢穆先生、齊思和則以《孫子兵法》有「形名」之說,足徵《孫子》爲戰國時代之著作。〔註71〕

　　孫武之形名思想實係繼承古代而來。周人綱紀天下,主要方術:一是形名,名實合一,循名責實;一是勢治,本大末小,層層節制。國家之起源,有一說是源自契約。中國之傳統是傾向契約起源論。《易・繫辭下》云:「上古結繩以治,後世聖人易之以書契。百官以治,萬民以察。」鄭玄《周易・繫辭注》云:

〔註69〕劉師培云:「二曰形勢,此用兵之貴地利者也。」見前引書,頁611。章學誠云:「權謀人也;形勢地也;陰陽天也。」見前引書,頁107。

〔註70〕胡適,《中國古代哲學史・第四篇・孔子》(臺北:遠流出版社,民國83年1月七刷),頁93。

〔註71〕錢穆,《先秦諸子繫年・七・孫武辨》,頁13;齊思和,〈孫子兵法著作時代考〉,《中國古代史探研》(臺北:弘文館,民國74年9月初版),頁224。

　　結繩者，爲約，事大，大結其繩，事小，小結其繩。書契，以書書
　木邊言其事，刻其側爲契，各持其一，後以相合，謂之書契也。

以契約方式明定權力、責任，確定上下秩序，有效推行政事，簡便易行，五帝、三王因之而不改。《左傳‧昭公六年》云：「叔向曰：夏有亂政而作禹刑，商有亂政，而作湯刑。」《左傳‧昭公十四年》云：「夏書曰：昏賊墨，殺。」《墨子‧非命》云：「古之聖王，發憲出令，設爲賞罰，以勸賢。」此均證明三代即以刑名治天下。

　　刑如其名，刑與名劃上等號，能夠勿縱勿枉，當場效驗，天子只須操持其名，臣下百姓無不效實，則君王可以以簡馭繁、綱舉目張的有效駕馭政府，處理政事。以名責成實效，則爲形名。名之另一範疇爲命、盟、誓；命、盟、誓名稱儘管與名不同，而其實際意義實無太大差別。孔子之正名，傅斯年釋之爲「正命」，實爲整飭命令、令典之意。〔註72〕盟、命音同，其意亦全同。如《左傳‧定公十三年》：「荀躒言于晉侯曰：晉命大臣，始禍者死，載書在河。」載書是盟詞，而稱盟爲命，足徵盟即命、即名。

　　周天子治理天下重要方式之一是賜命、賜盟，賜命、賜盟之後，爲使政事推行無礙，則有循名責實之舉。周朝王城之內即設有盟府，爲收藏盟（命）書之所在，設有專人負責，爲周天子以名求實、綱紀天下之依據。〔註73〕盟辭有些是規定、限制，用以止惡，有些是因立功而施予之賞賜，用以勸善。《荀子‧正名》稱「刑名從商，爵名從周。」是商人綱紀天下用刑，而周人用賞。周平王東遷，秦襄公扈駕有功，平王「封秦襄公爲諸侯，賜之岐以西之地，曰：『戎無道，侵奪我岐西之地，秦能攻逐戎，即有其地。』與誓，封爵之。」〔註74〕可證爵名從周並非只是一句空話。戰國時代商鞅以嚴刑峻法治秦，亦不純用刑名，其制二十等爵，頗有爵名從周之意。鐵之戰，趙簡子之誓辭：

　　克敵者，上大夫受縣，下大夫受郡，士田十萬，庶人工商遂，人臣
　　隸圉免。〔註75〕

〔註72〕傅斯年，《性命古訓辨證》（臺北：新文豐出版社，民國74年7月1版），頁82。
〔註73〕《左傳‧僖公二十六年》，云：「……恃先王之命，昔周公、太公股肱周室，夾輔成王。成王勞之，賜之盟曰：『世世子孫，無相害也！』載在盟府，太師職之。……」
〔註74〕司馬遷，《史記‧秦本紀》，頁62。
〔註75〕《左傳‧哀公二年》。

亦是以賞賜鼓勵戰士奮勇作戰。

以名求實，刑名合一，有賴成文法，周代確有成文法。《尚書》有〈呂刑〉，《周官・職方》之職掌是：「掌邦之刑禁。正月之吉，執邦之旌節，以宣布於四方。」一九七〇年代出土之〈㒨匜〉亦證明西周已有成文法。〔註76〕

爲了以名求實、責成實效、推行政令、防止臣下諸侯違禮亂紀，周之官吏必備條件之一是須有以禮（理）折人、服人之素養。此即孔門弟子以入仕爲主要目標，而其學習項目之一即爲言語之原因。周室東遷，王室雖已陵夷，但周之官吏以名折人之能力並未喪失。其能言善辯，非惟戰國縱橫之士難以企及，即使墨子、孟子那樣的雄辯滔滔，與之相較亦有遜色。其言語拿捏尺寸之準確，能使跋扈萬狀之晉文公、楚莊王廢然而退，狼狽不堪。〈王孫滿對楚子〉至今仍是外交辭令上之千古絕唱。

推行政令須以名求實，但至春秋時代以後，苛捐雜稅日多、法令日繁之際，出現了另一批能言善辯的相反的以名避實的訟師型人物——此可以鄧析爲代表，以詭辯方式使名不能落實，後人稱此一派人物爲名家，這實是小枝旁宗篡弒主幹正宗之一種逆反結果。故先秦之篡弒現象實不只限於政治，學術亦復如此。胡適等人認爲正名始自孔子，「形名」爲戰國產物，實際均是出於誤解。展喜犒師、王孫滿對楚子等均是春秋時代有名的以名責實之外交辭令。

二、軍事形名之由來

軍事上之形名、刑名實與政治上之形名、刑名同時應運而生。軍事上之形名講求號令與隊形之一致。將領掌旗鼓號令，士卒依令行事，效其形。爲使命令澈底貫徹，天子、國君授命將領有「上不制天，下不制地，中不制人」之專誅大權，此即孫子「君命有所不受」理論之張本。

將軍爲使三軍畏令、畏將，往往殺之貴大，使部卒因畏令而依令行事，西周金文〈兮甲盤〉即有這樣的銘文：「敢不用命，即刑撲伐。」重將、重令等思想在孫武之前至少已歷上千年之演進。其詳情可參看第五章第四節之「尉繚思想源出古職官」。孫武吳宮練兵、先斬美姬實是依循古之前例「殺之貴大」之具體表現。明瞭此理，對孫武面見吳王，即提出「君命有所不受」

〔註76〕程武，〈一篇重要的法律史文獻——讀㒨匜銘文札記〉，《文物》1974 年第 5 期，頁 50～51。

就不會感到突兀。〔註77〕兵形之訓練由作坐進退之節開始，《司馬法‧嚴位》述之極詳，可參看，而孫武吳宮練兵指畫之詳盡，二千年後之戚繼光還發出由衷之讚賞：

> 善哉孫子之教宮嬪曰：「汝知爾左右手心背乎！」嗚呼！此教戰之指
> 南，此千載不傳之秘文，此余獨悟之妙也，指以示人，尤為可惜！
> 〔註78〕

為求軍事上形名一致，三軍用命，故戰前常有誓師，如〈甘誓〉之：

> ……左不攻于左，汝不恭命，右不攻于右，汝不恭命，御非其馬之
> 正，汝不恭命，用命賞于祖，不用命，戮于社。〔註79〕

〈牧誓〉、〈韓之誓〉這種軍事上形名合一之要求就更加明白。〈牧誓〉是：

> ……今予發，惟恭行天之罰。今日之事不愆于六步七步，乃止齊焉。
> 夫子勖哉。不愆于四伐五伐六伐七伐，乃止齊焉。……勖哉夫子……
> 爾所弗勖，其于爾躬有戮。〔註80〕

〈韓之誓〉是「失次犯令，死，將止不面夷，死，違言誤眾，死。」〔註81〕軍事上之形名一致，往往利用重賞、重罰。《司馬法‧天子第二》云：

> 夏賞于朝，貴善也；殷戮于市，威不善也；周賞于廟，戮于市，勸
> 君子懼小人也。

此可與《荀子‧正名》之「刑名從商，爵名從周。」互相發明。

　　兵家作戰，先求部伍嚴整，立於不敗之地，求不可勝在己，使自己有不可敗之形，此即孫武〈形〉篇主旨。為了使自己有不可敗之形，發揮整體整合戰力，兵形家講求整陣而戰，從三代至春秋中早期之兵家均苦心鑽研如何整陣而戰。《孫子‧形》篇未敍及整陣、布陣，而《孫子》逸文卻記孫子有苹車之陣。上孫家寨漢簡有「□子曰（疑所缺之文字即為孫字）軍患陣不堅，陣不堅則前破，而」（簡號三八一）〔註82〕是孫子之〈形〉實亦含有整陣而戰。

〔註77〕郭化若云：「書中『將受命于君』、『將在軍，君命有所不受』，這在孫武見吳
　　　　王時，是不可能提出的。」見《孫子譯註》（上海：上海古籍出版社，1995
　　　　年5月七刷），頁30。
〔註78〕戚繼光，《紀效新書》（臺北：商務印書館，民國67年5月1版），頁40。
〔註79〕《尚書‧甘誓》（蔡沈《集傳》本），頁38～39。
〔註80〕《尚書‧牧誓》（蔡沈《集傳》本），頁69～70。
〔註81〕《國語‧晉語三》。
〔註82〕青海省文物考古研究所，《上孫家寨漢晉墓‧第三章第一○節‧木簡》（北京：
　　　　文物出版社，1993年12月1版），頁187。

三、《孫子》之兵勢思想內容

勢之主要內容為以合制分、以大制小、因勢、乘勢、迫于不得已之形勢、以無制有、以暗制明、出奇制勝、自己能居於控制之樞紐位置。在「孫臏思想源出兵形勢家者」一節，對兵勢已有詳細之解說，可參看。此處對此問題不再贅述。

依勢所包含之意義來看，《孫子兵法》敘及勢之部份，實不限於〈勢〉篇而已。〈謀攻〉之「十則圍之，五則攻之，倍則分之。」〈兵形〉之「以鎰稱銖」、〈虛實〉之「無形」「我專敵分」「備多力分」、〈軍爭〉之「舉軍而爭利……」〈九地〉之「為客之道」、「圍地塞闕」、「死地則戰」、以及〈用間〉全篇，實均屬兵勢之範疇。

四、《孫子》兵勢思想淵源

《孫子兵法》中，有關兵勢方面可以找到淵源者，約有以下幾點：

（一）用 無

勢治理論之一是講求君王南面之術，使臣下無所窺伺，臣下即不敢為非，即能有效克制群臣。《黃帝》、《老子》均講求君王南面之術。長沙馬王堆三號漢墓出土之帛書，〈道原〉篇云：

> 故唯聖人能察無形，能聽無聲。知虛之實，後能大虛。乃通天地之
> 精，通同而無間，周襲而不盈。服此道者，是謂能精。明者固能察
> 極，知人之所不能知，人服人之所不能得，是謂察稽知極。〔註83〕

《老子》主張：「道常無為而無不為」、「大象無形」。

《孫子・形》則是：「善戰者之勝也，無智名，無勇功，故其戰勝不忒。不忒者，其所措勝，勝已敗者也。」《孫子・虛實》則云：「故形兵之極，至於無形，無形則生間不能窺，智者不能謀。」

（二）以眾制寡、以大制小

長沙馬王堆三號漢墓出土之帛書，〈稱〉篇云：

> 天子地方千里，諸侯百里，所以聯合之也。故立天子不使諸侯疑焉。
> 立正嫡者，不使庶孽疑焉。立正妻者，不使嬖妾疑焉。疑則相傷，

〔註83〕馬王堆漢墓整理小組，〈長沙馬王堆漢墓出土《老子》乙本卷前古佚書釋文〉，《文物》1974年第10期，頁42。

雜則相方。〔註84〕

《孫子‧形篇》則是：「故勝兵若以鎰稱銖，敗兵若以銖稱鎰。」同是以大制小，以眾制寡，帛書篇題爲「稱」，而《孫子》內文則有「以鎰稱銖」，兩者論及「勢」治之道，共同拈出「稱」，可以看出孫武「兵勢」理論確與黃老君王南面之術有所關連。

（三）奇 正

「以正治國，以奇用兵」爲先秦諸子之共識。〔註85〕黃帝臣風后在用兵上主握奇。老子認爲用兵與治國爲完全相反的行爲模式，故主：「以正治國，以奇用兵。」「將欲歙之，必固張之；將欲弱之，必固強之；將欲廢之，必固興之，將欲奪之，必固與之。」

《孫子‧始計》則是：

> 兵者，詭道也。故能而示之不能，用而示之不用，近而示之遠，遠而示之近。利而誘之，亂而取之，實而備之，強而避之，怒而撓之，卑而驕之，佚而勞之，親而離之。攻其無備，出其不意。

《孫子‧兵勢》：

> 凡戰者，以正合，以奇勝。……奇正相生，如循環之無端，孰能窮之哉？

《孫子‧九地》之

> 兵之情主速，乘人之不及，由不虞之道，攻其所不戒也。

（四）為客不為主、退尺不進寸

用兵之際，一般將領在心理上，習慣上傾向爲主不爲客，進寸不退尺。爲主可以「以逸待勞」、「以飽待饑」；自戰其地可掌握地利、避免各種突發狀況。兩軍交戰之際，非萬不得已，在軍事上是「有進無退」。《老子》全書是以反面立論，在論及戰事之際亦不例外：「用兵有言：我不敢爲主而爲客，不敢進寸而退尺。」馮友蘭云：

> 這裡所講的是《老子》兵法的精神。這種精神同當時的軍事專家如孫武、孫臏等所講的完全不同。孫武、孫臏的兵法都認爲打仗要先

〔註84〕馬王堆漢墓整理小組，前引文、書，頁40。

〔註85〕見羅獨修，〈魏武三詔令問題平議‧第二章‧魏武三詔令之思想淵源〉，《簡牘學報》第13期（民國79年7月），頁169～183。

發制人，制人而不制於人，以進攻爭取勝利。《老子》卻說，善用兵的人不敢先發（「爲主」），寧願後發（「爲客」）。他不敢前進一寸，寧可後退一尺。〔註86〕

由《老子》的「用兵有言」，可知以「吾不敢爲主而爲客，不敢進寸而退尺。」解釋戰爭之利弊已有相當久遠之歷史，《老子》在其著作中只是復述前人之說法而已。《老子》之許多思想、言辭與黃帝類似至幾乎無法分辨之地步。戰國秦漢時代，黃老並稱，絕非偶然。魏源即云：

> 至經中稱古之所謂，稱建言有之，稱聖人云，稱用兵有言，故班固謂道家出古史官，莊周亦謂古之道術有在於是者，關尹、老耼聞其風而悅之，斯述而不作之明徵哉！孔子觀周廟而嘉金人之銘，其言如出老氏之口。考《皇覽金匱》，則金人三緘銘即漢志黃帝六銘之一，爲黃老源流所自。〔註87〕

黃帝爲古之戰神，老子此處所言「用兵有言」，竊疑此言即出自黃帝。在這方面，孫武與黃老思想大體一致，而與馮友蘭之說法，恰好相反。馮友蘭並未弄清兵家之「主、客」、「進、退」之眞正涵意而妄下結論。

孫武〈九地〉篇純以「爲客」立論，幾乎可說是老子「吾不敢爲主而爲客」的註腳。《孫子·九地》云：

> 凡爲客之道，深入則專，主人不克：掠於饒野，三軍足食，謹養而勿勞，并氣積力，運兵計謀，爲不可測。投之無所往，死且不北，死焉不得，士人盡力。兵士甚陷則不懼，無所往則固，入深則拘，不得已則鬥。是故，其兵不修而戒，不求而得，不約而親，不令而信，禁祥去疑，至死無所之。……帥與之期，如登高而去其梯；帥與之深入諸侯之地，而發其機。若驅群羊，驅而往，驅而來，莫知所之。聚三軍之眾，投之於險，此將軍之事也。九地之變，屈伸之利，人情之理；不可不察也。凡爲客之道，深則專，淺則散。去國越境而師者，絕地也；四通者，衢地也；入深者，重地也；入淺者，散地也；背固前臨者，圍地也；無所往者，死地也。是故散地，吾將一其志；輕地，吾將使之屬；爭地，吾將趨其後；交地，吾將謹其守；衢地，吾將固其

〔註86〕馮友蘭，《中國哲學史新編·第二冊·十一章·第四節·老子的兵法》（臺北：藍燈文化公司，民國80年12月初版），頁39。

〔註87〕魏源，《魏源集·論老子二》（北京：中華書局，1976年3月1版），頁257。

> 結；重地，吾將繼其食；圮地，吾將進其途；圍地，吾將塞其闕；死
> 地，吾將示之以不活。故兵之情，圍則禦，不得已則鬥，過則從。

馮友蘭認為「孫武、孫臏的兵法都認為打仗要先發制人，制人而不制於人，
以進攻爭取勝利。」因而認為孫武軍事精神與老子之「吾不敢進寸而退尺」
完全不同。實際上，孫武〈軍爭〉篇全篇是在討論「進寸」之害，「退尺」之
利。〈軍爭〉篇之主旨在：

> 故軍爭為利，軍爭為危。舉軍而爭利則不及；委軍而爭利則輜重捐。
> 是故卷甲而趨，日夜不處，倍道兼行，百里而爭利，則擒三將軍，
> 勁者先，疲者後，其法十一而至；五十里而爭利，則蹶上將軍，其
> 法半至；三十里而爭利，則三分之二至。是故軍無輜重則亡，無糧
> 食則亡，無委積則亡。

孫臏馬陵之戰即應用此種理論，採用大步向心集中撤退，誘使龐涓「棄其步
軍，與其輕銳，倍日兼行逐之。」造成馬陵之戰之空前大勝。《孫子‧軍爭》
之結論明言以下八種情況，進攻必敗：

> 故用兵之法：高陵勿向；背丘勿逆；佯北勿從；銳卒勿攻；餌兵勿
> 食；歸師勿遏；圍師必闕；窮寇勿迫。此用兵之法也。

第七節　孫武思想源出兵技巧家者

　　《漢書‧藝文志》論及兵權謀家之主要內容是「兼形勢、包陰陽、用技巧。」
而《漢書‧藝文志》對兵技巧家所下之定義是：「習手足，便器械，積機關，以
立攻守之勝。」兵技巧家所列之兵書，由其名稱可知其內容者，像《逢門射法》、
《李將軍射法》、《蒲苴子弋法》是討論射法、射技之兵法，屬便器械之範疇。《劍
道三十八篇》、《手搏六篇》、《蹴踘》等篇，是以習手足為其主要內容。任宏、
劉歆將《墨子》列入兵技巧家，班固將其全歸墨家。《墨子‧備城門》以下二十
餘篇，專門討論守城之法，其內容完全符合「積機關，以立攻守之勝。」若依
這些觀點來看《孫子兵法》，則《孫子兵法》除〈火攻〉一篇略具兵技巧之內容
外，其他各篇實與「兵技巧」之內容無涉；《孫子》幾十條逸文中，只有一條屬
於兵技巧之內容：「強弱長短雜用。遠則用弩，近則用兵，兵弩相解也。」呂思
勉在《先秦學術概論‧第七章》，云：「兵技巧家最切實用，然今古異宜，故不
傳于後。」章學誠亦明言《孫子》十三篇中並無兵技巧之思想。

呂思勉、章學誠之看法，與《漢書・藝文志》對《孫子》之形容大相逕庭，其原因實出在《孫子》十三篇中實含有兵技巧之內容，而其兵技巧之內容與兵形勢溶合爲一，幾已全無跡象可尋。時移事變，後人不易明瞭。此一部份之詳細內容，可參看「孫臏思想源出兵技巧家者」一節。

孫武將技巧與兵形勢融合爲一，以說明兵形勢，如：

孫武〈形篇〉之「勝者之戰，若決積水於千仞之谿者，形也。」孫武以水決形容兵形，而水決敵軍即屬兵技巧家之「積機關，以立攻守之勝。」水決敵軍在孫武之前即已有長遠之歷史，傳說五帝時代，黃帝即能以水攻戰。〔註88〕《左傳・昭公三十年》敍及吳王闔廬以山水滅徐：「冬十二月，吳子執鍾吾子，遂伐徐，防山以水之，己卯，滅徐。」此爲伍子胥用事於吳之年，防山水滅徐是否是伍員、孫武之傑作，今已不可知，但確有此可能。

孫武〈勢篇〉之「故善戰人之勢，如轉圓石於千仞之山者，勢也。」孫武以高山滾石形容兵勢。此種轉圓石於千仞之山之攻擊敵人之法亦屬兵技巧之「積機關，以立攻守之勝」。墨子《備城門》云：「城上九尺，一弩、一戟、一椎、一斧、一艾，皆積纍石、蒺藜。」岑仲勉註云：「纍石即礧石，又作礌石，自城上推石而下也。」〔註89〕其效用即同滾圓石於千仞之山，只是此處之纍石用於高城之上，略有差異。這些雖是戰國之戰法，此種戰法極可能即是承襲自前人之經驗。《左傳・昭公二十三年》即云：

（邾師）遂自離姑，武城人塞其前，斷其後之木而弗殊，邾師過之，

乃推而蹶之，遂取邾師。

魯人此戰是以高山滾木之方式，全殲邾師。其時代在孫武用事於吳稍前。

「善戰者，其勢險，其節短。」則以弩射之道，說明兵勢。弩射之道屬於兵技巧「便器械」之範疇。

第八節　孫武思想源出兵陰陽家者

就《漢書・藝文志》所述兵權謀家特徵之一是「兼陰陽」。但後世之學者

〔註88〕《呂氏春秋・蕩兵》（高誘注畢沅校本），頁67，云：「黃炎故用水火矣。」

〔註89〕岑仲勉《墨子城守各篇簡注・備城門第五十二》，收在《墨子集成》中，（據民國37年排印本影印），頁29～30。八十五年夏季我隨團至大陸尋訪秦長城，專門實地考察長城遺址之彭曦曾對我言：「曾在高山之上發現壘石爲牆之遺跡，其作用是在敵人攻山之際，將整片城牆推倒以大量擊殺敵軍。」

如章學誠、呂思勉、劉師培等均將「兵陰陽」之範疇限死在「天」、「天時」上，〔註90〕若依章、呂等人之解釋來看《孫子兵法》，則《孫子兵法》幾乎不帶兵陰陽家之色彩。

但實際上孫武卻以兵陰陽家思想爲其主要理論依據，建構其兵學思想。孫武思想源自陰陽家部份至少占其兵法三分之一以上之篇幅。孫武思想之源自兵陰陽家者，分析而言，約有以下三端：

一、治　氣

《孫子‧軍爭》所謂之：

> 故三軍可奪氣，將軍可奪心。是故朝氣銳，晝氣惰，暮氣歸。故善
> 用兵者，避其銳氣，擊其惰歸，此治氣者也。

在分類上實屬於兵陰陽家之範疇。《漢書‧藝文志》兵陰陽家有《別成子望軍氣》六篇。

「聞聲效勝負，望氣知吉凶。」在中國實有久遠之歷史淵源。《左傳‧莊公十年》曹劌論戰即云：「夫戰，勇氣也。一鼓作氣，再而衰，三而竭。彼竭我盈，故克之。」明言戰爭之勝負取決於敵我氣之盈虛，以盈擊虛，戰則必克。此種望氣制勝之法，至少可以遠溯至殷商時代。如卜辭「貞勿乎望舌方」「貞隹王自望」等凡十二見。〔註91〕金文〈小子𤰒卣〉則有：「在十二月，隹子曰命望人方。」白川靜認爲望是「自遠處觀望其地施加呪力的行爲。」〔註92〕嚴一萍認爲是「望雲氣，……戰求必勝，故未戰之先，先望其氣，以

〔註90〕同註3。

〔註91〕嚴一萍，〈殷商天文志〉，云：「戰求必勝，故未戰之先，先望其氣，以趨吉避凶也。卜辭曰：貞勿乎望舌方？（戩十二‧四）貞乎望舌方？（鐵二四一‧三），貞□望……登人而望，其爲軍事可知，亦乎臣下爲之，惟王亦自望，卜辭曰：貞勿隹王自望（京津三四七）……」見《中國文字》新2期（民國69年9月），頁15～16。

〔註92〕白川靜，《金文的世界‧第一章殷代的金文世界——呪與望》（臺北：聯經出版社，民國78年8月初版），頁28～29，云：「〈小子𤰒卣〉文末的大事紀年所謂『人方𡿺』，爲夷系中實力強大之部族。所以要在出師討伐之前，特別舉行『望』的詛祝儀式。望即望氣：言觀望雲氣而卜事之吉凶。……它是自遠處觀望其地而施加呪力的行爲，後世天子所舉行的望祀即源自古代的這項禮儀。……可能不僅是訴諸視覺的單純行爲；具有支配之意，與靈交涉之意。日本的《萬葉集》中，像『見』、『見而不饜』等語調亦出現不少，這大概都是緣自相同的古老觀念吧！甲骨文中，對當時北方之強族舌方亦頻行望禮。」

趨吉避凶也。」〔註93〕從夏、商、周直至春秋時代，基本戰法未變，均以車戰爲主要戰鬥方式，駅者負責駕駛兵車，車左、車右爲戰鬥主力。殷、周戰前有「望」之活動，有「望乘」。〔註94〕春秋時代戰前亦有「望」、「視」之活動（如韓簡視師、齊侯登巫山以望晉師等），有巢車（如鄢陵之戰，楚子登巢車以望晉師）。春秋時代之「望」、「視」，主要是觀察兩軍氣勢之消長以決定敵人可擊不可擊，毫無實施呪術之跡象，亦絕無望軍氣之痕跡。如韓簡視師之後，回報晉惠公「（秦國）師少于我，鬥士倍我。」〔註95〕齊魯長勺之戰，齊師敗績之後，曹劌登軾而「望」之，「視其轍亂，望其旗靡，故逐之。」齊侯登巫山以望晉師：

> 晉人使司馬斥山澤之險，雖所不至，必旆而疏陣之。使乘車者左實右僞，以旆先，輿曳柴而從之，齊侯見之，畏其眾也，乃脫歸。〔註96〕

足以證明白川靜所謂「望是一種呪術」，只是其依日本情況所作的一種猜測。卜辭之「望乘」，〔註97〕即可能就是春秋時代之「巢車」。望視的目的在視察彼我氣勢之消長，以決定敵軍之可擊不可擊。韓簡認爲「師少于我，鬥士倍我。」而晉惠公仍一意孤行，堅持必戰，韓簡感嘆的說：「吾幸而得囚。」〔註98〕晉楚城濮之戰，狐偃認爲「師直爲壯，曲爲老。」主動退避三舍，直至「曲在彼矣」，才肯應戰。〔註99〕秦晉河曲之戰，晉將臾駢意圖「深溝固壘，以老秦師」。〔註100〕

二、以地利克敵制勝

先秦兵陰陽家之地理思想與陰陽五行有密切之關連。五行思想或五行相

〔註93〕見嚴一萍，見前引文，《中國文字》第 2 期，頁 13、15。
〔註94〕董作賓云：「（武丁二十九年三月）丙戌卜，爭貞，今春王從望乘伐下旨，我受出又？」（鐵二四九一二）「（武丁二十九年十一月）辛巳卜，爭貞，今春王勿從望乘伐下旨弗其受出又？」見《殷曆譜‧武丁日譜》，頁 636、頁 640。
〔註95〕《左傳‧僖公十五年》。
〔註96〕《左傳‧襄公十八年》。
〔註97〕董作賓之《殷曆譜》將「望乘」看作人名，爲武丁將領。嚴一萍之〈殷商天文志〉註七云：「案望乘之望，確爲官職，當爲望氣之官也。」同條註引丁龍驤之看法：「不知望是否秪慎之流亞歟？」
〔註98〕《左傳‧僖公十五年》。
〔註99〕《左傳‧僖公二十八年》。
〔註100〕《左傳‧文公十二年》。

配、相剋之思想在鄒衍之前至少已歷數千年之演進。〔註101〕孫武〈虛實篇〉云：「故五行無常勝。」已直接敘及五行相剋之關係。

孫武〈虛實〉篇所謂：

> 兵形象水。水之形避高而趨下；兵之形避實而擊虛。水因地而制流，兵因敵而制勝。故兵無常勢，水無常形，能因敵變化而取勝者，謂之神。

認爲兵之性質如水，因此論及用兵之道，純就水德立論。

五行之中能克水者爲土。《孫子兵法》論及地利部份幾占全書三分之一，絕非偶然。

但以地利克敵制勝之思想，卻並非孫武之發明。《漢書・藝文志》提及兵陰陽家有《地典》六篇，《地典》篇久已亡佚，由其名稱上看，似是以得地利克敵制勝爲其主要內容。臨沂銀雀山漢墓不但發掘出《孫子兵法》、《孫臏兵法》，失傳一千多年之《地典》殘簡亦隨著《孫臏兵法》等一起出土，雖只是斷簡殘篇，但其內容主用兵利用地勢，是以「高下左右生死德刑陰陽」分析地利之利弊得失，與孫武〈九地〉等四篇分析地利之專有名詞全同。如《地典》〇四七三號簡云：

> ……敗，高生爲德，下死爲刑，四兩順生，此謂黃帝之勝經。黃帝召地典而問焉。〔註102〕

班固論及兵陰陽家曰：「陰陽者，順時而發，推刑德，隨斗擊，因五勝（五行相勝），假鬼神而爲助者也。」《管子・問篇》云：

> 理國之道，地德爲首。君臣之禮，父子之親，覆育萬人。官府之藏，強兵保國。城郭之險，外應四極，具取之地。

照傳統說法，黃帝爲土德。〔註103〕其所以勝四帝，在其能得地利。《孫子・行軍》云：

> 凡處軍相敵，絕山依谷，視生處高，戰隆無登，此處山之軍也。絕

〔註101〕《尚書・甘誓》（蔡沈《集傳》本），頁38：「有扈氏威侮五行，怠棄三正。」《呂氏春秋・恃君覽・行論》（高誘注畢沅校本），頁267，云：「鯀爲諸侯，怒于堯曰：『得天之道者爲帝，得地之道者爲三公。今我得地之道，而不以我爲三公。』以堯爲失論。」鯀自認得地之道，故以治水自雄。《尚書・洪範》九疇之一即爲五行。

〔註102〕吳九龍，《銀雀山漢簡釋文》（北京：文物出版社，1985年12月1版），頁38。

〔註103〕《呂氏春秋・有始覽・應同》（高誘注畢沅校本），頁126～127，云：「黃帝之時，天先見大螾大螻。黃帝曰：『土氣勝』，故其色尚黃，其事則土。」

水必遠水，客絕水而來，勿迎之於水內，令半濟而擊之，利；欲戰
者，勿附於水而迎客；視生處高，無迎水流，此處水上之軍也。絕
斥澤，唯亟去無留；若交軍於斥澤之中，必依水草而背眾樹，此處
斥澤之軍也。平陸處易，右背高，前死後生，此處平陸之軍也。凡
此四軍之利，黃帝之所以勝四帝也。

《漢書・藝文志》兵陰陽家有《黃帝》十六篇，在地利利用上黃帝有一條總
綱——居生擊死，這是軍事上一絕大發明，單由此一發明，黃帝即不愧戰神
之稱。

　　在論及地利形勢之深刻著明上，克勞塞維茨之論外線、內線，不如毛澤東
之論外線、內線，毛澤東之論外線、內線，不如黃帝之論生地、死地。〔註104〕
四、五千年前之黃帝對地利能有如此深刻之體認，應與其「遷徙往來無常處，
以師兵爲營衛。」有關。捻匪有何文化可言，但幾十年戰爭體驗，使小閻王張
宗禹能有這樣深刻之體認：「不怕打，只怕圍。」但最後因貪圖「餘糧棲畝」在
黃河、減河、運河之間之死地遭到全殲。〔註105〕許洞《虎鈐經》一書糟粕甚多，
但其對生地、死地之解釋，極爲得當，現錄之於下，以供參考：

生地者，謂左右前後非死絕之地。通糧道，進退皆利也。生地雖曰兵
家之利，可以用者六焉。若夫懸軍深入，一可用也；士馬精壯，陣勢
習熟，二可用也；將明令嚴，三可用也；我強敵弱，四可用也；天將
夙著恩，使吏士服從，五可用也；吏士樂戰，六可用也。其不可用者
有三焉：士卒顧家，一不可用也；前無利誘，士卒退心，二不可用也；
進則害，退則利，三不可用也。茲生地之利害，可不審乎？

死地者，謂背山負水，糧道生路皆絕也。死地雖曰兵家之害，可以
用戰者四焉。將之恩威未著，吏士未服，一也；我兵與敵等，我力
戰則利，畏戰則害，欲令吏卒死戰者，二也；爲敵所逼，糧芻將竭，
三也；前軍既破，後軍當固，四也。其不可用者三焉：彼眾我寡，
一也；利害未審，矯眾強爲，二也；將心猶豫，三也。〔註106〕

〔註104〕克勞塞維茨之論外線、內線，見鈕先鍾譯《戰爭論・第六篇・防禦》（臺北：
　　　　軍事譯粹社，民國69年3月初版），頁557～820。毛澤東之論內線、外線，
　　　　見〈論持久戰・防禦中的進攻、持久中的速決、內線中的外線〉，《毛澤東選
　　　　集》第二卷（北京：人民出版社，1996年9月北京出版），頁451～454。
〔註105〕江地，《捻軍史論叢》（北京：人民出版社，1981年9月1版），頁264～281。
〔註106〕許洞，《虎鈐經・卷五・料地》，《粵雅堂叢書》，收錄於《百部叢書》中（臺

從這些地方可以看出兵陰陽家之陰陽、生死、五行之思想對孫武之影響。其後之《孫臏兵法》有〈地葆〉篇，內容是以地利克敵制勝，其中亦包含了相當份量之五行相剋思想。〔註107〕

但孫武之運用五行思想，並不純粹只是就五行相剋立論。孫武確實雜有五行相合之思想。《孫子・地形》曾言：「地形者，兵之助也。」《孫子・勢》篇中曾云：「聲不過五，五聲之變，不可勝聽也；色不過五；五色之變，不可勝觀也；味不過五，五味之變，不可勝嘗也。」《國語・鄭語》亦曾論及五行相合以成百物：「故先王以土與金、木、水、火，雜以成百物。」孫武之〈九變〉、〈行軍〉、〈地形〉、〈九地〉等篇實際是敘述水（兵）土（地）兩德相合以克敵制勝之道。

三、重（全）生

重生思想在中國可謂淵源流長，可直接遠溯至新石器時代半坡之魚紋。〔註108〕殷墟出土之陶祖是殷人重生思想之直接物證。〔註109〕周人之金文，最常見之句子為「子子孫孫永寶用之」、「永令彌其生」、「用求萬命彌生」，《詩經》則有「（文王）本支百世」、「愷悌君子，俾爾彌爾性，似先人酋矣。」〔註110〕同姓不婚之思想源自周之宗法。周之宗法取外婚制度，其主要目的在於繁衍後代以及擴大宗族之影響力，其中並無「敗倫亂禮」、「傷風敗俗」之考量（這與後來人們之看法恰好相反）。《禮記・郊特牲》云：「夫昏禮，萬世之始也，取于異姓，所以附遠別厚也。」《左傳・文公七年》云：「男女同姓，其生不蕃。」以致晉獻公娶狐姬生重耳，當時人以為異數。儒家講求孝道，孝道之典範人物曾參主張「身體髮膚，受之父母，不敢毀傷。」「父母全而生之，子全而歸之。」〔註111〕曾參臨終前告誡門人小子：「啓予手，

北：藝文印書館影印），頁34。

〔註107〕《孫臏兵法・地葆》：「五地之勝：山勝陵，陵勝阜，阜勝陳丘，陳丘勝林平地；五壤之勝：青勝黃，黃勝黑，黑勝赤，赤勝白，白勝青。」

〔註108〕趙國華，〈八卦符號與半坡魚紋〉云：「半坡人以魚象徵女性生殖器，實行女性生殖器崇拜，故使用繪有魚紋的九件彩陶為神器，舉行盛大的祭祀活動，以娛魚神，祈求多多生育，人口興旺，尤其是女性人口的興旺。」，見《考古學文化論集・2》（1989年2月），頁330。

〔註109〕安志敏，〈一九五二年秋季鄭州二里岡發掘記〉，《考古學報》第八冊（1954），頁84，頁102。

〔註110〕傅斯年，《性命古訓辨證》，所引金文及《詩經》，頁62～63。

〔註111〕見《大戴禮記・曾子大孝第五十二》（王聘珍解詁本）（臺北：文史哲出版社，

啓予足，戰戰兢兢，如臨深淵，如履薄冰，而今而後，吾知免夫，小子。」〔註 112〕全（重）生思想實爲先秦各家思想之主要成份之一。胡適以「楊生貴己」，而推斷《呂氏春秋》之「貴生」理論可能爲楊朱一派之「貴己主義」，實際上應是出於誤解。〔註 113〕名列兵陰陽家之黃帝，其思想主旨是「起消息」，在用兵上，主「居生擊死」。深受黃帝影響之老子含有濃厚重生（貴己、全生）之思想。如：

> 夫唯兵者，不祥之器，物或惡之，故有道者不處，君子居則貴左，
> 用兵則貴右。兵者不祥之器，非君子之器，不得已而用之，恬淡爲
> 上。勝而不美，而美之者，是樂殺人。夫樂殺人者，則不可以得志
> 于天下矣。

「戰勝則以喪禮處之。」

《孫子》十三篇彌漫極厚之全（軍）生思想。《孫子兵法》以「兵者國之大事，死生之地，存亡之道，不可不察也。」起始，以：

> 夫戰勝攻取而不修其功者凶，命曰費留。故曰：明主慮之，良將修
> 之，非利不動，非得不用，非危不戰，主不可怒而興師，將不可以
> 慍而致戰。合於利而動，不合於利而止。怒可以復喜，慍可以復悅，
> 亡國不可以復存，死者不可以復生。故明君愼之，良將警之，此安
> 國全軍之道也。

做結，全（軍）生思想縱貫全書。如〈謀攻〉之：

> 夫用兵之法，全國爲上，破國次之；全軍爲上，破軍次之；全旅爲
> 上，破旅次之；全卒爲上，破卒次之；全伍爲上，破伍次之；是故
> 百戰百勝，非善之善者也。不戰而屈人之兵，善之善者也。故上兵
> 伐謀，其次伐交，其次伐兵，其下攻城。攻城之法，爲不得已。修
> 櫓轒轀，具器械，三月而後成，距闉，又三月而後已。將不勝其忿
> 而蟻附之，殺士三分之一，而城不拔者，此攻之災也。故善用兵者，
> 屈人之兵而非戰也，拔人之城而非攻也，毀人之國，而非久也。必
> 以全爭於天下，故兵不頓而利可全，此謀攻之法也。

民國 75 年 4 月初版），頁 85。
〔註 112〕《論語‧泰伯》（劉寶楠《正義》本）（臺北：世界書局，民國 63 年 7 月新二
　　　　版，），頁 156。
〔註 113〕胡適，《中國古代哲學史》臺北版〈自記〉，《中國古代哲學史》，頁 2。

用兵之法，十則圍之，五則攻之，倍則分之，敵則能戰之，少則能
逃之，不若則能避之。故小敵之堅，大敵之擒也。夫將者，國之輔
也。輔周則國必強，輔隙則國必弱。〔註114〕

其餘如〈地形〉篇之

故戰道必勝，主曰無戰，必戰可也。戰道不勝，主曰必戰，無戰可
也。故進不求名，退不避罪，惟民是保，而利於主，國之寶也。

〈作戰〉篇之「故兵聞拙速，未睹巧之久也，夫兵久而國利者，未之有也。」
〈軍形〉篇之「善守者，藏於九地之下，善攻者，動於九天之上。故能自保
而全勝也。」均可看出孫武對生命的重視。

第九節　本章小結

《孫子兵法》之內容與作者所處之境遇息息相關。孫武干謁吳王闔廬之
際，闔廬一意以亡楚為職志，故《孫子》一書完全以戰勝攻取為其主要內容。
「防禦」、「守勝」、「救敗」等思想在本書之中完全付之闕如。

《孫子》與春秋時代的戰史有密不可分之關係。《孫子》之「始計」、「拙速」、
「重法」、「火攻」、「用間」、「狀況判斷」等思想均可在歷史中找到其淵源。

《孫子》承《司馬法》遺緒之處至夥，司馬遷、班固所言非虛，《孫子》
有些地方確是《司馬法》之疏證。《司馬法》是孫武思想主要來源之一。

《孫子》與《管子》有關連，但《管子》對《孫子兵法》之影響並不廣
泛。

《孫子》將兵技巧之內容溶入形勢之中，幾已達全無跡象可尋之地步，
以致造成章學誠等人之誤解。

兵陰陽家談天論地，一般學者以天時為兵陰陽家之主要思想，而忽略了
地利。孫武承襲兵陰陽家之地利思想，而摒棄其天象。兵陰陽家之《黃帝》、

〔註114〕孫武〈謀攻〉由「用兵之法，全國為上，破國次之。」直至「小敵之堅，大
敵之擒也。」純就保全士卒生命立論，接下三句「夫將者，國之輔也。輔周
則國必強；輔隙則國必弱。」曹操、杜牧、賈林、梅堯臣、王晳、何氏、張
預等將「周」釋之為「將周密謀不泄」、「才足」、「才周」；將「隙」釋之為「形
見於外」、「才缺也」、「才不周也」、「失士則隙缺」、「將謀缺」等，與〈謀攻〉
全篇主旨完全無涉。〈謀攻〉整篇以「全」立論。「周」字作「全」或「周全」
解，「隙」字作「缺乏」解，則文從字順。後二句正確之解釋應是：「將領佐
國使全國生命完整無損則國必強；佐國造成生命損失則國必弱。」

《地典》等書即使出自依託，其成書時間可能都在孫武之前，對孫武有極大之影響。清人孫星衍〈孫子十家註序〉云：「古人學有所受，孫子之學或即出自于黃帝。」確實道出部份實情。

　　《孫子》之〈形〉、〈勢〉與地理形勢全然無涉。其〈形〉、〈勢〉之思想最具三代之遺意。

第三章　孫臏思想淵源之探討

第一節　概　說

　　清末以來今文經學派風靡一時，所有古書之眞僞面臨最嚴苛之考驗。只要提不出完全確鑿之證據，即使千古流傳不絕，以至今日者，也往往被認爲是後人「托古改制」之作，《孫子兵法》即屬此類。不幸湮沒無聞，則種種荒誕不經、不合情理之各種揣測，往往不逕而走，《孫臏兵法》即屬此類。一九六二年山東臨沂同時出土《孫子兵法》、《孫臏兵法》之殘簡，廓清了孫武、孫臏爲二爲一，《孫子兵法》、《孫臏兵法》爲二爲一之問題。

　　但舊有的一切問題並非全部迎刃而解，出土之資料又產生了許多新的問題。

　　《孫臏兵法》在《漢書·藝文志》中列入兵權謀家。兵權謀家之特徵是「以正守國，以奇用兵，先計後戰。兼形式，包陰陽，用技巧者也。」但楊伯峻卻認爲《孫臏兵法》中〈地葆篇〉之兵陰陽家思想與全書其他篇章不類，而其中亦不含兵技巧家之思想。兩種看法究以何者爲是？

　　洪邁認爲孫臏減灶誘敵之說太過玄虛，疑及其事「殆好事者爲之」，甚至更有人疑及孫臏是否參與馬陵之戰。〔註1〕孫臏究竟籍屬齊人抑或楚人，司馬遷之說法即與高誘有異。這些問題在孫臏生平與《孫臏兵法》之關係中有說明。

　　一九七五年，銀雀山漢簡整理小組編定出版《孫臏兵法》原簡影印釋文注釋線裝大字本及簡注平裝通行本，共三十篇，分上、下兩編。張震澤在《孫

〔註1〕　銀雀山漢墓竹簡整理小組，《銀雀山漢墓竹簡〔壹〕·孫臏兵法·擒龐涓》，〔註29〕，頁47。

臏兵法校理·例言二》云：

> 上編十五篇，各記「孫子曰」或「威王曰」，可稱爲「孫臏兵法」，下
> 編，無此等字樣，似非孫臏之書，而應別題書名，作爲附編。〔註2〕

果然，至一九八五年九月所出版之《銀雀山漢墓竹簡（壹）》，其中《孫臏兵法》中添進少許內容，附加一篇〈五教法〉，但後十五篇全部刪除。劉心健、李京、李均明、吳九龍等整理之《孫臏兵法》，亦將後十五篇刪除。但楊善群在《孫子評傳》中認爲此舉不妥，明言：

> 如果沒有充分的論據，證明上下編是迥然不同的兩部兵法，我們只
> 能把下編也看作是孫臏或其弟子的著作。〔註3〕

《孫臏兵法》下編與孫臏有關抑或是無關？《史記》稱孫臏爲孫武之後世子孫，兩者在思想上是否有關連？《孫臏兵法》是否有其歷史上之淵源？《漢書·藝文志》將孫臏列入兵權謀家，而《呂氏春秋·不二》稱「孫臏貴勢」，出土之《孫臏兵法》究竟是冶技巧、形勢、陰陽爲一爐之兵學著作抑或是以兵勢爲主要特徵之軍事著作？這些都是本章所欲進一步探討之問題。

第二節　孫臏生平與《孫臏兵法》之關係

　　《史記·孫子吳起列傳》稱「孫臏生阿鄄之間」，是孫臏籍屬齊人。而《孫臏兵法》中亦具有相當程度之齊地色彩。

　　《孫臏兵法·官一》敘及「制卒以周闉，授正以鄉曲」。管子整軍之方即爲孫臏此言之詳制。〔註4〕孫臏在〈官一〉中之言論恐係齊制概括性之說法。

　　《孫臏兵法》有〈殺士〉篇，簡文殘缺，簡文有「明爵祿而……士死。明賞罰……士死。立……立審而行之，士死。……勉之驪，或死州口……之親，或死墳墓……」之語句。張震澤之《孫臏兵法校理》與銀雀山漢墓竹簡整理小組之《孫臏兵法注釋》、李京之《齊孫子兵法解》均認爲〈殺士〉篇與《尉繚子·兵令下》之「古之善用兵者，能殺卒之半，其次殺其十三，其下殺其十一」之主旨相近。實際上兩者在思想上完全不同。《尉繚子·兵令下》

〔註2〕　張震澤，《孫臏兵法校理·例言》（北京：中華書局，1986 年 1 月第二次印刷），頁 1。

〔註3〕　楊善群《孫子評傳·第十章孫臏生平及其著作》（江蘇：南京大學出版社，1992 年 3 月 1 版），頁 370。

〔註4〕　其詳可見《國語·齊語》，頁 231～232。

之主旨在一再殺士、大規模殺士以申明軍紀；而孫臏之主旨在說明何種條件下士卒才能捨生而戰。其內容與齊地有相當之淵源關係。管子即認爲：

> 凡民之所以守戰至死而不德其上者有數以至焉：大者親戚墳墓之所在也，田宅富厚之足居也。不然則州縣鄉黨與宗族足懷樂也。不然上之教訓習俗慈愛之於民也，厚無所往而得之。不然則罰嚴而可畏也，賞明而足勸也。此民之所以守戰至死而不德其上者也。〔註5〕

《司馬法・嚴位》則云：

> 凡人，死愛、死怒、死威、死義、死利，凡戰之道，教約人輕死，道約人死正。

《孫臏兵法・八陣》言及「險易必知生地死地，居生擊死。」《司馬法・用眾》則是：「凡近敵都，必有進路，退必有返慮。」《孫臏兵法》下編有〈奇正篇〉，《司馬法》逸文有「四正四奇」、握奇之戰法。〔註6〕《孫臏兵法》之「賞不逾時，罰不還面。」與《司馬法・天子之義》之「賞不逾時，欲民速得爲善之利；罰不遷列，欲民速睹爲不善之害。」尤爲相近。

《史記・孫子吳起列傳》繼言：

> 孫臏嘗與龐涓俱學兵法。龐涓既事魏，得爲惠王將軍，而自以爲能不及孫臏，及使使召孫臏至，龐涓恐其賢於己，疾之，則以法刑斷其兩足而黥之，欲隱勿見。齊使者如梁，孫臏以刑徒陰見，說齊使，齊使以爲奇，竊載與之齊。齊將田忌善而客待之。

此段敘述孫臏嘗長時間客居魏地，受自己同學殘害。魏國早期歷史屢見龐氏用事，不只龐涓而已，龐氏似是魏國之世官。魏國在文侯時廣招天下英俊，故魏國人才鼎盛，西攻河西地，東北滅中山，以客卿衛人吳起，中山人樂羊之戰功爲多。但至武侯時，已呈人才凋零、流散之現象。至梁惠王時，一方面似在努力招賢，另一方面又有才不用，形成國家之最大隱憂。在戰國時代以兵法名世之軍事人才多曾客居魏地，如吳起、商鞅、孫臏、尉繚等。春秋戰國時代之客卿實是國家興衰成敗之關鍵。各國在進行兼併戰爭中往往重用別國之逋逃、失意份子。這些失意份子（如由余、欒盈、苗賁皇、樂羊等）

〔註5〕《管子・九變第四十四》（顏昌嶢校釋本），（長沙：岳麓書社，1996 年 2 月 1 版），頁 377。

〔註6〕《司馬法一卷，逸文一卷》（二酉叢書本），收錄於《百部叢書集成》中（臺北：藝文印書館影印），頁 22 上。

因對其原居住國有深切之了解，能針對其故國要害，發動致命攻擊，可以最短時間，最小代價，坐收最大戰果。但這些客卿有時亦是其客居國之心腹大患。如公叔座曾勸梁惠王如不能用公孫鞅，即立刻誅殺，以免遺無窮之患。趙國之騎將趙奢曾對平原君說：

> 且君奚不將奢也。奢嘗抵罪居燕。燕以奢爲上谷守。燕之通谷要塞，奢習知之。百日之內，天下之兵未聚，奢已舉燕矣。〔註7〕

樂毅由燕、齊懼罪奔趙，燕惠王〈責樂毅書〉，惶恐之情，溢於言表，而樂毅答書所謂：「忠臣去國，不潔其名。」「以幸爲利，義之所不敢出也。」〔註8〕純臣之心，躍然紙上。客卿之中有此居心，戰國時代一人而已。故太史公曰：

> 始齊之蒯通及主父偃讀樂毅之報燕惠王書，未嘗不廢書而泣也。〔註9〕

商鞅居魏不得意，奔秦之後，變法圖強，攻佔過去吳起誓死堅守之河西地。孫臏在魏受臏足之刑，成爲刑餘之人，對魏更是恨入骨髓。其在桂陵之戰、馬陵之戰的戰略設計，完全以全殲魏軍爲主要目的，可見懷恨之深。黃盛璋云：

> 龐涓同樣帶甲八萬，與齊軍正是旗鼓相當，特別是龐涓也是名將，最後爲什麼會束手就擒？能不能完滿解答這個問題，將成爲有關地名考訂和上述戰略、戰術分析的一個嚴峻考驗。按照簡文記述，當龐涓兼程趕來（「兼趣舍而至」）時，孫臏自平陵邀擊，「孫子弗息而擊之桂陵，而擒龐涓」，桂陵沿古濮水南側，恰介於平陵與茌丘、濮陽之間，桂陵和平陵一樣，都是面臨渡口，因而爲龐涓自茌丘或濮陽附近回救平陵和大梁所必經，龐涓回師一渡過濮水進入桂陵一帶以後，北有濮渠與黃河，南有濟水，魏軍夾在兩河中間，可以周旋的地方不多，齊軍當前，濮水與黃河在後，進退無路，加上軍隊失去輜重與糧草，一天也無法支持，濟水又橫流截斷魏軍與大梁之間的聯繫與援助，那就只有被活捉的一條路。估計雙方行程，龐涓最多兩天就可全部渡過濮水進入兩河之間，孫臏自平陵邀擊最多也不過一天，龐涓爲齊軍所逼，只有後退，當退到桂陵一帶時，濮水阻住他的退路，這裡就給齊軍創造殲滅敵軍的條件，龐涓在桂陵被捉

〔註7〕 劉向輯錄，《戰國策正解卷六下・趙下燕封人榮蚠高陽君使將而攻趙》（橫田惟孝正解本）（臺北：河洛圖書公司，民國65年3月影印），頁9。
〔註8〕 俱見司馬遷，《史記・樂毅列傳》，頁845～846。
〔註9〕 司馬遷，《史記・樂毅列傳》，頁847。

完全合乎戰爭發展規律。〔註10〕

　　孫臏在馬陵之戰的設計出神入化至後人難以相信的地步。洪邁即曰：

　　孫臏勝龐涓之事，兵家以爲奇謀，予獨有疑焉，云：「齊軍入魏地爲
　　十萬灶，明日爲五萬灶，又明日爲二萬灶。」方師行逐利，每夕而
　　興此役，不知以幾何人給之，又必人人各一灶乎？龐涓行三日而大
　　喜曰：「齊士卒亡者過半。」則是所過之處必使人枚數之矣，是豈救
　　急赴敵之師乎？又云：「度其暮當至馬陵，乃斫大樹，白而書之，曰
　　『龐涓死於此樹之下。』遂伏萬弩，其日暮見火舉而俱發。涓果夜
　　至斫木下，見白書，鑽火燭之。讀未畢，萬弩俱發。」夫軍行遲速，
　　既非他人所料，安能必其以暮至，不差晷刻乎？古人坐于車中，既
　　云暮矣，安知樹間之有白書？且必舉火讀之乎？齊弩尚能俱發，而
　　涓讀八字未畢。皆深不可信。殆好事者爲之，而不精考耳。〔註11〕

古人行文每不精確，所謂十萬灶、五萬灶、一萬灶，實亦指十萬人所用之灶
（意或十人或百人而一灶，斷無每人一灶之理）。此處洪邁所謂「方師行逐利，
每夕而興此役，不知以幾何人給之，又必人人各一灶乎？」實是誤解古人文
意。杜正勝亦有此等誤解，杜云：

　　《孫子・作戰》杜牧《注》引《司馬法》，一隊百人，用炊家子十人，
　　大約十人一灶，十萬灶有百萬之眾，固然是欺敵手法；三萬灶三十
　　萬人，也是誘敵的策略。前者過，後者不及。如果估計此次戰役田
　　忌帶領四、五十萬的軍隊，似乎不算誇張。〔註12〕

所謂「（龐涓）是所過之處必使人枚數之矣，是豈救急赴敵之師乎？」孫臏能
預料龐涓會枚數齊灶，實因其久居魏地，知魏軍有此等「數灶」判斷敵軍人
數之狀況判斷法，故可以此欺敵。至於「夫軍行遲速，既非他人所料，安能
必其以暮至，不差晷刻乎？」實際上古人對軍行速度有詳盡之速度計算法，
如《孫子・軍爭》即論及百里爭利是「十一而至」，五十里爭利是「其法半至」，
三十里爭利是「三分之二至」；《尉繚子・踵軍令》則敘及依里計食（日）：

〔註10〕 黃盛璋，〈《孫臏兵法・擒龐涓》篇古戰地考察和戰爭歷史地理研究〉，《中國
　　　　古代史論叢》（1981年第三輯），頁297。

〔註11〕 洪邁，《容齋隨筆・卷一三・孫臏減灶》（長春：吉林文史出版社，1994年1
　　　　月1版），頁136。

〔註12〕 杜正勝，《編戶齊民・第九章・戰亂中的編戶齊民三・一》（臺北：聯經出版
　　　　社，民國79年3月），頁393～394。

　　　　所謂踵軍者，去大軍百里，……爲三日熟食。……興軍者去踵軍百

　　　　里（距會地二百里），……爲六日熟食。

不只孫臏而已。「古人坐于車中，既云暮矣，安知樹間之有白書？且必舉火讀
之乎？齊弩尚能俱發，而涓讀八字未畢，皆深不可信。」古代軍將奔馳赴利，
爲了瞭解瞬息萬變之戰況，絕無安坐車中之理。而中國人所謂日暮實指日迫
西山、將暗未全暗之時。萬弩齊發實爲當時克敵制勝之一種戰法。洪氏之每
一種疑惑都有思之太過、慮之不周之情形。龐涓既在桂陵之戰被擒，何以又
能成爲馬陵之戰之主將？銀雀山漢墓竹簡整理小組在注釋《孫臏兵法·擒龐
涓》中疑及田忌、孫臏是否參加過馬陵之戰。〔註13〕

　　龐涓可能在桂陵一敗即步上軍事生涯與生命之結局，亦可能如魏將公叔
座、秦將孟明、晉將知瑩一樣被俘釋回後，再次領軍作戰。張震澤則提出另一
種可能，以擒作「服」字解。〔註14〕但孫臏負責馬陵之戰之策畫實不能因戰爭
過程與桂陵之戰相近，而疑及「桂陵之役的事件被後人誤認爲馬陵之役的事件。」
況且竹簡《孫臏兵法·陳忌問壘》明言：「是吾所以取龐口而禽泰子申也。」

　　司馬遷將馬陵之戰之過程作淋漓盡緻之描述，實因「復仇」爲《史記》
之主題之一。司馬遷本人身遭腐刑之恥，有冤不得申。但對於同樣蒙冤受謗、
殘肢敗體者如伍子胥、蘇秦、吳起、范雎、勾踐、張儀、李廣、高漸離等敢
於復仇或能夠復仇者，均致以最深同情、最大讚美、極高敬意。白公勝犯上
作亂，實爲典型之亂臣賊子，司馬遷居然稱之爲「白公勝如不自立爲君，其
功謀亦不可勝道者哉？」〔註15〕而孫臏之復仇經過尤其富有傳奇性，以一黥
面臏足之殘廢想要苟延殘喘已非易事，若說其能傾覆「天下莫強之晉國」以
復黥面斷足之仇，豈非癡人說夢？但孫臏居然使夢想成爲事實。馬陵之戰全
殲太子申十萬大軍，接著商鞅落井下石，從西面進攻，盡佔河西之地，梁惠
王自稱「西喪地於秦七百里」。如日中天之魏國就此步入衰運，一步步走向滅
亡而無法自振。孟子敘及魏國戰禍之慘，確實令人怵目心驚：

　　　　梁惠王以土地之故，靡爛其民而戰之，大敗。將復之，恐不能勝，

　　　　故驅其所愛子弟以殉之，是之謂以其所不愛及其所愛也。〔註16〕

〔註13〕銀雀山漢墓竹簡整理小組，《銀雀山漢墓竹簡〔壹〕·孫臏兵法·擒龐涓》，
　　　　頁47，〔註29〕。

〔註14〕見張震澤，《孫臏兵法校理》，頁4~5，〔註1〕。

〔註15〕司馬遷，《史記·孫子吳起列傳》，頁744。

〔註16〕《孟子·盡心》（焦循正義本）（臺北：世界書局，民國63年7月新二版），

此種悲劇最荒謬的地方，是孫臏完全以晉、魏之道，還治晉、魏之身。馬陵戰場特點之一是「馬陵道陝而旁多阻隘，可伏兵。」〔註 17〕與秦、晉崤之戰之戰場特點類似。只有這種險惡之地形，才能徹底全殲敵軍，達到使敵軍「片馬隻輪無返」之毀滅戰果。孫臏本人即對崤之戰有極深之研究。《孫臏兵法・陳忌問壘》即有這樣之記載：

田忌問孫子曰：「子言晉邦之將荀息、孫……軫爲晉要秦於崤，潰秦軍，獲三帥，……強晉，終秦繆公之身，秦不敢與……」

一九七二年初步整理孫臏兵法，簡文資料不全，簡文中有「子言晉邦之將荀息、孫軫之於兵也，……」之句，朱德熙疑及孫軫可能即先軫。〔註 18〕其後果然找到「……軫爲晉要秦於崤，潰秦軍、獲三帥……」之下段簡文，證明朱德熙之推斷完全正確。而《漢書・藝文志》兵形勢家有「《孫軫》五篇，圖五卷」過去二千年始終無法確定爲何人，而今亦由竹簡《孫臏兵法》而得到證明。

《史記・孫子吳起列傳》稱「彼三晉之兵，素悍勇而輕齊，齊號爲怯。」確是齊、魏戰力之實情，春秋時代晉、齊鞌之戰、靡笄之戰，齊軍與晉軍相較之下，潰不成軍。直至戰國晚期，荀卿對齊、魏兵力之衡量，仍是「齊之技擊不可以遇魏氏之武卒。」〔註 19〕但孫臏利用地形特點，使戰力遠爲優越之魏軍困在絕地、死地之中，不得脫身。接著利用「厄則多其弩」、「萬弩齊發」方式，以最小之損失達到全殲魏軍之目的。而強弩趨發之戰法實非齊制，而是由魏國移植而來的軍事文化。《孫臏兵法・威王問》有「田忌問孫子曰：……強弩趨發者何也？……」明白說明此等戰法，齊人完全陌生。但《孫臏兵法》所有的注釋本對萬弩齊發，均未得其正解。〔註 20〕此種戰法之重要性亦因之

頁 561。

〔註 17〕司馬遷，《史記・孫子吳起列傳》，頁 736。

〔註 18〕楊伯峻，〈孫臏與孫臏兵法雜考〉，云：「朱德熙同志告訴我，孫軫可能就是先軫。我以爲這是有理由的。先、孫在古音中極相似，而晉邦之將又別無孫軫其人，證以《漢書・藝文志》的排列次序，孫軫當是春秋時人，其爲先軫似無疑義。」見《文物》（1975 年 3 期），頁 3。

〔註 19〕《荀子卷十・議兵第十五》（王先謙集解本）（臺北：世界書局，民國 63 年 7 月新二版），頁 181。

〔註 20〕銀雀山漢墓竹簡整理小組，《銀雀山漢墓竹簡〔壹〕・孫臏兵法・威王問》，頁 54，〔註 46〕云：「《韓非子・八說》：『狸首射侯，不當強弩趨發。』「趨發」亦作驅發，《漢書・晁錯傳》『材官驅發，矢道同的。』顏師古曰：『驅謂矢之善者也。春秋左氏傳作敺，其音同耳。材官，有材力者。驅發，發驅矢以射也。』」張震澤，《孫臏兵法校理》，頁 39～40，註〔註 42〕，云：「今按，

無法顯現。強弩趨發或驟發之趨或驟，其實際意義是俱、齊之意。驟發有刹那之際同時齊發、齊出之意，《老子》「驟雨不終日」之驟，亦爲此意。而《史記・孫子吳起列傳》明言：

> 讀其書未畢，齊軍萬弩俱發，魏軍大亂相失。龐涓自知智窮兵敗，
> 乃自剄曰：「遂成豎子之名。」齊因乘勝盡破其軍，虜魏太子申以歸。

　　而這種勁弩趨發或萬弩齊發之戰法，幾千年來一直是中國有效克敵制勝之方。東漢虞詡之破西羌、南北朝之韋叡大破北魏中山王英之鍾離之戰，此種射法都收到最大之克敵制勝之戰果。直至今日，這種射擊法仍是有效克敵制勝之方。越南戰爭中期，美軍發現北越游擊隊在戰場由第一個攻擊點，奔至第二個攻擊點，其出現時間，一閃而逝，傳統三點式之瞄準根本沒有出槍之機會，引起戰場美軍之惶恐。其後美國針對現實狀況做了調整，訓練之際，以打迷彩靶爲主，乍見目標，立刻亂槍集火射擊，結果收到良好克敵之效果。此種我們認爲嶄新之射擊文化不過是二千年前孫臏之「萬弩齊發」、西漢晁錯之「材官驟發，矢道同的」〔註21〕、東漢虞詡之「二十強弩共射一人，發無不中」〔註22〕的翻版而已。但此種克敵制勝之射法可能即是源自魏地。提出「材官驟發」之晁錯爲潁川人，而主張「二十強弩共射一人」之虞詡爲武川人。潁川、武川在戰國時代均屬韓國。而勞榦認爲韓、魏之兵制爲一體。勞榦稱：

> 材官在漢代是有地域性的，如宣帝神爵元年：發三河、潁川、沛郡、

師古注非也。蘇林漢書音義：騶，音馬驟之驟。王引之曰：訓騶爲矢，則與下句矢字相複，蘇林讀騶爲驟，是也。驟發謂疾發也。字或作趨，韓非子八說篇：狸首射侯不當強弩趨發。趨發、騶發，並與驟發同。曲禮：車驅而騶。釋文：騶，仕救反。是騶有驟音也。荀子禮論篇：步中武象，趨中韶濩。正論篇，趨作騶：史記禮書作驟。是騶驟並與通也。漢書孝文紀正作『材官驟發。』余謂：王引之辯之，是也。但謂驟發爲疾發，猶未達一間。史記『步中武象，驟中韶濩』二語，正義曰：『步猶緩，緩車則和鸞之音中於武象，驟車中於韶濩也。』驟車指快跑著的馬車。然則，驟發當指能在快跑的車上，或快走的情況下發矢中敵，而非疾發之意也。」劉心健，《孫臏兵法編註釋・威王問》（河南大學出版社，1989 年 8 月第 1 版），頁 36，釋之爲「善射的弩機手」。李京，《齊孫子兵法解・威王問》（北京：新華書店，1990 年 8 月 1 版），頁 51 註「騶發」爲「快射的箭」。
〔註21〕班固，《漢書・卷四九・袁盎晁錯傳》，頁 2281。
〔註22〕范曄，《後漢書・卷五八・虞傳蓋臧列傳》（點校本）（臺北：鼎文書局，民國 72 年 9 月初版），頁 1869，云：「詡於是使二十強弩共射一人，發無不中，羌人自退。」

淮陽及汝南材官，多屬於戰國時的韓、魏地區。〔註23〕

孫臏久居魏地，對魏之軍事文化有深刻了解，並深受魏地軍事文化影響，除萬弩齊發、數灶以明敵軍人數、絕地、死地殲敵而外，其他明顯受到晉、魏軍事方面之影響仍然不少。如晉人在城濮之戰、鄢陵之戰，晉軍以變陣取勝，而變陣實屬兵勢之範圍，孫臏即以「貴勢」名聞戰國時代。《孫臏兵法・陳忌問壘》除提及先軫而外，另外還論及荀息。在竹簡的排列上，銀雀山漢墓竹簡整理小組可能將〈陳忌問壘〉之部份竹簡先後秩序排列顛倒。編號三〇五簡應在三〇一簡之後，而在三〇二、三〇三、三〇四簡之前。因為三〇一簡記錄了「田忌問孫子曰子言晉邦之將荀息、孫（軫）……」而在三〇二、三〇三簡中孫臏談及孫軫在崤之戰大敗秦軍之事，但完全未及荀息。但三〇五簡之內容為「……田忌曰：善，獨行之將也。……」獨行之將應指荀息。在戰國時代獨出獨入意指能以迅雷不及掩耳之奇襲手段亡人之國之軍事行動，其詳可參《尉繚子・攻權》及《六韜・文韜・兵道》。〔註24〕這種形容，只有假虞滅虢之荀息才足以當之。

《孫臏兵法・威王問》云：

> 威王曰：「地平卒齊，合而北者，何也？」孫子曰：「其陳無鋒也。」……
>
> 田忌問孫子曰：「篡卒力士者，何也？……」孫子曰：「……篡卒力士者，所以絕陣取將也。……」

《孫臏兵法・篡卒》云：「兵之勝在於篡卒。」〈官一〉云：「澗練剽便，所以逆喙也。」從這種敘述可以看出孫臏認為應付特殊狀況需要備有特殊精練之士卒。此種看法固有長遠之歷史淵源，但更與魏之軍政措施相近。《荀子・議兵》云：

> 魏氏武卒，衣三屬之甲，操十二石之弩，負矢五十個，置戈其上，
>
> 冠冑帶劍，贏三日糧，日中而趨百里。中試則復其戶，利其田宅。

郭沫若認為此種武卒制度為「吳起餘教」。〔註25〕在《吳子兵法》中確有

〔註23〕勞榦，〈戰國時代的戰爭方法〉，《勞榦學術論文集》（臺北：藝文印書館，民國 65 年 10 月初版），頁 1170。

〔註24〕《尉繚子・攻權》，云：「夫城邑空虛而資盡者，我因其虛而攻之。法曰：『獨出獨入，敵不接刃而致之。此之謂也。』」《六韜・第一文韜・兵道》：「武王問太公曰：『兵道何如？』太公曰：『凡兵之道，莫過乎一，一者，能獨來獨往……』太公曰：『兵勝之數，密察敵人之機，而速乘其利，復疾擊其不意。』」

〔註25〕郭沫若，《青銅時代・述吳起》，《郭沫若全集・歷史編第一卷》（北京：人民

選練選士之具體內容：

> 武侯問曰：「願聞治兵、料人、固國之道。」起對曰：「古之明王，
> 必謹君臣之禮，飾上下之儀，安集吏民，順俗而教，簡募良材，以
> 備不虞。昔齊桓募士五萬，以霸諸侯，晉文召爲前行四萬，以獲其
> 志。秦繆置陷陣三萬，以服鄰敵。故強國之君，必料其民。民有膽
> 勇氣力者，聚爲一卒。樂以進戰效力，以顯其忠勇者，聚爲一卒。
> 能踰高超遠、輕足善走者，聚爲一卒。王臣失位而欲見功于上者，
> 聚爲一卒。棄城去守、欲除其醜者，聚爲一卒。此五者，軍之練銳
> 也。有此三千人，內可以決圍，外可以屠城矣。〔註26〕

吳起在楚變法之主要項目之一亦是：「捐不急之枝官，廢公族疏遠者，以撫養
戰鬥之士。」〔註27〕

《史記》敘述馬陵之戰後，「孫臏以此名顯天下，世傳其兵法。」未言孫
臏之結局。《漢書‧刑法志》云：

> 孫、吳、商、白之徒，則身誅戮於前，而國滅亡於後。報應之勢，
> 各以類至，其道然矣。

顏師古註：「孫武、孫臏、吳起、商鞅、白起。」孫武是否不得善終，實缺
乏其他旁證，而班固之言似並不包括孫臏在內。且班固原文殊失準確，所謂國
滅亡於後，在吳起、商鞅、白起身上，並未應驗。楊善群仍據以爲證，認爲：

> 儘管他一生對齊國的強盛作過傑出的貢獻，但統治者還是可以因他
> 有造反忤上的前科而藉故加害於他。孫臏最終被迫害致死，是繼司
> 馬穰苴、孫武之後的又一個歷史悲劇。〔註28〕

恐非事實。最明顯的證據是竹簡《孫臏兵法》記事至齊宣王，從齊、魏桂陵
之戰至齊宣王元年，時間長達三十五年，即使孫臏在桂陵之戰時年僅三十，
此時已是望七之年。孫臏得享高壽已是事實。所謂孫臏遭受誅殺橫死之命運，
可能只是顏師古望文生義之揣測而已。

照《史記》的說法，孫臏籍屬齊人，似無可疑。但《呂氏春秋‧不二篇》
高誘註卻云：「孫臏，楚人，爲齊臣。」錢穆先生認爲「孫臏因曾從田忌奔楚」，

出版社，1982年9月1版），頁514～515。

〔註26〕《吳子‧卷上‧圖國》（靜嘉堂藏宋本《武經七書》）（臺北：商務印書館影印，
民國67年），頁3上。

〔註27〕司馬遷，《史記‧孫子吳起列傳》，頁783。

〔註28〕楊善群，《孫子評傳‧第十章：孫臏生平及其著述》，頁365。

致被認爲是楚人。〔註29〕田忌奔楚之原因，《戰國策・齊一》的說法是馬陵戰後，田忌不肯聽孫臏無解兵而直攻臨淄之計，而不果入齊。〔註30〕楊善群認爲《史記・田齊世家》、《史記・孟嘗君列傳》、《史記・六國年表》均有田忌襲齊不勝之記載，足徵田忌襲齊之說爲事實，只因未勝而奔楚。詳稽《史記》之三種說法與《戰國策》之說法，《史記》的說法是桂陵戰後，「成侯與田忌爭寵。田忌懼，襲齊之邊邑，不勝，亡走。」〔註31〕《戰國策》的說法是馬陵戰後，田忌不聽孫臏之計，不果入齊。究竟以何者爲是，史文缺佚，已無從判定。但馬陵戰後，田忌沒有採納孫臏襲臨淄之建議絕對可以肯定。如果確有其事，等於公開造反，田忌、孫臏絕無再入齊國之可能。但由竹簡《孫臏兵法》證明孫臏最後是終老齊國。楊善群認爲：

> 他（孫臏）在楚國度過了較長時間的晚年生涯，因此，高誘註《呂氏春秋》和王符作《潛夫論》才會認爲他是「楚人」、「修能于楚」。
> 孫臏在楚國沒有參加大國之間的爭戰，他排除政治、軍事活動的干擾，與弟子一起潛心著述。《孫臏兵法》的大部分篇章，可能是在楚國完成的。〔註32〕

驗之竹簡《孫臏兵法》，全係無稽之談。如《孫臏兵法》不但在齊地臨沂發現，而且《孫臏兵法》敘及孫臏與弟子、威王、田忌論兵，主要論及齊、晉、魏之戰事，惟一論及楚事者，亦以齊爲主，如〈強兵〉云：「……眾乃知之，此齊之所以大敗楚人反……」《孫臏兵法・強兵》敘及宣王，此時孫臏已至垂暮之年，是孫臏終老於齊，已無疑問。文獻資料完全不見西漢以前之人敘及孫臏居楚或孫臏楚人。高誘、王符均爲東漢之人，時代過晚，所言實未必可信。

第三節　《孫臏兵法》下編與上編之關係

出土之《孫臏兵法》，總括而言，可分爲二大部分。上編又可分爲三組材料：一組是前四篇（〈擒龐涓〉、〈見威王〉、〈威王問〉、〈陳忌問壘〉）；一組是

〔註29〕錢穆，《先秦諸子繫年・八五・田忌鄒忌孫臏考》（臺北：東大圖書公司，民國75年3月臺灣初版），頁261。

〔註30〕劉向輯，《戰國策・齊一・田忌爲齊將》（點校本）（臺北：河洛圖書公司，民國69年8月影印），頁320。

〔註31〕司馬遷，《史記・孟嘗君列傳》，頁809。

〔註32〕楊善群，《孫子評傳・第十章：孫臏生平及其著述》，頁362。

五～十五篇，篇首均有「孫子曰」（如〈篡卒〉、〈月戰〉、〈八陣〉、〈地葆〉、〈勢備〉、〈兵情〉、〈行篡〉、〈殺士〉、〈延氣〉、〈官一〉、〈五教〉）；一組是單獨一篇，〈強兵〉篇。下編十五篇，其中〈十陣〉、〈十問〉、〈略甲〉、〈客主人分〉、〈善者〉等爲一組；〈將敗〉、〈兵之恆失〉爲一組。

　　最初銀雀山漢墓竹簡整理小組編《孫臏兵法》時，將上、下編編在一起，其中雖有存疑，但認爲都屬於《孫臏兵法》，在〈凡例一〉的說明是：

　　　　本書分上、下兩編。上編前四篇記孫臏擒龐涓事跡以及孫臏與齊威王、田忌的問答。其它各篇篇首都稱「孫子曰」，但內容與書體都與銀雀山漢墓所出《孫武兵法》佚篇不相類，所以肯定是《孫臏兵法》。下編各篇沒有提到孫子，今據內容、文例及書體定爲《孫臏兵法》。由于竹簡殘斷散亂，而《孫臏兵法》又早已亡佚，無從核對，整理工作肯定會有錯誤。本書中可能有一些本來不屬於《孫臏兵法》的內容摻雜在內，請讀者指證。〔註33〕

　　下篇各篇因爲篇首無「孫子曰」，或篇內未提到孫子，故張震澤認爲下篇「似非孫臏書，而應別提書名，作爲附編」。〔註34〕

　　一九八五年，銀雀山漢墓竹簡整理小組所出之《銀雀山漢墓竹簡〔壹〕》，將下編十五篇全部剔除，聲稱「把他們暫時收在本書第二輯『佚書叢殘』」。對《孫臏兵法》各組之各篇，有如下之說明：

　　　　本書所收《孫臏兵法》的前四篇記孫子與齊威王的問答，肯定是孫臏書。第十六〈強兵〉篇也記孫臏與威王的問答，但可能不是孫臏書本文，故暫附在書末。第五至十五各篇篇首都稱「孫子曰」。這些篇極有可能是《孫臏兵法》。但是他們的文體風格與《孫子》十三篇不相類，與我們已經發現的竹書《孫子》佚篇的問答體和注釋體也不一樣，其中如〈勢備〉、〈兵情〉，整篇通過比喻立論，〈官一〉純用排比句法，與《孫子》風格上的差異尤爲明顯，我們認爲這些篇中所謂「孫子」以指孫臏的可能爲較大，因此暫時把他們定爲孫臏書。但我們仍然不能完全排除這些篇是《孫子》佚篇的可能性……

　　　　……墓中所出竹簡中有很多是不見流傳的佚兵書。其中肯定有我們

〔註33〕銀雀山漢墓竹簡整理小組，《銀雀山漢墓竹簡〔壹〕》（北京：文物出版社，1975年2月1版），頁27。
〔註34〕張震澤，《孫臏兵法校理》，頁1。

所不知道的佚書，但是也可能有一些是未被我們識別出來的《孫子》佚篇和孫臏書。尤其是〈十陣〉、〈十問〉、〈略甲〉、〈客主人分〉、〈善者〉等篇，篇題寫在簡背，與《孫子》和《孫臏》書相同，書法和文體也分別跟《孫子》或孫臏書中的某些篇相似，但由於缺乏確鑿的證據，我們沒有把這幾篇編入《孫子兵法》和《孫臏兵法》，而把他們暫時收在本書第二輯「佚書叢殘」中。

在編輯《孫臏兵法》通俗本時，我們曾把當時認為有可能是孫臏書的若干篇簡文編為下篇，供讀者參考。其中有些篇（如〈將敗〉、〈兵之恆失〉）在後來的整理過程中已發現有確鑿的證據證明不是孫臏書（詳本書〔貳〕），可見通俗本的編輯方法是不妥當的。現在我們把通俗本下編各篇全部移入第二輯「佚書叢殘」中。不過話又要說回來了，這樣處理也並不排斥其中有一些仍是孫臏書的可能性。〔註35〕

但十年過去了，《銀雀山漢墓竹簡〔貳〕》，至今未出版，其所謂之確鑿的證據為何，讀者至今仍是一無所知。以致形成了一種奇怪的現象，參與過竹簡整理者，在其論著中，論及《孫臏兵法》時，只談上編，而不及下編，如李均明、劉心健、李京等均如此；而未整理過臨沂銀雀山竹簡者，如方克、楊善群等，論及《孫臏兵法》之際，還是上、下編一併討論。楊善群云：

竹簡《孫臏兵法》分上、下編：上編十五篇或記孫子的行事，孫子與齊王、田忌的問答，或在論述文字前加「孫子曰」字樣；下編十五篇都是論述文字，沒有標明「孫子曰」。有的論者懷疑下編不是孫臏所著的兵法，而是另一部兵書，但又不能確指是那一部兵法。從下編文字所反映的思想來看，它同樣重陣法，強調避實擊虛，出奇制勝，把將帥的作用看得十分重要，並特別注意分析攻城的條件。這與上編以及《孫子兵法》都一脈相承，並有所創新和發展。《漢書·陳湯傳》所引的兩句「兵法」：「客倍而主人半，然後敵。」也見於下編之中。這證明下編是屬於一部著名的、流傳甚廣而經常被人應用的兵法。下編的這種與孫武、孫臏相同的思想傾向，作為著名的「兵法」而被人引用的情況，除了說明上下編同是《孫臏兵法》的一部分，實不可能再有別的解釋。如果沒有充分的證據，證明上、

〔註35〕銀雀山漢墓竹簡整理小組，《銀雀山漢墓竹簡〔壹〕·編輯說明》，頁8。

下兩編是迥然不同的兩部兵法，我們只能把下編也看作是孫臏或其
弟子的著作，在分析孫臏的各種思想時，把上下兩編當作一個整體
來論述。〔註36〕

楊善群所論可謂要言不煩，但並未對上、下兩編之材料作細密之分析。

孫臏下編之〈將敗〉、〈兵之恆失〉，銀雀山漢墓整理小組云：「已發現有
確鑿的證據，證明不是孫臏書。」其所謂之確鑿證據可能係指「九個碎片綴
合復原之三號木牘」上所記錄之篇名。吳九龍云：〔註37〕

三號木牘共由九塊殘片綴合而成。長二三‧三、寬四‧五釐米，所
書篇題共分四欄。釋文如下：

		持	盈		
	□□之國	國之……			
	能 □ 民				
將　敗	□	□	□	□	
兵之恆失	效　賢	□	□	□十章	
王　□	爲國之過				

由三號木牘之篇題上看，下編之〈將敗〉、〈兵之恆失〉有可能與孫臏下
編其它十三篇不是一組材料；至少下編其它十三篇之篇題，不在三號木牘上。
由此看來，並無確鑿證據可以排除下編其它十三篇與上編不是一組材料。

下編十三篇（如〈十陣〉、〈十問〉、〈略甲〉、〈客主人分〉、〈善者〉等篇）
在篇題寫法、書法、文體上與《孫臏兵法》類似，故極有可能爲《孫臏兵法》
之部份篇章。楊善群、張文儒認爲在思想上上、下編亦是一致，〔註38〕益增
其爲《孫臏兵法》之可能性。

《孫臏兵法》下編十三篇與《孫臏兵法》上編之思想關係極其密切。雖
然先秦兵書因同出於王官之學，均有相當程度之類似性。如葉適即認爲「孫

〔註36〕楊善群，《孫子評傳》，頁370。
〔註37〕吳九龍，《銀雀山漢簡釋文》（北京：文物出版社，1985年12月1版），頁231
～232。
〔註38〕楊善群，見《孫子評傳》，頁370；張文儒云：「本人考慮到這後十五篇從思想
脈絡看，與前面的內容有內在聯繫，且基本思路相近，故在本書裡，仍作爲
研究孫臏兵學思想的參考資料。」見《中國兵學文化‧第三章第一節：孫臏
和孫臏兵法脈絡》（北京：北京大學出版社，1997年3月1版），頁87。

子之論至深不可測而此（指〈龍韜〉以後四十三篇）凡悉備舉，似為孫子義
疏也。」〔註39〕但其中還是有程度上之差別。《孫臏兵法》與《孫子兵法》之
類似程度較之孫臏與《吳子》、《尉繚子》就要高得多。《孫臏兵法》下編十三
篇與《尉繚子》、《吳子》、《孫子兵法》之類似程度，均不及其與《孫臏兵法》
上編及傳說中之孫臏貴勢思想類似程度之深。《孫臏兵法》下編十三篇與《孫
臏兵法》上編之類似，有字句無殊者，有互注、互補者。孫臏思想以「貴勢」
為其核心理論，而下編幾乎純以貴勢立說。

　　字句無殊者：上編之〈威王問〉：「威王曰：『地平卒齊，合而北者，何也？』
孫子曰：『其陣無鋒也。』」下編之〈十陣〉則是：「末不銳則不入。」上編之
〈威王問〉：「威王曰：『令民素聽奈何？』孫子曰：『素信。』」下編之《將義》
則是：「將者，不可以不信。不信則令不行。」上編之〈擒龐涓〉：「兵法，兵
之大數，五十里不相救也。」〔註40〕而下編之〈五度九奪〉則是：「救者至，
又重敗之。故兵之大數，五十里不相救也。況〔近者百里，遠者〕數百里。」

　　互注互補者：如

　　上編之〈威王問〉：

　　　　田忌問孫子曰：錐行者何也？雁行者何也？……孫子曰：錐行者，
　　　　所以衝堅毀銳也；雁行者，所以觸廁應□□……

　　下編之〈十陣〉則對錐行之陣、雁行之陣有更加細密之解說：

　　　　錐行之陣，卑之若劍，末不銳則不入，刃不薄則不剟，本不厚則不
　　　　可以列陣。是故末必銳，刃必薄，本必鴻。然則錐行之陣可以決絕
　　　　矣。〔雁行之陣〕……此謂雁陣之任。前列若舖，後列若貍，三……
　　　　闕羅而自存，此之謂雁陣之任。

　　上編之〈八陣〉敘事過簡，而下篇之〈十問〉內容則詳細得多，許多地
方彷彿是〈八陣〉許多陣式之詳細解說：如：

　　上編之〈八陣〉，云：

　　　　用陣三分，每陣有鋒，每鋒有後，皆待令而動。鬥一守二，以一侵
　　　　敵，以二收。

〔註39〕 葉適，《學習記言》，《中國子學名著集成》（臺北：中國子學名著集成編印基
　　　　金會編印，民國67年12月初版），頁1430。

〔註40〕 此據李京，《齊孫子兵法解》補。李京在擒龐涓注〔十九〕云：「此處『兵法，
　　　　兵之大數，五十里不相救也。』十三字據本篇文義和數義等而補。」

下編之〈十問〉則有：

> 交和而舍，敵既眾以強，延陣以衡，我陣而待之，人少不能，擊之
> 奈何？擊此者，必將三分我兵，練我死士，二者延陣張翼，一者材
> 士練兵，期其中極。此殺將擊衡之道也。

上編之〈八陣〉，云：「易則多其車。」

下編之〈十問〉則是：

> 交和而舍，我車騎則眾，人兵則少，敵人十倍，擊之奈何？擊此者，
> 慎避險阻，決而導之，抵諸易。敵雖十倍，便我車騎，三軍可擊。
> 此擊徒人之道。

上編之〈八陣〉云：「險易必知生地、死地，居生擊死。」

下編之〈善者〉則詳細解說不陷于死地，始終處於居生擊死之位置之道：

> 故兵有四路、五動：進，路也；退，路也；左，路也；右，路也；進，
> 動也；退，動也；左，動也；右，動也；默然而處，亦動也。善者四
> 路必徹，五動必工。故進不可迎于前，退不可絕于後，左右不可陷于
> 阻，〔默然而處〕，□□于敵之人。故使敵四路必窮，五動必憂。進則
> 傅于前，退則絕于後，左右則陷于阻，默然而處，軍不免于患。

李京之《齊孫子兵法解》，論及《孫臏兵法》，只錄上編，未錄下編。但
在注解《孫臏兵法》之際，大量引用下編文句，以解釋上編之所謂《齊孫子
兵法》。〔註41〕

《呂氏春秋·不二》論及孫臏貴勢，云：

> 老耽貴柔，孔子貴仁，墨翟貴廉（兼），關尹貴清，子列子貴虛，陳
> 駢貴齊，陽生貴己，孫臏貴勢，王廖貴前，兒良貴後。

孫臏之貴勢到達與孔子貴仁、墨翟貴兼等相提並論之地步，足徵貴勢爲孫臏
思想之核心部分。下編之〈奇正〉、〈善者〉、〈將義〉、〈積疏〉、〈客主人分〉、
〈五度九奪〉、〈十問〉、〈略甲〉等篇，或則全篇，或則部分，詳述兵家之重
勢理論（其詳可參看本章第六節「孫臏思想之源出兵形勢家者」）只有〈十陣〉
詳述整陣而戰，純就兵形立說。在作戰上，基本是先求「立於不敗之地（部
伍嚴不可犯）」，然後再尋機「不失敵之敗」，一舉克敵制勝。《尉繚子》雖名
列兵形勢家，而其書多論形，少論勢。孫臏則恰好相反，無論上編、下編，

〔註41〕見李京，《齊孫子兵法解》，內容繁多，無法一一引出。讀者觀看原書，自可
明瞭其實際情況。

均多論勢，少論形。

　　綜觀《孫臏兵法》下編之內容，其與上編之內容有字句無殊者，有可以互注、互補者。《漢書・藝文志》云：「《齊孫子》八十九篇，圖九卷。」今《孫臏兵法》僅只上編十六篇，散佚部分仍佔多數。現《孫臏兵法》下編與上編一起出土，無論篇題、書體、內容以及核心思想均與上編無殊，這些篇章雖無「孫子曰」字樣，但其為《孫臏兵法》之可能性仍為極高。即或不是《孫臏兵法》本文，但因其大部屬於兵勢之範圍，故與孫臏仍可能有極密切之關聯。即或是〈兵之恆失〉、〈將敗〉二篇之篇題與非《孫臏兵法》之篇題一起寫在三號木牘上，但三號木牘字多漫漶，略微可識者為十個殘缺不全之篇題。牘末「□十章」，李學勤認為「這塊木牘或許是目錄的後半，只是前面的木牘已損毀，故其章數或許是五十或六十。」李學勤並且說：「三號木牘有沒有可能是《齊孫子》目錄的一部份呢？這是值得進一步考慮的。」〔註42〕

第四節　孫臏思想源出歷史經驗者

　　古人寫書，受制於書寫材料，往往只敘要點，而略其餘。如中國人常稱圖書，但流傳至今之古代典籍，往往只見其書，未見其圖，如《吳孫子》、《齊孫子》，《漢書・藝文志》稱其有書有圖。但傳抄之際，受制於材料，後世亦是只見其書，不見其圖。鄭樵以「向、歆為《七略》，只收書，不收圖」，稱「歆、向之罪，上通於天。」〔註43〕但鄭樵自己所著之《通志》，何嘗不是有書無圖。在漢晉以前文字可書之竹簡，而圖只有書之帛、牘，一種書用兩種材料書寫，當然增加了傳抄流傳之困難度。漢晉以前，書寫工具以簡牘為主。〔註44〕但竹簡書寫，殺青不易。因此在書寫之際往往只能做提要勾玄之敘事，而不能將據以立論之事實一一筆之於書。做為編年史之《春秋》實可為代表，桓譚即稱：「左氏傳于經，猶衣之表裡相待而成。經而無傳，使聖人閉門思之十年，不能知也。」老子為簡明之經體，其旨趣所在，戰國時人已是不易明瞭，故韓非有〈解老〉、〈喻老〉之作。《韓非》之〈內儲說〉、〈外儲說〉就更加明白，〈內外儲說〉之書寫方式是「前經後史」，前經以最精粹之文字敘述高尚之理，而後史則為敘理

〔註42〕李學勤，《齊孫子兵法解・序》（北京：中國書店，1990年8月1版），頁4～5。
〔註43〕鄭樵，《通志略・圖書略》（臺北：世界書局，民國73年10月八版），頁729。
〔註44〕金鶚，《求古錄禮說十・周代書冊制度考》，《皇清經解續編・卷六百七十二》，收錄於《續經解三禮類彙編・冊一》（臺北：藝文印書館影印），頁123～124。

之依據與解說。軍事著作這種現象尤爲明顯，如粟裕即稱：「在我軍以往的戰役中，一般只要對敵人達成了戰役合圍，勝利就算基本有把握。」〔註45〕此段簡明之說理即包含了幾十年之經驗，幾十幾百件之事實。先秦兵學思想實有大量之史實爲其說理之素地，但著作成書之際，亦是只見精粹之理，不見（或少見）據以立論之史實。將兵書與其當時及其以前之歷史比合而觀，往往可知其思想之所自。

孫臏思想之源出歷史經驗者，概括而言，約有以下幾點。

一、直接引證歷史部份

孫臏爲說明：「夫兵者，非士恆勢，此先王之傳道，戰勝，則所以存亡國而繼絕世也，戰不勝，則所以削地而危社稷。」引堯伐共工；舜收讙收、擊鯀、亡有扈氏；禹摒三苗；神農戰斧遂；黃帝戰蜀祿；湯放桀；武王伐紂；周公踐商奄爲證。〔註46〕

孫臏論兵言及荀息、孫軫，稱荀息爲獨行之將，稱孫軫所爲之陣爲勁將之陣，並論及使秦軍片馬隻輪無返之殽之戰，〔註47〕我在本章第二節曾敘及孫臏之全殲敵軍之戰法可能即深受孫軫之影響。

孫臏稱「彼三晉之兵素悍勇而輕齊，齊號爲怯。」〔註48〕即有歷史上之淵源。春秋時代，齊、晉鞍之戰、平陰之戰在晉軍面前之齊軍均是潰不成軍。〔註49〕

在〈擒龐涓〉、〈陳忌問壘〉二篇之中且以自己之行事爲例解說桂陵、馬陵二戰之臨場指揮處置情形。

二、以代用戰具整陣而戰

戰爭牽扯範圍過廣，無論如何準備，總是無法周全。在戰具上尤其如此。臨陣作戰，補救戰具缺乏之情況，往往有賴軍將之迅速隨機應變，沒有專門設計之戰具，則用代用品，取其立時可辦。沒有專用戰具，代用品即可算是

〔註45〕粟裕，《粟裕戰爭回憶錄》（北京：解放軍出版社，1988 年 11 月 1 版），頁 500。

〔註46〕銀雀山漢墓竹簡整理小組，《銀雀山漢墓竹簡〔壹〕》，頁 48。

〔註47〕銀雀山漢墓竹簡整理小組，《銀雀山漢墓竹簡〔壹〕》，頁 55。

〔註48〕司馬遷，《史記・孫子吳起列傳》，頁 736。

〔註49〕齊晉鞍之戰，見《左傳・成公二年》；齊晉平陰之戰，見《左傳・襄公十八年》。

次佳者，有代用品比束手無策還是要強的多。《孫臏兵法・陳忌問壘》云：

> 田忌曰：「可得聞乎？」曰：「可，用此者，所以應猝窘、處隘塞死地之中也。是吾所以取龐□而擒太子申也。」田忌曰：「善，事已往而刑不見。」孫子曰：「蒺藜者，所以當溝池也。車者，所以當壘者。□□者，所以當堞也。發者，所以當埤堄也。長兵次之，所以救其隋也。鏦次之者，所以爲長兵□也。短兵次之者，所以難其歸而徼其衰也。弩次之者，所以當投機也。中央無人，故盈之以……卒已定，乃具其法。」

此種臨時有效之處置，實可溯源自石器時代，石器時代工具往往有多重功用，如拳斧，既是生活用具，又是攻擊武器。陳夢家認爲在商代農器、兵器並無太大的區別：

> 在此應提到農具與兵器的關係，農具中之有鋒刃者，稍加改造，即成爲兵器。二者之間在初並無太大的區別。石鐮是一邊刃的，但是有鋒，把石鐮無刃之背作成刃，安上把，即成石戈。青銅製的殷代戈，其形狀是以鐮形爲基礎的，所以鐮稱爲鍋或划，與戈同音。戈雖可刺殺，但以句援爲主，所以稱爲句兵，正如鐮之稱鉤一樣。〔註50〕

《六韜・農器》亦云：

> 太公曰：戰攻守禦之具，盡在于人事。耒耜者，其行馬疾藜也。馬牛車輿者，其營壘蔽櫓也。鋤耰之具，其矛戟也。簑簁簦笠者，其甲胄干楯也。斧鋸杵臼，其攻城器也，牛馬所以轉輸糧用也。雞犬，其伺候也。婦人織紉，其旌旗也。丈夫平壤，其攻城也。春鏺草棘，其戰車馳也。夏耨田疇，其戰步兵。秋刈禾薪，其糧食儲備也。冬實倉廩，其堅守也。田里相伍，其約束符信也。里有吏，官有長，其將帥也。里有周垣，不得相過，其隊分也。輸粟收芻，其廩庫也。春秋治城郭、修溝渠，其塹壘也。

葉適以《六韜》爲《孫子》之詳註，實將其所註之範圍限之過狹。《管子》云：

> 繕農具當器械，耕農當攻戰，推引銚耨以當劍戟，被簑以當鎧鑐，菹笠以當盾櫓。故耕器具則戰器備，農事習則攻戰巧矣。〔註51〕

見之於春秋時代之歷史者，尙有齊、衛以壟畝阻斷西向敵人之戎車之利之史

〔註50〕陳夢家，《卜辭綜述・第十六章農業及其他》（臺北：大通書局影印），頁549。
〔註51〕《管子・禁藏第五十三》（顏昌嶢校釋本），頁439。

實。〔註52〕

此等卑之無甚高論之行事方案直至今日仍有極大之參考價值。〔註53〕

三、殺　士

戰爭打的是士氣，克勞塞維茨《戰爭論》開宗明義的解釋即是：「戰爭是一種強迫敵人遵從我方意志的力的行動。」〔註54〕士氣之消長與士爲何而戰（戰志）、爲何而死有密切關連。孫臏〈殺士〉篇所探討的主題即爲士爲何而死的問題。

銀雀山漢墓整理小組所編之《孫臏兵法》、李均明之《孫臏兵法釋註》、張震澤之《孫臏兵法校理》、李京之《齊孫子兵法》均認爲孫臏之〈殺士篇〉之主旨與《尉繚子・兵令下》所謂之殺卒意義相同。

若詳稽其內容，《尉繚子・兵令下》之殺卒實與《孫臏兵法》之〈殺士〉完全相反。《尉繚子・兵令下》云：

> 臣聞古之善用兵者，能殺卒之半，其次殺其十三，其下殺其十一。
> 能殺其半者，威加海內；殺其十三，力加諸侯；殺其十一者，令行
> 士卒。故曰：百萬之眾不用命，不如萬人之鬥也；萬人之鬥不用命，
> 不如百人之奮也。賞如日月，信如四時，令如斧鉞，制如干將，士
> 卒不用命者，未之有也。

詳稽《尉繚子・兵令下》前後文義，是以嚴殺貫徹命令爲其主旨，以嚴殺方

〔註52〕晉迫齊「盡東其畝」見《左傳・成公二年》。晉迫衛「盡東其畝」見《呂氏春秋・簡選》：「（晉文公）反鄭之埤，東衛之畝。」

〔註53〕如在徐蚌會戰戰爭期間，共軍大肆破壞道路，交通路線柔腸寸斷，國軍現代化車輛之運輸爲之中斷，而共軍以肩挑手提，手車推送，組織龐大之支前網，使在前方作戰之五、六十萬大軍之糧食、彈藥補給，居然可以供應無缺。就在這一點上判定了國、共二黨軍事上之勝敗。傳說中共元帥陳毅曾說：「淮海戰役的勝利是人民用獨輪手推車推出來的。」費正清、費維愷所編之《劍橋中華民國史（下）》亦有類似的說法：「（蒲立特）說：『面對二百多萬人的共產黨軍隊的進攻，政府方面沒有任何一個將軍具有處理全面後勤問題的素養和專門技能。』……馬車、獨輪車和扁擔成了共產黨供應線上的主要運輸工具，它突出地應驗了一句古老的格言，原始的東西，只要用得上，就比用不上的現代化東西好。共產黨人在最近便的人力物力資源的基礎上，精巧地製成了他們的戰爭機器。」見費正清、費維愷編，劉敬坤等譯，《劍橋中華民國史（下）》（北京：中華社會科學出版社，1993年1月1版），頁889。

〔註54〕克勞塞維茨，紐先鍾譯，《戰爭論》（臺北：軍事譯粹社，民國69年3月初版），頁110。

式達到用命之目的，當然是以殺自己士卒以求形名一致之效果。此種事例在第四章「尉繚子思想淵源探研」中已有詳細說明，讀者可參看。

而《孫臏兵法》之〈殺士〉篇即或只是斷簡殘篇，但其意旨仍可窺見。其意旨實指士卒願為爵祿而死，為避罰趨賞而死，為州閭、為飲食、為祖先墳塋、為疾病之照顧而死。

銀雀山漢墓竹簡整理小組注〈殺士〉之「或死州……之親，或死墳墓。」云：

> 《管子·九變》：「凡民之所以守戰至死而不德其上者，有數以至焉。曰：大者親戚墳墓之所在也，田宅富厚足居也。不然，則州縣鄉黨與宗族足懷樂也。……」簡文「或死墳墓……」，當指士卒為保護親族墳墓而守戰而死。又上簡「或死州……」，可能是指由於州縣鄉黨可懷樂而守戰至死。〔註55〕

銀雀山漢墓竹簡整理小組這兩句雖然注釋極其精確。但對「撟而下之，士死，……或死飲食……或死疾疢之間」則缺而未註。

《墨子·備城門》論及城之可守之條件：

> 凡守圍城之法，厚以高，壕池深以廣，樓撕楯，守備繕利，薪食足以支三月以上，人眾以選，吏民和，大臣有功勞於上者多。主信以義，萬民樂之無窮。不然，父母墳墓在焉；不然，山林草澤之饒足利；不然，則有深恐於敵，而有大功於上；不然，則賞明可信，而罰嚴足畏也。此十四者具，則民亦不宜上矣。然後城可守。

與〈殺士〉、《管子·九變》之意旨相同，但內容則略有差異。

孫臏〈殺士〉之「撟而下之，士死。」其意當與「介冑之士不拜」同。《尉繚子·武議》解釋「介冑之士不拜」，云：

> 吳起與秦戰，舍不平隴畝，樸樕蓋之，以蔽霜露。如此何也？不自高人故也。乞人之死不索尊，竭人之力不責禮。故古者甲冑之士不拜，示人無已煩也。夫煩人而欲乞其死、竭其力，自古至今，未嘗聞也。

孫臏〈殺士〉之「或死飲食，……」與之相應之理論為《尉繚子·戰威》之：

> 勵士之道，民之生，不可不厚也，爵列之等，死喪之親，民之所營，

〔註55〕銀雀山漢墓竹簡整理小組，《銀雀山漢墓竹簡〔壹〕》，頁67。

不可不顯也。必也因民所生而制之，因民所榮而顯之，田祿之實，
飲食之親，鄉里相勸，死生相救，兵役相從，此民之所勵也。

《孫臏兵法‧延氣》所謂之「今日將戰，務在延氣。」「飲食勿……所以延氣。」所缺之字當與乏缺、不足有關，此亦指飲食與士氣之盈虛相關。「今日將戰，務在延氣。」而延氣又與飲食同在一簡之上，足徵延氣與飲食息息相關，此段簡文之意似可用《史記‧項羽本紀》之「沛公左司馬曹無傷使人言於項羽曰：『沛公欲王關中，使子嬰爲相，珍寶盡有之。』項羽大怒曰：『旦日饗士卒，爲擊破沛公軍。』」解之。〔註56〕

孫臏〈殺士〉之「或死疾疢之間」，其意應指士卒爲疾病所困苦之際，若得將領悉心照顧，士卒感恩，即願爲之致死。與之相應之史實或行事至少有以下三種：

士卒次舍，司馬穰苴井灶飲食問疾醫藥，身自拊循之，悉取將軍之資糧享士卒，身與士卒平分糧食，最比其羸弱者，三日而後勒兵，病者皆求行，爭奮出爲之赴戰。〔註57〕

卒有病疽者，（吳）起爲吮之。卒母聞而哭之。人曰：「子卒也，而將軍自吮其疽，何哭爲？」母曰：「非然也。往年吳公吮其父，其父戰不旋踵，遂死於敵。吳公今又吮其子，妾不知其死所矣，是以哭之。」〔註58〕

《墨子‧號令》云：

傷甚者令歸治，病家善養。予醫給藥賜酒日二升，肉二斤，令吏數行閭，視病有瘳，輒造事上。

四、篡　卒

孫臏思想有許多地方明顯受到吳起影響，如篡卒即爲其中一項。孫臏〈篡卒〉云：「兵之勝在於篡卒。」〈威王問〉云：「篡卒力士，所以絕陣取將。」吳起有選練，郭沫若認爲魏之武卒制度即由吳起制定。其詳細情形，本章第二節已有敘述，可參看。

但篡卒以戰亦可在歷史中找到根源。

〔註56〕司馬遷，《史記‧項羽本紀》，頁112。
〔註57〕司馬遷，《史記‧司馬穰苴列傳》，頁733。
〔註58〕司馬遷，《史記‧孫子吳起列傳》，頁737。

周武王伐紂，「率戎車三百乘，虎賁三千人，甲士四萬五千人，以東伐紂。」
〔註59〕裴駰《集解》云：「孔安國曰：虎賁、勇士稱也，若虎賁，言其猛也。」

《孫子·地形》云：「兵無選鋒，曰北。」是孫武亦主作戰須有選鋒。而
吳王闔廬伐楚，選鋒亦發揮了最大效力，這種選鋒以戰之思想，即可能襲自
孫武。《呂氏春秋·簡選》云：

> 吳王闔廬選多力五百人，利趾者三千人，以爲前陳，與荊戰，五戰五
>
> 勝，遂有郢。東征至于庳廬，西伐至於巴蜀，北迫齊晉，令行中國。

《呂氏春秋·簡選》敘及以選兵稱王稱霸者，可謂代不乏人，有商湯之必死
六千人、武王之虎賁三千人、齊桓公之教卒萬人以爲兵首、晉文公之銳卒千
人與吳王闔廬之多力五百人、利趾三千人。

孫臏思想源出歷史經驗者，其它尚有以徽幟整軍之方，其詳可參看第四
章第五節一、經卒之法；整軍以戰之法，可參看本章之第六節「孫臏思想源
出兵形勢家者」。

第五節　孫臏思想源出孫武者

《史記·孫子吳起列傳》云：「孫武既死，後百餘歲有孫臏，臏生阿鄄之
間。臏亦武之後世子孫。」明言孫臏與孫武有密切之血源關係。馬陵敗魏後，
「臏以此名顯天下，世傳其兵法。」〔註60〕司馬遷最後之評論則是：

> 世俗所稱師旅，皆道孫子十三篇，吳起兵法，世多有，故弗論。論
>
> 其行事所施設者。語曰：能行之者，未必能言，能言之者，未必能
>
> 行。孫子籌策龐涓明矣，然不能早救患於被刑。吳起說武侯以形勢
>
> 不如德，然行之於楚，以刻暴少恩忘其軀，悲夫。〔註61〕

孫臏、孫武二人同稱孫子，既有《孫子》十三篇，又「世遂傳其兵法」，至世
俗「皆道孫子十三篇，吳起兵法」之地步，又言「能言之者，未必能行。」
又似明指孫臏著《孫子》十三篇。孫臏弟子亦將孫武、孫臏之兵學合稱爲「孫
氏之道」。〔註62〕而流傳後世之孫臏言行，亦與《孫子》十三篇類似或吻合。

〔註59〕司馬遷，《史記·周本紀》，頁42。

〔註60〕司馬遷，《史記·孫子吳起列傳》，頁736。

〔註61〕司馬遷，《史記·孫子吳起列傳》，頁738。

〔註62〕《孫臏兵法·陳忌問壘》，云：「明之吳越，言之於齊；曰知孫氏之道者，必
　　　　合于天地。」

以致錢穆等人疑及孫武即孫臏，兵法只十三篇，〔註63〕實無怪其然。孫臏不但血脈與孫武相通，其思想大部分亦有相承之關係。先秦不少學術即爲世代相傳之家學。即以儒家而論，子思即以孔子傳人自居。〔註64〕

　　山東臨沂銀雀山既出土《孫子兵法》，亦出土《孫臏兵法》。研究出土《孫臏兵法》者最直覺之反應是：《孫臏兵法》之許多思想與《孫子》思想極其類似。

一、各家有關孫臏思想源出孫武之簡略綜述

　　最早提及孫臏受到《孫子兵法》影響者似爲詹立波。詹立波云：「它（孫臏）繼承了大軍事家孫武的軍事思想」在某些方面比前人有所發展。〔註65〕其後遵信敘及在《史記·孫子吳起列傳》中孫臏引述孫武言論，在其兵法中之「攻其無備」、「避而驕之」等都明顯受到孫武影響。〔註66〕

　　就我所看到的資料而言，論及孫臏、孫武在思想上有前承後繼之關係者另有鄭良樹、丁琇玲、霍印章、李京、陳式平、劉心健、方克、楊寬、任繼愈等人。

　　任繼愈認爲孫臏之慎戰、窮兵者亡、避而驕之、引而勞之、攻其無備、出奇不意、爲將之要求、五行說等，均受到孫武之影響。〔註67〕

　　鄭良樹認爲「毫無疑問的，《孫臏兵法》的作者也徵引《孫子》十三篇的

〔註63〕錢穆先生，《先秦諸子繫年·八五·田忌鄒忌孫臏考》，頁262～263，云：「余既辨吳孫子無其人。又疑凡吳孫子之傳說，皆自齊孫子而來。史記本傳吳孫子本齊人，而齊孫子爲其後世子孫。又孫臏之稱以其臏腳而無名，則武殆即臏名耳。（日人齋籐亦有此疑，見史記會注考證。）……其著兵法或即在晚年居吳時。（戰國策孫臏曰：『兵法百里而趨利者蹶上將，五十里者軍半至，』今見孫子軍爭篇。又：『攻其懈怠，出其不意』，今見計篇，曰：『攻其無備，出其不意』。是今孫子兵法即臏之證也。故書中論用兵地形皆切適於中原，未見其爲吳越水國之事也。）吳人炫其事，遂謂曾見闔廬而勝楚焉。後人說兵法者遞相附益，均托之孫子。或曰吳，或曰齊，世遂莫能辨，而史公亦誤分以爲二人也。」金德健亦有類似之說法，見〈孫子十三篇作於孫臏考〉，收錄於《古籍叢考》中，（香港：中華書局香港分局，1986年12月重印1版）頁73～84。

〔註64〕吳龍輝，《原始儒家考述》（北京：中國社會科學出版社，1996年2月1版），頁113～114。

〔註65〕詹立波，〈《孫臏兵法》殘簡介紹〉，《文物》1974年3期，頁41。

〔註66〕遵信，〈《孫臏兵法》的作者及其時代〉，《文物》1974年12期，頁24。

〔註67〕任繼愈，〈《孫臏兵法》的哲學思想〉，《文物》1974年3期，頁50～55。

文字和理論。」鄭文分成五個部份分別論述：

1. 暗用《孫子》：孫臏〈奇正〉之「形莫不可以勝，莫知其所以勝之形。」「行水得其理，漂石折舟。」〈將失〉之「戰而憂前者後虛……戰而有憂可敗也。」〈奇正〉之「善戰者，見敵之所長，則知其所短，見敵之所不足，則知其所有餘。」

2. 明用《孫子》：如〈地葆〉之五種險殺之地。

3. 襲用《孫子》理論：〈威王問〉之「可以待生計矣。」「營而離之，我並卒而擊之。」〈將義〉之「智、信、仁、義。」〈篡卒〉之「得主專制，勝；左右和，勝；量敵計險，勝。」

4. 發揮《孫子》理論：〈將敗〉、〈將失〉論及將領之缺點，比孫子〈地形〉、〈九變〉更進一步。〈威王問〉之「八陣」、〈陣篇〉、〈十陣〉比孫子論陣更見複雜。〈奇正〉篇發揮《孫子・兵勢》之奇正理論；〈火陣〉可補《孫子・火攻》之不足，且又有「水陣之法」。〈雄牝城〉有「不可攻」之十五個雄城，這是發揮《孫子・九變》之「城有所不攻」之理論。

5. 襲用《孫子》語彙及觀念：如〈見威王〉之「戰勝，則所以存亡國而繼絕世也；戰不勝則所以削地而危社稷。」〈八陣〉之「上知天之道，下知地之理，內得民之心，外知敵之情，陣則知八陣之經。」〈奇正〉之「代興代廢，四時是也；有勝有不勝，五行是也。」〔註68〕

丁琇玲論及孫臏思想源自孫武，分為三個部份，部份子目與鄭文相同，而其內容則異：

1. 暗引《孫子》語彙：〈威王問〉之「避而驕之，引而勞之，攻其無備，出其不意。」〈善者〉之「我飽食而待其飢也，安處以待其勞也，正靜以待其動也。」〈十問〉之「攻其所必救」；〈十陣〉之「徒來而不屈」；〈兵失〉之「知背向」。

2. 襲用《孫子》理論：〈將義〉之「義、仁、德、信、智」；〈延氣〉之「合軍聚眾，務在激氣。復徙合軍，務在治兵利氣，敵境近敵，務在厲氣。戰日有期，務在斷氣。今日將戰，務在延氣。」〈奇正〉之「故行水得其理，漂石折舟，用民得其性，則令行如流。」〈地葆〉之「五殺之地」；

〔註68〕鄭良樹，〈孫子的作成時代・下篇二・孫臏兵法引述孫子〉，《竹簡帛書論文集》（臺北：源流文化事業公司影印，民國71年12月初版），頁64～67。

〈奇正〉之「形莫不可以勝，而莫知其所以勝之形。」

3. 發揮《孫子》理論：〈十陣〉之「火戰之法」；〈將敗〉、〈將失〉發揮《孫子‧九變》將之五危；〈奇正〉發揮《孫子‧勢》之理論。〔註69〕

劉心健認爲《孫臏兵法》在繼承孫武思想方面，有的是引用原文，如〈威王問〉之「攻其無備，出奇不意」；有的是加以簡要歸納，如〈威王問〉之「營而離之，我並卒而擊之。」有的是詞彙語句不同，而內容未變，如〈篡卒〉之「恆勝有五：得主專制，勝；知道，勝；得眾，勝；左右合，勝；量敵計險，勝。」〈地葆〉之「五殺之地。」在繼承孫武思想又有充實和發展方面，包含有樸素的唯物主義和辯證法思想。〔註70〕

楊善群認爲：孫臏軍事思想明顯受其祖先影響。如馬陵之戰引兵法：「百里而趣利者蹶其上將，五十里而趣利者軍半至。」〈威王問〉之「趨而數之，引而勞之。」「智孫氏之道者，必合于天地。」對將帥提出比孫武更嚴格、更全面之要求。〈篡卒〉之「得主專制，勝。」；〈將德〉之「君令不入軍門，將軍之恒也。」「視之若赤子，愛之若狡童，教之如嚴師。」〈威王問〉之「必攻不守」；〈五度九奪〉之「趨敵數（技）：一曰取糧，二曰取水，三曰取津，四曰取涂，五曰取險，六曰取易……九曰取其獨貴。凡九奪，所以趨敵者也。」《太平御覽‧卷二八二》引《戰國策‧孫臏言》：「凡伐國之道，攻心爲上。」〈延氣〉之「激氣、利氣、勵氣、斷氣，延氣」，〈威王問〉之「勢者，所以令士必鬥」，〈篡卒〉之「兵之勝在於篡卒」等。〔註71〕

霍印章則認爲：在《孫臏兵法》中《孫子兵法》的精神躍然紙上。處處可見孫子的言語、思想和風格。在〈擒龐涓〉中用了孫子之「強而避之」、「能而示之不能」、「順詳敵之意」、「怒而撓之」、「攻其所必救」、「攻其無備，出敵不意」。孫臏書中之「兵不可不察」、「待生計」、「其陣無鋒」、「得主專制，勝；得眾，勝；左右和，勝；量敵計險，勝。」、「上知天之道，下知地之理，內得其民之心，外知敵之情。」等思想均與孫武有關。二者之間的關係有似孔、孟之關係。孫武思想名揚天下，孫臏與有力焉。孫臏發展孫武之理論有五：一、戰勝而強立；二、以道制勝；三、必攻不守；四、富強、強兵；五、

〔註69〕丁琇玲，〈銀雀山漢簡《孫臏兵法》之研究‧第三章孫臏思想溯源第一節孫子思想〉，中興大學歷史研究所碩士論文，民國84年6月，頁35～40。

〔註70〕劉心健，〈《孫臏兵法》是《孫子兵法》的繼承和發展〉，《孫臏兵法新編注譯》（開封，河南大學出版社出版，1989年8月1版），頁6～10。

〔註71〕楊善群，《孫子評傳》，頁371～411。

五教法。兩孫子並稱於世，成一家之言。失傳之後，才出現許多的誤解、懷疑和猜測。司馬遷把兩個孫子看成一家言，把十三篇看成是兩個孫子的代表作，認爲孫臏參與了《孫子》十三篇的整理和修訂。〔註72〕

陳式平就戰略思想比較二者之異同淵源。二孫戰略思想理論之本源源之於道，戰略指導之基本要旨同爲「不戰而屈人之兵」、「天地人」三者一體、詭變伐謀、運用形勢，而孫臏更重勢之運用，兩者同重奇正之變與避實擊虛之妙用。〔註73〕

方克則認爲孫臏與孫武，在強調戰略策劃和準備、「造勢」、「以分合爲變」、「勝不可一」等方面，兩者思想一致，而孫臏這些思想多源自孫武。〔註74〕

李京之《齊孫子兵法解》大量採用《孫子兵法》之文句註釋孫臏兵法。因文句過多，此處不一一徵引。單由孫武、孫臏之可以互注一點來看，兩者之間確實存在著密切之前承後繼之關係。〔註75〕

二、作者對此問題之看法

除詹、霍、劉、鄭、丁、陳、楊、方、李等人所論之外，就我玩味所得，其中孫臏思想源出孫武者，尚有餘蘊未盡者，述之於下。

（一）以數字爲立論之依據

先秦思想中，天文、地理、律呂、工藝製造等均與數學有密切之關連。三者（天文、地理、律呂）與兵陰陽家有密切之關連，工藝製造爲兵技巧家所取資、借用。《墨子・備城門》以下二十篇即爲兵技巧家之具體內容。而《墨子》一書中透露出不少墨子數學修爲精深之訊息。而《孫子》一書雖名列兵權謀家，但傳說《孫子算經》亦爲孫武所著。〔註76〕此事真假如何，現已不易判明。但

〔註72〕霍印章，〈論《孫臏兵法》與《孫子兵法》的師承關係〉，《孫臏初探》（山東，黃河出版社，1993 年 3 月 1 版），頁 71～81。

〔註73〕陳式平，〈先秦二孫戰略思想理論之比較研究（上）（下）〉，《軍事雜誌》第五十二卷第 10、11 期（民國 73 年 7 月 20 日、8 月 20 日），頁 7～17：14～22。

〔註74〕方克，《中國軍事辨証法史（先秦）・第三編・戰國時期的軍事辨証法思想・第四章：孫臏貴勢的軍事辨証法思想》（北京：中華書局，1992 年 5 月），頁 275～315。

〔註75〕李京，《齊孫子兵法解》（北京：新華書店，1990 年 8 月第 1 版）。

〔註76〕永瑢等，《四庫全書總目提要・卷一百七・天文算法類二・孫子算經三卷》，頁 2200，云：「……於後來諸算術中，特爲近古，第不知孫子何許人。朱彝尊《曝書亭集・五曹算經跋》云：『相傳其法出於孫武。』然則孫子別有算經，

《孫子兵法》行文敘事與《墨子》一樣，往往以數字爲立論之依據。如《孫子·始計》之「多算勝，少算不勝，而況於無算乎？」〈謀攻〉之「故曰：知彼知己，百戰不殆，不知彼而知己，一勝一負，不知彼，不知己，每戰必殆。」〈軍形〉之「故勝兵若以鎰稱銖，敗兵若以銖稱鎰。」〈虛實〉之「故形人而我無形，則我專而敵分，我專爲一，敵分爲十，是以十攻其一也。則我眾而敵寡。」〈軍爭〉之「百里而爭利，則擒三將軍。勁者先，疲者後，其法十一而至。五十里而爭利，則三分之二至。」〈兵勢〉之「故善出奇者，無窮如天地。……戰勢不過奇正，奇正之變，不可勝窮也。」〈用間篇〉之：

> 凡興師十萬，出征千里，百姓之費，公家之奉，日費千金，內外騷動，怠於道路，不得操事者七十萬家。相守數年，以爭一日之勝，而愛爵祿百金，不知敵之情者，不仁之至也，非人之將也，非主之佐也，非勝之主也。

孫臏之論兵，同樣具有數學之精確性。有名的孫臏賽馬，即憑精密之數學計算，而得王之千金。〔註 77〕〈擒龐涓〉中，孫臏以齊城、高唐委敵，造成龐涓以爲齊將無能的錯覺，敢於「棄其輜重，兼趣舍而至。孫子弗息而擊之桂陵，而擒龐涓。」李京云：

> 因此，可以說，若無平陵之戰的局部失敗，敗無桂陵之戰的最終勝利。此乃孫臏「以君之下駟與彼之上駟，君之上駟與彼中駟，君之中駟，與彼下駟。」的一不勝而再勝之法在實際戰爭中的具體應用。〔註 78〕

馬陵之戰用「百里而趣利蹶其上將，五十里而趣利者軍半至」切割魏之輕銳與步軍，先殲輕銳，後殲步軍。〔註 79〕〈客主人分〉之

> 帶甲數十萬，千千而出，千千而□之……萬萬以遺我。所謂善戰者，善翦斷之。……能分人之兵，能按人之兵，則數倍而不足。

〈五度九奪〉之

> 救者至，又重敗之。故兵之大數，五十里不相救也。況近□□□□

考古者存其說，可爾。……」羅振玉云：「〈孫子算經〉文義古質，絕非出兩漢後人手也。」見《流沙墜簡·小學術數方技書考釋》（北京：中華書局，1993年 9 月一版，）頁 92～93。

〔註 77〕司馬遷，《史記·孫子吳起列傳》，頁 735～736。
〔註 78〕李京，《齊孫子兵法解》，頁 12。
〔註 79〕司馬遷，《史記·孫子吳起列傳》，頁 736。

數百里，此程兵之極也。故《兵》曰：積弗如，勿與□□。□弗如，
勿與接和。

（二）全軍、重生之思想

《孫子》十三篇特色之一是全軍、重生思想爲貫穿全書之縱線，而〈謀
攻〉全篇就全軍立論。孫臏〈見威王〉，第一句即：

> 夫兵者，非士恒勢也，此先王之傳道也。戰勝，則所以存亡國而
> 繼絕世也。戰不勝，則所以削地而危社稷也。是故兵者不可不察。

幾乎是孫武全書之破題：「兵者，國之大事，死生之地，存亡之道，不可不察
也。」思想之再現。

〈月戰〉稱：「間於天地之間，莫貴于人。」〈八陣〉篇之「夫安萬乘國，
廣萬乘王，全萬乘之民命者，唯知道。」〈雄牝城〉之力主對於雄城，則「城
有所不攻」。〈奇正〉之「使民雖不利，進死而不旋踵，孟賁之所難也，而責
之民，是使水逆流也。」均就全軍、重生立說。

（三）居生擊死

《史記·曆書》云：「太史公曰：黃帝以前，尚矣。蓋黃帝考定星曆，建
立五行，起消息，正閏餘……」明言消息爲黃帝核心思想之一。在論兵上，
黃帝亦以生、死立說。《孫子·行軍》，云：

> 凡處軍相敵，絕山依谷，視生處高，戰隆無登，此處山之軍也。絕
> 水必遠水，客絕水而來，勿迎之於水內。令半濟而擊之，利。欲戰
> 者，無附於水而迎客，視生處高，無迎水流，此處水上之軍也。絕
> 斥澤，惟亟去勿留，若交軍於斥澤之中，必依水草而背眾樹，此處
> 斥澤之軍也。平陸處易，而右背高，前死後生，此處平陸之軍也。
> 凡此四軍之利，黃帝之所以勝四帝也。

孫武明言「視生處高」、「前死後生」，絕不陷軍於絕地、死地，爲黃帝之所以
戰勝四帝之最大原因，此亦與黃帝依「消息」立論之思想完全合轍。在臨沂
銀雀山出土之竹簡中有《地典》殘簡，《地典》之內容主以地利克敵制勝，此
書記錄地典與黃帝之問答，其中充斥著生死勝敗刑德之辭。如○四七三簡即
云：「高生爲德，下死爲刑，四兩順生，此謂黃帝之勝經。」〔註80〕

孫臏之〈八陣〉提出行軍作戰、對於地形之最主要原則是「險易必知生

〔註80〕吳九龍，《銀雀山漢簡釋文》，頁38。

地、死地、居生擊死。」在〈地葆〉篇對地形之利用主要亦以生死立論。這些思想與孫武一致。而此種依生、死決定地形利弊之思想，實源自黃帝。

（四）重地利而輕天時

兵陰陽家之主要思想為辨律聽音、天官時日、陰陽向背、生死刑德。孫武採納兵陰陽家之思想主要為天文、地理。《孫武・始計》云：「天者，陰陽、寒暑、時制也；地者，遠近、廣狹、死生也。」孫武雖舉出天、地，但孫武重視地理，而不重天象。在《孫子》十三篇中全無以天象立說之專篇，但以地理立論者即有四篇，即〈九變〉、〈九地〉、〈行軍〉、〈地形〉等四篇。

在重地理、輕天象上，孫臏亦繼承孫武之思想。〈八陣〉主旨在因地制宜之道；〈地葆〉、〈雄牝城〉是孫臏論及軍事地形學之二個專篇。馬陵之戰、桂陵之戰孫臏不惜犧牲、用盡方法誘使魏軍進入絕境、死地，然後再行殲滅。孫臏敘及天象與戰爭關係之專篇僅〈月戰〉一篇而已。即或是論及天象，孫臏仍說：「間于天地之間，莫貴于人。」

（五）攻城為下

一般論及孫武、孫臏有關戰爭思想之異同者，認為孫臏思想多數與孫武一致。惟獨在對攻城問題，孫臏對孫武之「攻城為下」之看法，持相反意見。此種觀點最早似由詹立波提出。〔註81〕承之者有楊寬、方克、楊泓、楊善群等人。〔註82〕

〔註81〕詹立波，〈《孫臏兵法》初探〉云：「孫臏是比較重視攻城的，他專門論述了城市的攻取問題，并按照城市所處的不同地形條件，區分為牝城和雄城，作為可擊和不可擊的依據。他強調物質儲蓄的城市防禦中的重要意義，明確指出：『城小而守固者，有委也。』像孫臏這樣詳盡地敘述攻城問題，在他以前的古代兵書中是少有的。如《孫子兵法》雖然講到攻城，但他認為攻城是『不得已』的下策，其主要精神是強調儘量避免攻城。孫臏為什麼如此重視攻城呢？這是與當時的政治、經濟、軍事等歷史條件分不開的，戰國時『千丈之城、萬家之邑相望』，城市已成為經濟、政治、文化的中心，社會的財富、人力很大一部分都匯聚在城市。像齊國的即墨，被燕國的軍隊圍困了很久，到了反攻時，還可以蒐集到牛千餘頭、黃金千鎰和其他大量物資，即是一個明顯的例子。因此，戰國時代城市的爭奪已成為戰爭的重點和主要目的。同時由於生產的發展，冶鐵術的進步，鐵兵器的使用，雲梯等攻城器材的發展，也為攻城戰提供了一定的物資條件。」收錄於《孫臏兵法》中，頁14。

〔註82〕楊寬《戰國史》，頁 307〜308，云：「這是由于當時城市已成為政治、經濟和文化的中心。……」方克，《中國軍事辯證法史（先秦）》，頁291，云：「孫

　　詹立波、楊寬、方克、楊泓、楊善群等人認爲在對攻城之態度上，孫武與孫臏有所不同，孫臏主攻城克邑，而孫武認爲攻城爲萬不得已之舉，實際是出於對原書文句之誤解。孫武所謂攻城爲下，是就保全士卒生命立說，其原文出自〈謀攻〉篇。〈謀攻〉全篇主旨在探討如何全國、全軍、全旅、全卒、全伍。相形之下以伐謀方式克敵制勝，代價最小，收效最宏，而攻城代價最大，收效極小，蟻附攻城，更是等而下之，有時甚至「殺士三分之一，而城不拔者。」孫臏雖有專文討論攻城之〈雄牝城〉，但在〈雄牝城〉中仍有半數爲不可攻之雄城，是孫臏亦不主一定要攻城。而在孫臏指揮下之桂陵、馬陵二戰之中，孫臏亦完全拋棄攻城之法。在桂陵之戰，他指揮齊軍直撲平陵，蟻附攻城，其目的即在「能而示之不能」，顯示齊將之「不知事」，造成龐涓之輕敵心理。〔註83〕在桂陵、馬陵之戰中，孫臏處于生地、高處，讓魏軍處于絕地、死地之中，利用有利地形，徹底殲滅魏軍之有生力量。在實際攻戰，以及敘述軍事理論方面，在攻城問題上，二孫實際上並無歧異，均認爲「攻城爲下」。

臏的進攻戰略較之孫武的進攻戰略，有了一個重大的發展：孫武的進攻戰略重在野戰而避免攻城，他說：『攻城之法爲不得已。』(《孫子兵法‧謀攻篇》)孫臏的進攻戰略則不但重野戰，而且也重視城邑的攻取。孫臏專門論述了城市的攻取問題，并按照城市所處的不同地形條件，區分爲『牝城』和『雄城』，作爲可攻和不可攻的根據(見〈雄牝城〉)。這是我國古代論述攻城最早的重要文獻之一。」楊泓，〈孫臏兵法反映出的戰國時期兵器和戰術的變化〉，云：「在春秋時期，由貴族爲主體的戰車部隊，對於攻城是困難的，所以《孫子兵法》認爲『攻城之法爲不得已。』到了孫臏的時代，軍事技術裝備有了進一步發展，軍隊的組成有了新的變化，使得攻城已有了可能。但是更重要的是政治上的需要，在各國爭雄的局面上，要取得戰爭的勝利，這就必然面臨著解決那些作爲政治、經濟中心的大城市的任務。在繼承了孫武時代主要靠在野戰中消滅敵人、解決戰鬥的思想基礎上，在《孫臏兵法》竹簡裡進一步注意攻城的問題。」見《中國古兵器論叢‧陸》，頁141。楊善群，《孫子評傳》，頁405～406，云：「春秋時代，由於戰爭規模較小，主要使用車戰，攻城器械不善，因此，攻城需要付出很大的代價，往往曠日持久，兵力物資耗費巨大，而敵城還是攻不下來，……故孫武認爲攻城是下策，得不償失。……但是到了戰國時代，城市經濟有了更大的發展，『千丈之城、萬家之邑相望』，而戰爭的方式也轉變爲以步兵、騎兵的作戰爲主，兵力雄厚，攻城的器械并有了很大的改進。……戰國時攻城的效率也大爲提高。因此總結攻城的經驗就提到議事日程上來了。《孫臏兵法》中的〈雄牝城〉一篇，就是專門研究這個問題的。」

〔註83〕銀雀山漢墓竹簡整理小組，《孫臏兵法‧擒龐涓》，頁32。

　　至於因時移事變，春秋時代城市無足輕重，而戰國時代之城市爲政治、經濟、軍事之中心，社會的財富、人力很大一部份匯集在城市，而攻城之法在春秋時代艱困萬狀，而戰國時代因技藝進步而變得輕而易舉等因素，造成孫武、孫臏在攻城問題上觀點之不同，則更是誤解。春秋時代以前，一城即一國，城市本身即爲政治、經濟、軍事之中心。以《春秋》那樣精簡之記事，對築城、滅城之事，史官知之必書，可見春秋時人對城市之重視。齊桓公葵丘之盟盟辭有關限武談判最重要條款之一即是「無有封而不告。」〔註84〕春秋時代戰爭兼併之劇烈絕不在戰國時代之下，春秋初年二百多國，至春秋末期即已兼併至二十餘國，其「攻城襲邑」兼併之劇烈可想而知。攻城之主要戰具臨衝、勾援等，至少殷末即已出現，《詩經》有詳細之描述。〔註85〕所謂春秋時代攻城艱困萬狀之看法，實際是出於誤解。

　　二孫思想類似者，尚有將兵技巧家之攻擊方式融入兵形勢家之中以說明形勢。其詳可參看「孫臏思想之源出兵技巧家」一節。

　　孫武、孫臏思想之眞正差異，實在圍地必闕與圍地殲敵上。在與敵交戰之際，若己方軍隊陷入圍地，孫武主張「塞闕」，以求掃除己方部隊僥倖苟免之心，上下一心，攻敗敵軍；圍攻敵軍之際，必開示活路，瓦解敵軍戰志，以免敵軍負隅頑抗，徒增己方之損失。但孫臏在桂陵、馬陵二役，則採以圍地、死地全殲敵軍之策略。其原因可能與孫臏之悽慘遭遇有關。司馬遷敘述伍子胥全家被楚王抄斬，伍子胥受盡一切苦楚以求復仇，司馬遷評之爲「怨毒之於人也，甚矣哉！」〔註86〕此語在孫臏身上同樣適切。

第六節　孫臏思想源出兵形勢家者

　　先秦兵家分類上有兵形勢家。形勢兩者並言，但形與勢，還是有差異，形主要是指形名合一、嚴不可犯、戰士站在自己崗位而戰、能立於不敗之地。而勢是指分合爲變，以達出奇制勝之目的、以合擊分、以眾擊寡、以暗制明、變陣取勝，使士卒迫於形勢不可不戰，掌控有力之制勝樞紐位置，而不失敵之敗。在作戰之際，一般將領均是先求其形，次求其勢。

〔註84〕《孟子・告子下》（焦循《正義》本），頁497。
〔註85〕《詩經・皇矣》（宋刻朱熹《集傳》本）（臺北：藝文印書館，民國63年4月三版），頁751～754。
〔註86〕司馬遷，《史記・伍子胥列傳》，頁744。

一、孫臏之兵形思想淵源

　　爲了使自己形、名合一、嚴不可犯、人人站在自己崗位而戰，在作戰之際所有部眾能結成一整體，立於不敗之地，先秦兵家講求以結陣方式集合群力而戰。

　　力量在空間、時間上有效之排列組合是戰爭克敵制勝之關鍵。兵力在時空位置排列組合得當，可以在每一階段的戰鬥中達到「以眾擊寡」、「以強擊弱」之戰鬥目標。戰爭是成千上萬、上十萬、上百萬人集合在一起之爭鬥。在大規模戰爭之際，不求個人表現，講求的是以群體力量克敵制勝，如何使群體發揮最大的戰鬥力量，其關鍵即在整陣而戰。無制之兵絕對不敵有制之兵。個人再武勇，亦不敵整陣而戰之群體。荷馬對此種狀況有生動之敘述，〔註87〕湯恩比對荷馬所敘的狀況有更詳細的分析、解說，〔註88〕拿破崙亦言及整陣而戰可以加強部隊的戰鬥力。〔註89〕

〔註87〕《伊利亞德‧第十三章：在船艦附近之戰鬥》云：「（當希臘長牆被攻破之際，特洛伊之主將赫克特全身盔甲閃閃發光，當他直奔而前之際，除神之外無人敢與之交鋒。）希臘人站在他們最優秀的戰士身畔等待赫克特王子和特洛伊人的攻擊。他們手握長槍，盾盾相接，盔盔相連，人挨著人形成了一道無法貫穿的障礙。……赫克特邊殺邊進，但當他衝到希臘人所形成的障礙面前時，他停了一下，然後困難的抵擋希臘人，希臘人用劍和雙刃長槍向他刺擊，把他攻退。赫克特受到震動，開始後退」見 Homer，（Translated by E. V. Rieu），*The ILIAD. XIII The Battle at the Ships*（臺北：雙葉書店，民國55年10月），頁237～238。

〔註88〕湯恩比云：「如高斯城的哥利亞、或特洛城的赫克特之類，其實並不是敗於大衛的短鏢或菲羅克底特的弓矢之下，而是屈服於色雷斯人的『方陣』之前，這種『方陣』猶如一個巨無霸，其中有許多甲士肩肩相接、盾盾相連。以裝束而言，方陣中的每一個士兵都是赫克特或哥利亞的化身，然而以精神而言，方陣的士兵與荷馬史詩中的戰士恰好相反，因爲方陣的要員，即在於以嚴格的軍事訓練，將個體的烏合之眾，轉變爲嚴整的軍事隊形，依次進退，行止有節，較之同樣數目、同樣裝備的個體戰士那種雜亂無章的戰力，何止有效十倍之多。這種新的軍事技術，在荷馬的《伊利亞德》中已可略窺端倪，而其第一次真正出現在歷史舞台上，則是出之於『斯巴達方陣』的形勢，在造成極大社會劫難的第二次斯巴達——美西尼亞戰爭中，斯巴達方陣節節挺進，大獲全勝。」見湯恩比著，陳曉林譯，《歷史研究‧第二十二章：自覺的失敗》（臺北：遠流出版事業股份有限公司，1987年11月1版），頁642～643。

〔註89〕拿破崙云：「兩個馬木留克兵可以對付三個法國兵，因爲他們有好馬，擅長騎馬並且武器完備——每個馬木留克兵有兩支手槍，一枝舊式短槍和一枝卡賓槍，他們頭戴尖頂盔，臉罩臉甲，身穿鎖子甲，還擁有幾匹馬和幾個徒槍手。但是一百名法國騎兵就不怕一百名馬木留克兵，而一千名法國騎兵則能擊潰

在孫臏之前，此種以陣式整兵克敵制勝思想，傳說已有兩千年以上時間之演進。《孫子‧行軍》言及黃帝以四陣敗東、西、南、北四帝。《尉繚子‧天官》言及黃帝反對背水、向阪爲陣，主張依天象佈陣。傳說黃帝臣風后有《握奇經》，〔註90〕如果傳說屬實，四、五千年之前黃帝不但能整陣而戰，並且其陣勢有正有奇。在交戰之際，黃帝已能用比預備隊效用大的多的「奇」兵克敵制勝。《老子》一書多談軍事，屢言「用兵者有言」，敘及「以正治國，以奇用兵」。《老子》之思想多出黃帝，〔註91〕竊疑《老子》之「以奇用兵」亦源自黃帝。武王伐紂亦以徽幟整陣而戰，克紂之億萬。〔註92〕周宣王討伐徐方之戰爭，詩人敘及當時之陣式是：

> 王旅嘽嘽，如飛如翰，如江如漢，如山之苞，如川之流，綿綿翼翼。
>
> 不測不克，濯征徐國。〔註93〕

與《孫子‧軍爭》之「其疾如風，其徐如林，侵掠如火，不動如山，難知如陰，動如雷震。」意義完全相同。《禮記‧曲禮》則有「左青龍、右白虎、前朱雀、後玄武、招搖在其上」之五陣。此種以色彩區分方位之制，以後行之兩千年而未廢。

及至春秋時代，《左傳》言及戰陣之法，繁複多變，令人眼花撩亂。周、鄭繻葛之戰有魚麗之陣；〔註94〕城濮之戰胥臣蒙馬以虎皮敗楚之陳蔡軍，欒枝曳柴僞遁，誘楚之上軍，以中軍橫擊，大敗楚軍；〔註95〕鄢陵之戰，晉軍

一千五百名馬木留克兵：戰術、隊形和機動性能所起的作用多麼巨大呀！」見拿破崙著，陳太先譯，《拿破崙文選》（北京：商務印書館，1995年第四次印刷），頁312～313。

〔註90〕永瑢等，《四庫全書總目提要‧卷九七‧子部兵家類‧握奇經一卷》，頁2034，云：「一作握機經，一作幄機經，舊本題風后撰，漢丞相公孫宏解，晉西平太守馬隆述讚。……疑唐以來好事者，因諸葛亮八陣之法，推演爲圖，託之風后。……」

〔註91〕魏源，〈老子本義序〉云：「黃老之學出于上古，故五千言動稱經言及太上有言，又多引禮家之言、兵家之言。其宗旨見于《莊子‧天下篇》，其旁出者見于《靈樞經》、黃帝之言及淮南精神訓。……今考老子書谷神不死章，列子引爲黃帝書，而或以五千言皆容成氏書。……孔子觀周廟而嘉金人之銘，其言如出老氏之口。考皇覽金匱，則金人三銘即黃帝六銘之一，爲黃老源流所自。」收錄于《魏源集》中，（北京：中華書局，1976年3月1版），頁253～254。

〔註92〕劉向，《說苑‧指武》（臺北：世界書局，民國59年1月再版），頁123。

〔註93〕《詩經‧常武》（宋刻朱熹《集傳》本），頁893。

〔註94〕《左傳‧桓公五年》。

〔註95〕《左傳‧僖公二十八年》。

以四軍攻擊楚之中軍，大敗楚軍；〔註96〕魏絳伐狄之毀車崇卒；〔註97〕越王勾踐有「左右勾卒」；〔註98〕《墨翟‧明鬼下》論及「雁行之陣」。

整陣而戰在戰國時代有進一步之發展。與孫臏同時之孟子即言：「我善爲陣，我善爲戰，大罪也。」〔註99〕當時人已將爲戰、爲陣一體看待，可見當時兵家對爲陣之苦心鑽研、趨之如鶩之情狀。孟子所言在孫臏身上完全應驗。孫臏論及爲陣之法，比先秦一般兵書要詳細、具體。《孫臏兵法》既有八陣、又有十陣。

孫臏之八陣，劉心健主一陣八體。〔註100〕李京則主八陣爲八種不同之陣式，即方、圓、疏、數、錐行、雁行、勾陣、玄襄八陣。〔註101〕張震澤以爲八陣有二，一以八陣爲八種陣法，有以方、圓、牝、牡、衝、輪、浮沮、雁行爲八陣者，有以休、傷、生、杜、景、死、驚、開爲八陣者。二以八陣爲一體八陣。〔註102〕張震澤則以後一說爲長，主孫臏所謂之八陣爲一體八陣。實際上古人有關八陣之異說，不限張震澤之所列。〔註103〕

詳考《孫臏兵法‧八陣》前後文義，以上各種說法皆非，因其不合〈八陣〉篇之前後文意。〈八陣〉篇本身並無缺文，題目爲〈八陣〉，若依張震澤、李京、劉心健之說法，則〈八陣〉篇根本文不對題，因其中根本沒有任何一種陣勢，遑論八陣。若拋棄先入爲主之成見，則《孫臏兵法》之八陣實指其內文所解釋之八種陣法：「用陣三分，誨陣有鋒，誨鋒有後，皆待令而動」爲一種陣法；「鬥一守二，以一侵敵，以二收」爲另一種陣法；其餘六種陣法分別爲「敵弱以亂，先其選卒而乘之」；「敵強以治，先其下卒以誘之」；「車騎

〔註96〕《左傳‧成公十六年》。
〔註97〕《左傳‧昭公五年》。
〔註98〕《左傳‧哀公十七年》。
〔註99〕《孟子‧盡心下》（焦循《正義》本），頁566。
〔註100〕劉心健，《孫臏兵法新編註釋》，頁53～54。
〔註101〕李京，《齊孫子兵法解》，頁129。
〔註102〕張震澤，《孫臏兵法校理》，頁69～70。
〔註103〕李昭玘，〈八陣論〉，云：「而八陣之圖，尤爲異同，亦所謂一方二圓三牝四牡五衝六車輪七罘罝八雁行是一八陣也；若所謂金木水火土天地人又一八陣也；若所謂車箱洞當金；車一中黃，土；鳥雲鳥翔，火；折衝，木；龍騰卻月，水；雁行鵝鸛，天；車輪，地；虎翼，人；又一八陣也。紛紛異口，其無定論如是，至於天地風雲龍虎鳥蛇，以是八物制爲八名，兵家者流於此多歸焉。則八陣之定論，亦有在矣。」見《全蜀藝文志》卷四十八（臺北：商務印書館，民國75年7月初版），頁676。

與戰者，分以爲三，一在於右，一在於左，一在於後」；「易則多其車」；「險則多其騎」；「厄則多其弩」。總結整陣而戰之要領在於「居生擊死」。在陣法上，平地利車，故孫臏稱「易則多其車」；而險阻不利車戰，故魏絳伐狄，即毀車崇卒。孫臏認爲「險則多其騎」。中國人騎馬在孫臏之前至少已有千年以上之歷史，殷墟遺址即有單騎之殉葬坑。〔註104〕杜佑引述孫臏「騎有十利」之說。〔註105〕騎馬和騎馬廝殺有很大一段距離。騎射之難度在騎馬之上；馬上廝殺之難度在騎射之上。現在多數學者認爲沒有馬蹬就不能進行馬上衝擊廝殺。〔註106〕

　　一般人認爲東漢以後中國人才使用馬蹬，故馬上白刃廝殺實是東漢以後之事。但文獻之記載則要早得多。《史記·項羽本紀》即云：「項王大呼馳下，漢軍皆披靡，遂斬漢一將。」完全是騎馬殺敵之直接描寫。而東漢畫像石多見騎士以網捕捉奔馳之野獸或以戟、刀刺殺野獸、敵人〔註107〕〕：附圖二爲汶上孫家村漢畫像石騎兵馬上持戟殺敵圖。此圖足以證明至少在漢代中國騎兵已有馬上搏戰之能力，亦充分證明司馬遷所敘項羽疾馳斬將之說絕非虛言。

〔註104〕石璋如，〈殷虛最近之重要發現，附論小屯地層〉云：「第十三次發掘的時候，在小屯發現了一個人馬合葬的小墓，他的位置是在Ｃ一一三，Ｍ一六四，它的現象是：『……其中一個人，一匹馬，……那個人架想係喂養馬犬的差役，武器和馬匹想係主人翁使用的。再就馬的裝飾、人的武器及其所有的環境來觀察，這匹馬似是供騎射的成份多，而供駕車的成份少，那麼這個現象或許是『戰馬獵犬』了。假設這個推測是可能的話，則中國騎射的習慣，不始於趙武效法胡人，而在殷代已經早有了。』」見《中國考古學報》第二冊（民國36年3月），頁22〜24，宋鎮豪由這些證據判斷商朝已有騎兵。宋之〈商代軍事制度研究〉，《陝西歷史博物館刊》第二輯（1995年6月），頁16〜17，云：「騎兵也是商代的一大兵種，……甲骨文中的『多馬』、『小多馬』、『多馬亞』等，蓋屬於騎兵之大小頭目。」

〔註105〕杜佑，《通典·卷一百四十九》（長沙：岳麓書社出版社，1995年11月1版），頁2006。

〔註106〕見顧准，〈馬蹬和封建主義——技術造就歷史嗎？譯文及評注〉，《顧准文集》（貴陽：貴州人民出版社，1994年9月1版），頁296〜297；德博諾編、蔣太培譯，《發明的故事·交通運輸·馬具》（北京：三聯書店，1986年12月第1版），頁35。

附圖一　騎兵圍獵攻戰圖

附圖二　騎兵馬上持戟殺敵圖

　　洛陽金村戰國銅鏡上之騎兵圖像。此鏡上之騎兵不是騎馬戰鬥，而
是正準備下馬步戰。〔註107〕孫臏時代之騎兵能否騎馬進行廝殺，恐

〔註107〕夏亨廉、林正同編，《漢代農業畫像磚石》（北京：中國農業出版社出版，1996
　　　　年5月第1版），頁94～95：仕君圍獵畫像石。袁仲一，《秦始皇兵馬俑研究》

怕至今仍是懸案。但若將馬匹作爲運輸工具，將騎士運至戰鬥地點，下馬步鬥，馬匹之作用如同今日之運兵車一樣，則毫無可疑，即使是下馬步戰之騎兵，其將時間、空間之限制減至最低，其效力仍較傳統步兵要強的多。孫臏之「險則多其騎」有可能是以騎兵在險地進行厮殺，亦有可能以騎兵分合爲變，尋機抵隙，衝到目的地後，下馬步戰，一舉克敵。孫臏在馬陵之戰中，即以「厄則多其弩」之陣式，「萬弩齊發」全殲魏之輕銳。

除八陣之外，《孫臏兵法・官一》敍及：

> 射戰以雲陣，……用輕以正散，攻兼用行城……襲國邑以水則辦……燊風振陣，所以乘疑……陳刃以錐形……疏削明旗，所以疑敵。……浮沮而翼，所以燧鬥也；簡練剽便，所以迎喙。

〈十陣〉篇敍及之十陣爲：「方、圓、疏、數、錐行、雁行、鉤行、玄襄、水、火。」

「攻兼用行城」、「襲國邑以水則辦」張震澤《孫臏兵法校理》敍之已詳，水、火二陣，《孫臏兵法》本文解釋詳盡，已無疑義，此處可以從略。

孫臏所謂之「射戰以雲陣」，其意與圍射有關。《六韜・鳥雲山兵》云：「所謂鳥雲者，鳥散而雲合，變化無窮者也。」雲指雲合包捲，只有這種圍而射之之方式，才最能發揮弓弩之殺傷力。

孫臏之「用輕以正散」意指對付潰散之敵兵，以輕銳加以追殲。孫臏以減灶法詐欺龐涓，使龐涓誤以爲齊軍怯，入魏地三日而士卒逃亡過半，「乃棄其步軍，與其輕銳，倍日兼行逐之。」〔註108〕樂毅聯合五國聯軍破齊後，「輕卒銳兵，長驅至國。」〔註109〕

孫臏之「陣刃以錐行」，其意恐與《六韜・軍用》之木螳螂扶胥類似。木螳螂扶胥之制是：「木螳螂扶胥，廣二丈，百二十具，一名行馬，平易地以步兵敗車騎。」

孫臏之「疏削明旗，所以疑敵。」在下編〈十陣〉有詳細解釋：

> 其甲寡而人之少也，是故堅之。武者在旌旗，是人者在兵，故必疏鉅間，多其旌旗羽旄，砥刃以爲旁。

（北京：文物出版社，1990年12月1版），頁127。其具體圖案，見（圖一）。

〔註108〕司馬遷，《史記・孫子吳起列傳》，頁736。

〔註109〕司馬遷，《史記・樂毅列傳》，頁846。

這種疏陣，可在歷史中找到根源，晉、齊平陰之戰，晉軍即以疏陣嚇退齊莊公。〔註110〕

「簡便劓便，所以迎喙」，可參看本章第四節，「四、篡卒」。

〈十陣〉之方陣在中國已有久遠之歷史，由出土之資料及文獻記載可知商、周之戰鬥隊形均爲方陣、矩陣。秦始皇兵馬俑所排之軍陣仍爲長形之矩陣。《國語‧吳語》詳細敘及吳王夫差之方陣。〔註111〕

但孫臏之「方陣」比春秋以前之方陣遠爲進步，《孫臏兵法》所敘之方陣是「薄中厚方」，可以較少兵力發揮同樣戰力。秦始皇兵馬俑之矩陣承襲的不是周代規整之矩陣，而是中有間隙的「厚方薄中」之矩陣。〔註112〕

圓陣至少春秋晚期已出現。《孫子‧勢篇》云：「混混沌沌，形圓而不可敗。」而《六韜‧奇兵》則云：「四分五裂者，所以擊圓破方也。」戰國時之《吳子‧治兵》論及兵之操練有「圓而方之」。直至漢代，圓陳仍用之於戰爭之中。如衛青伐匈奴：「適值大將軍軍出塞千餘里，見單于兵陳而待，於是大將軍令武剛車自環爲營。」〔註113〕

〈十陣〉之疏、數之陣均有其利，亦有其弊。如何做到只蒙其利，而免其弊，是古之軍將不斷探討之問題。疏陣靈活機變，尋機抵隙攻擊敵軍，在晉楚城濮之戰，晉人即以疏陣（晉軍共有胥臣、欒枝、原軫、郤溱、狐毛、狐偃六個戰鬥群）攻敗楚之三軍。〔註114〕鄢陵之戰，晉軍仍是以上、中、下、新四軍共同攻敗楚之三軍。〔註115〕疏陣之弊則是分而不能合，易爲敵軍各個

〔註110〕《左傳‧襄公十八年》云：「晉侯登巫山以望晉師。晉人使司馬斥山澤之險，雖所不至，必旆而疏陳之。使乘車者，左實右僞，以旆先，輿曳柴而從之，齊侯見之，畏其眾也，乃脫歸。」

〔註111〕《國語‧吳語》云：「吳王昏乃戒，令秣馬食士。夜中，乃令服兵甲，係馬舌，出火灶，陳士卒百人，以爲徹行百行。行頭皆官師，擁鐸供稽，建胡肥，奉文犀之渠。十行一大夫，建旌提鼓，挾經秉枹。十旌一將軍，建常建鼓，挾經秉枹。萬人以爲方陣，皆白裳、白旌、素甲、白羽之矰，望之如荼。王親秉鉞，戴白旗以中陣而立。左軍亦如之，皆赤裳、赤旗、丹甲、朱羽之矰，望之如火。右軍亦如之，皆玄裳、玄旗、黑甲、烏羽之矰，望之如墨，爲帶甲三萬，以勢攻，雞鳴乃定。既陳，去晉軍一里。昧明，王乃秉枹，親就鳴鐘鼓、丁寧、錞于振鐸，勇怯盡應，三軍皆譁釦以振旅，其聲動天地。」

〔註112〕見王學理〈秦俑一號坑武士俑、車馬排列示意圖〉，《秦俑專題研究》（西安：三秦出版社，1994年6月第1版），頁7。

〔註113〕司馬遷，《史記‧衛將軍驃騎列傳》，頁1054。

〔註114〕《左傳‧僖公二十八年》。

〔註115〕《左傳‧成公十六年》。

擊破。《史記・黥布列傳》即云：

> （黥布）渡淮擊楚。楚王發兵與戰徐僮間，爲三軍，欲以相救。或
> 說楚將曰：「布善用兵，民素畏之。且兵法諸侯戰其地爲散地，今別
> 爲三，彼敗吾一軍，餘皆走，安能相救。」不聽，布果破其一軍，
> 其二軍散走。

　　孫臏〈十陣〉亦明言疏陣之機動莫測之特性：「或進或退，或擊或須，或
與之征，或要其衰，然則疏可以取銳矣。」數陣有不易敗之特色，能對付敵
人之全力進攻。但其缺點是運轉不靈，不能捕捉住戰機。西漢田祿伯即云：「兵
屯聚而西，無它奇道，難以就功。」〔註116〕錐行之陣是以縱隊戰法克敵制勝。
拿破崙天才表現之一即是創設縱隊戰法，〔註117〕這種錐行之陣在歷史上找不
到前例，是否孫臏所獨創、發明，則不得而知，但戰國時代略後孫臏之趙奢
亦有同樣之見解。〔註118〕秦始皇兵馬俑之大軍陣雖是矩陣，但橫面不廣，縱
面極深，頗與孫臏所述之錐行之陣有類似之處。〔註119〕

　　雁行之陣不時見之於歷史，古人對雁形之陣，絕不陌生。如《墨子》即
敘及「商湯伐桀，以車九兩、鳥陣雁行，而擒夏桀。」〔註120〕是雁行之陣，
三代即已出現。藍永蔚並認爲雁行之陣與春秋時代之角有關。追擊時，一個
雙車編組展開後，從左右兩側接敵，這便構成了角的隊形，並舉邲之戰，晉
軍追擊楚將樂伯之角爲例。藍永蔚云：

> 樂伯抗擊追兵要向左右兩個方向射擊，說明晉軍追擊隊形不是從正
> 後方直追，而是展開雁翅形，從左右兩側包抄接敵的。而從《左傳》
> 文意更不難看出，當時實施追擊的只是一個雙車編組，並不是大編
> 隊的戰車，否則樂伯是不可能這樣輕易擺脫追擊之敵的。〔註121〕

詳析《左傳》此段敘述，藍永蔚幾乎每句皆錯，晉軍追擊者尚有後路直追之

〔註116〕司馬遷，《史記・吳王濞列傳》，頁1011。

〔註117〕中國大百科全書編輯委員會《軍事》編輯委員會，《中國大百科全書軍事二
　　　　II・拿破崙》（北京：中國大百科全書出版社，1989年6月1版），頁782；
　　　　洛托資基著，蔣佣澄等譯，《戰爭史和軍事學術史》（上海：戰士出版社，1980
　　　　年12月1版），頁36。

〔註118〕劉向輯，《戰國策・趙三・趙惠文王三十年》，頁677～678。

〔註119〕可參看〔註112〕。

〔註120〕《墨子・明鬼下》（孫詒讓閒詁本）（臺北：世界書局，民國6年7月新版）。

〔註121〕藍永蔚，《春秋時代的步兵》（臺北：木鐸出版社，民國67年4月初版），頁
　　　　271。

鮑癸。藍文云追擊之晉軍只是雙車編組，與樂伯射至「矢一而已」，絕對不合。樂伯是大量殺傷左右角之後，才迫得角不能進。

　　《孫臏兵法》敘及勾行之陣，張震澤認為見之於越王勾踐伐吳之戰。〔註122〕我卻懷疑越王勾踐之左右勾卒來之於楚。越王勾踐之謀主范蠡為楚人，而楚有牽鉤之戲，其效用幾與笠澤之戰之戰果完全一致：

　　　　隋書志：「楚又有牽鉤之戲，云從講武所出。楚將伐吳以為教戰。流

　　　　遷不改，習以相傳。鉤初發動，皆有鼓節，群噪歌謠，振驚遠近。

　　　　俗云：以此厭致豐穰。」〔註123〕

　　玄襄之陣似亦為一疑敵之陣，其效用似與疏陣類似。火陣與田獵有關，上文「孫子思想淵源」中述之已詳。水陣是談水戰之法。《孫臏‧十問》中又有「延陣以橫」，有橫陣，這是中國人所最熟悉的一字長蛇陣，其優點是利於側擊、包圍敵人，其缺點是因為橫向延長，縱深不深，易為敵人攻破切斷。《孫子‧九地》敘及常山之蛇率然，亦頗有一字長蛇陣之意味。〈十問〉中另有箕形之陣。

　　孫臏所論陣式之中，最令學者困惑不解者為浮沮陣。浮沮之陣不但見之於《孫臏兵法》，亦且見之於李善注《文選‧勒石燕然山銘》、《上孫家寨漢晉墓》墓中之西漢竹簡。〔註124〕尤其西漢墓葬出土之竹簡證明了李善八陣之講法確有所本。而藍永蔚《春秋時代的步兵》認為根本沒有八種陣形之八陣，實際之陣形只是方、圓、曲、直、銳五種。〔註125〕藍永蔚的說法在新出土之竹簡記載衝擊之下，其有關八陣之論點可謂全盤皆錯。李善所述之八陣為「方、圓、牝、牡、衝、輪、浮沮、雁行」。〔註126〕

　　方、圓、雁行前面敘之已詳。牝陣似即曲陣，或《孫臏兵法‧十問》之

〔註122〕《左傳‧哀公十七年》云：「三月，越子伐吳，吳子禦之笠澤，夾水而陣。越
　　　　子為左右勾卒，使夜或左或右，鼓譟而進，吳師分禦之，越子以三軍潛涉，
　　　　當吳中軍而鼓，吳師大亂，遂敗之。」

〔註123〕董說，《七國考‧卷十四‧楚瑣徵》（臺北：世界書局，民國62年4月三版），
　　　　頁402。

〔註124〕青海省文物考古研究所，《上孫家寨漢晉墓》（北京文物出版社，1993年12
　　　　月1版），頁187，木簡編號九七，云「□為浮沮之法一校□」。

〔註125〕藍永蔚，《春秋時代的步兵》，頁224、246、247。

〔註126〕班固，〈封燕然山銘〉：「勒以八陣，蒞以威神。」李善注云：「雜兵書，八陣
　　　　者，一曰方陣，二曰圓陣，三曰牝陣，四曰牡陣，五曰衝陣，六曰輪陣，七
　　　　曰浮沮陣，八曰雁行陣。」見《文選李善注》卷五十六（臺北：藝文印書館，
　　　　民國80年12月十二版），頁784。

箕形之陣；牡陣應與錐形之陣類似。衝陣疑即是諸葛亮之連衝之陣。陳壽稱
「（亮）推演兵法，作八陣圖。」〔註127〕諸葛亮與古之八陣實有密切關係。《北
堂書鈔》引《諸葛集》云：

> 連衝之陣，以狹而厚，令騎不得與相離遠，敵以來進，鹿角兵悉卻
> 在連衝後。敵已附，鹿角兵但得進踞，以矛戟次之，不得起住，起
> 住防弩壞。〔註128〕

八陣之中只有輪陣缺乏材料可供比較研究。而古書提及浮沮陣之處不少，經
由歸納分析可以判明浮沮陣之眞相。

《銀雀山漢墓竹簡〔壹〕・孫臏兵法・官一》註「浮沮而翼」，云：

> 浮沮，陣名，《太白陰經》卷六「陣圖總序」：「黃帝設八陣之形，飛
> 翼浮沮，巽虛也。……《武經總要》前集卷八裴子法（裴子指唐裴
> 緒）罘置有陣圖，下云：「昔太公三才之人陣，一曰飛翼陣，於卦屬
> 宮，則孫子罘置之陣，吳起之卦陣，諸葛亮之名虎翼，以其游騎兩
> 傍而舒翼也。」案浮、罘音近，「沮」、「置」並從且得聲；《太白陰
> 經》謂飛翼浮沮屬巽，「裴子法」之罘置爲飛翼之別名，簡文亦云「浮
> 沮而翼」可證浮沮陣即罘置陣。「裴子法」又曾論及罘置之陣形，錄
> 之以供參考：「罘置在首尾，虛在兩旁，其勢不堅。」又：「罘置前
> 後橫，中央縱，便於絕延斜，利於相救，且戰且息。」〔註129〕

整段註解，不知所云，且亦無法解釋下句之「所以隧鬥。」浮沮即使是罘置，
罘置爲何種陣勢，我們還是一無所知。裴緒身處唐代，論及戰國、漢代之制，
沒有確實依據，實在可疑。

浮沮陣用之於山險隧道之處。諸葛亮鑽研八陣，而又長於山險隧鬥，斬
王雙，射殺張郃，均在撤軍之山險隧路之中。西晉樹機能利用險阻作亂，負
隅頑抗。馬隆居然能在極短時間將亂事完全討平，當時人目之爲奇蹟。馬隆
的戰法是：

> 隆於是西度溫水。虜樹機能等以眾萬計，或乘險以遏隆前，或設伏
> 以截。隆依八陣圖，作偏箱車，地廣則爲鹿角車營，路狹則爲木屋，

〔註127〕陳壽，《三國志・蜀書・諸葛亮傳》（點校本），頁927。

〔註128〕汪宗沂，《武侯八陣兵法輯略》（漸西村舍叢刊本）（臺北：藝文印書館影印《百
部叢書集成》），頁5下。

〔註129〕銀雀山漢墓竹簡整理小組，《銀雀山漢墓竹簡〔壹〕・孫臏兵法・官一〔註
22〕》，頁70。

施於車上，且戰且前，弓矢所及，應弦而倒，奇謀間發，出敵不意。
　〔註 130〕

是八陣法中有便於山險隧道之戰法，此種戰法實以便於各種地形作戰且有堅強防衛之戰具為其主體。諸葛亮在隧道山險作戰亦是用戰車克敵制勝。如《北堂書鈔》引《諸葛集‧賊騎來教》，云：

若賊騎來自，徒行以戰者，陟嶺不便，宜以車蒙陣而戰。地峽者以
鋸齒而待之。〔註 131〕

鋸齒即與鹿角類似之拒敵戰具。馬隆在山險隧道之利用特殊車輛之戰法與諸葛亮如出一轍，馬隆明言此種戰法即是依八陣圖而來，此種陣法應是八陣戰法之一。而八陣戰法中無法確知其大概內容者僅只輪陣與浮沮陣。此種車戰之法究竟是輪陣抑或是浮沮陣？由《孫臏兵法‧官一》所云：「浮沮而翼，所以逐鬥」來看，此種在山險隧道作戰之車戰陣勢即是浮沮陣。而此種浮沮陣，實為《六韜‧軍用》之扶胥陣，浮沮即扶胥。《六韜‧軍用》，云：

……太公曰：「凡用兵之大數，將甲士萬人，法用武衝大扶胥三十六乘，材士強弩矛戟為翼，一車二十四人推之，以八尺車輪，車上立旗鼓，兵法謂之震駭，陷堅陣，敗強敵。武翼大櫓矛戟扶胥七十二具，材士強弩矛戟為翼，以五尺車輪，絞車連弩自副，陷堅陣，敗強敵。提翼小櫓扶胥一百四十具，絞車連弩自副，以鹿車輪，陷堅陣，敗強敵。……大扶胥衝車三十六乘，螳螂武士共載，可以縱擊橫，可以敗敵輜車騎寇，一名電車，兵法謂之電擊，陷堅陣，敗步騎，寇夜來。……」

《六韜‧分險》說明扶胥陣在險地作戰之作用就更加明白：

武王問太公曰：「引兵深入諸侯之地，與敵人相遇於險阨之中，吾左山而右水，敵右山而左水，與我分險相拒，各欲以守則固，以戰則勝，為之奈何？」太公曰：「處山之左，急備山之右，處山之右，急備山之左。險有大水無舟楫者，以天潢濟。吾三軍已濟者，亟廣吾道，以便戰所。以武衝為前後，列其強弩，令行陣皆固，衢道谷口，以武衝絕之，高置旌旗，是謂車城。凡險戰之法，以武衝為前，大

〔註 130〕房玄齡，《晉書‧卷五七‧馬隆》（臺北：鼎文書局，民國 76 年 4 月二版），
　　　　頁 1555。
〔註 131〕汪宗沂，《武侯八陣兵法輯略》，頁 5 下。

櫓爲衛，材士強弩，翼吾左右。三千人爲屯，必置衝陣，便兵所處，左軍以左，右軍以右，中軍以中，並攻而前。已戰者還歸屯所，更戰更息，必勝乃已。」武王曰：「善哉！」

文中所謂之「武衝」爲「武衝扶胥」之簡稱。

這種適於險地狹路作戰之兵車何以名之爲扶胥？孫詒讓有細密之考證：

鄭玄註《周禮‧司戈盾》之「及舍，設藩盾，行則斂之。」云：「舍，止也，藩盾，盾可以藩衛者，如今之扶蘇與？」孫詒讓疏云：「……此藩盾，亦謂以大盾，爲屏藩助衛守也。《六韜‧分險篇》云：『凡險戰之法，以武衝爲前，大櫓爲衛，云如今之扶蘇與者。』《六韜‧軍用篇》有武衝大扶胥三十六乘，武翼大櫓矛戟扶胥七十二具，提翼小櫓一百四十六具，大黃三連弩大扶胥三十六乘，大扶胥衛車三十六乘，矛戟扶胥輕車一百六十乘。舊注云：扶胥車上之蔽。惠士奇云：蘇與胥古文通，故扶蘇一作扶胥，蓋秦漢間語周之藩盾也。建之乘車，以蔽左右，軍旅會同，前後拒守，在車兩藩，故曰藩盾。止則設焉，嚴其守也，行者斂焉，利其行也。王之乘車則然。若凡兵車，雖行亦設之。掌舍注謂險阻之處，王行止宿，次車爲藩，以備非常。然則設車營，建藩盾，掌舍設之，司戈盾建焉。案惠謂扶蘇即扶胥，是也。其謂藩盾設於掌舍之車宮，以在車藩得名，雖非鄭義，然與《六韜》合。《周書‧大明武篇》云，輕車翼衛，在戎之二方，亦即《六韜》武衝武翼扶胥及輕車之制。是扶胥實設於兵車。惠說亦得備一義。」〔註132〕

爲了使陣形嚴整、三軍用命，孫臏治軍仍主重將、重令、信賞必罰，以徽幟整飾部伍。在重將方面：如〈將德〉之「……而不御，君令不入軍門，將軍之恒也。……入軍……將不兩生，軍不兩存，將軍之……」（此與《尉繚子‧攻權》之「夫民無兩畏也，畏我侮敵，畏敵侮我，見侮者敗，立威者勝。」完全同一意義。）〈篡卒〉之「恆勝有五：得主專制，勝；……」在重令方面：如〈將失〉之「四曰：令不行，眾不一，可敗也。……十八曰：令數變，眾偷，可敗。……」〈殺士〉：「必勝乃戰，毋令人知之。」〈威王問〉之「田忌曰：行陣已定，動而令士必聽，奈何？孫子曰：嚴而示之利。」在信賞必罰

〔註132〕孫詒讓，《周禮正義‧卷六一》（京都：中文出版社，1980年12月出版），頁1681。

方面：如〈將德〉之「賞不逾日，罰不還面。」〈威王問〉之「威王曰，令民素聽，奈何？孫子曰：素信。」在以徽幟作戰方面：如〈官一〉之「……賤令以采章……」〈略甲〉之「……以國章，欲戰若狂。」有關以徽幟整軍、重令、重將之實際內容，可參看第四章之「尉繚思想源出職官」一節。

　　孫臏治兵之嚴完全達到形名合一之效果，戰國末年魯仲連仍留有深刻印象，其勸燕聊城守將投降書云：「食人炊骨，士無反北之心，是孫臏、吳起之兵也。」〔註133〕

二、孫臏之兵勢思想淵源

　　名列兵形勢家之尉繚，其思想核心為形，而非勢。《呂氏春秋・不二》論及孫臏是「孫臏貴勢」，而孫臏貴勢之層次，達到與老耽貴柔、孔子貴仁、墨翟貴兼、關尹貴清、子列子貴虛、陳駢貴齊、陽生貴己、王廖貴先、兒良貴後相提並論之地步。是孫臏雖在藝文志中名列兵權謀家，而其思想實以「勢」為其核心。

　　但勢為何物，是至今仍未釐清的一個思想上之問題。不但兵家有重勢、貴勢之思想，法家亦以貴勢、重勢為其核心理論之一。但各家（如楊寬、馮友蘭、勞思光等）論及重勢，不但不能觸及勢之核心，反而讓人有不知所云之感。胡適博士則聰明得多，在其《中國古代哲學史》中對勢即隻字未提。法家治術對中國傳統政治有極大之影響力，對法家思想之研究，代不乏人，而法家三大主要理論之一──重勢，學者對其實際意義如此陌生，實在令人震驚。冷落了二千年之兵家，其重勢理論因此而更形晦暗，是可想而知之事。

　　法家之重勢與兵家之重勢，其意旨實可相通。藉由比較研究之助，我們可以對兵家之重勢理論有深一層的認識。

　　法家之勢治理論實源自三代，至少勢治理論在周代即已完成。周人綱紀天下之道，實與勢治有密切之關係。

　　周人綱紀天下，令嚴政行，首先確立一體之制，整個政治態勢是本大末小，政治運作如人之一身，身心使四肢，四肢使指一樣指揮如意，臣下無法違抗君上之意。《管子・七法》云：「有一體之治，故能出號令，明憲法矣。」《禮記・王制》對這種內重外輕之有效統治形勢有具體扼要之說明，如：

〔註133〕劉向輯錄，《戰國策・齊策六・燕攻齊取七十餘城》（點校本），頁452。

> 天子田方千里，公侯田方百里，伯七十里，子男五十里。……天子：
> 三公，九卿，二十七大夫。大國：三卿……小國：二卿……天子七
> 廟，三昭三穆，與太祖之廟而七。諸侯五廟……〔註134〕

《周禮·夏官，大司馬》云：「凡制軍，大國三軍，次國二軍，小國一軍。」
秦蕙田引《左傳·莊公十六年》：「王使虢公命曲沃伯以一軍爲諸侯。」《左傳·
閔公元年》：「晉侯作二軍，公將上軍，太子申生將下軍。」《左傳·襄公十四
年》：「晉侯舍新軍，禮也。成國不過半天子之軍。周爲六軍，諸侯之大者，
三軍可也。」以證周禮天子六軍之說。並云：「蕙田案，以上三條皆春秋邦國
之軍近於周禮者，故列於此。」〔註135〕周天子之軍力超過任何兩個大國軍力
之總和，周天子因而能居於壓倒性的優勢，能有效掌控整個局勢，敉平各地
叛亂，諸侯不敢僭禮或有非分之想。大英日不落帝國霸權維持了兩百年。英
國之霸權與其艦隊噸數息息相關，噸數過大，則國力不堪負荷，太少則無法
掌控全局。艦隊噸數如何達到最精密的平衡點，英國人之方法與周政如出一
轍，其艦隊噸數維持在英國除外任何兩個最大海權國噸數之總和。〔註136〕

宮城規模亦有定制。《逸周書·作雒》云：

> 周公敬念于後，曰：「予畏周室不延俾中天下，乃將致政，乃作大邑
> 成周于土中，立城方千七百二十丈，方七十里，南繫于雒水，北因
> 于郟山，以爲天下之大湊。制郊甸方六百里，因西土爲方千里，分
> 以百縣。縣有四郡，郡有四鄙，大縣立城方王城三之一，小縣立城
> 方王城九之一，都鄙不過百室，以便野事。……」

春秋時代魯國師服曰：

> 吾聞國家之立也，本大而末小，是以能固，故天子建國，諸侯立家，
> 卿置側室，大夫有貳宗，士有隸子弟，庶人工商，各有分親，皆有
> 等衰。是以民服其上，而下無覬覦。〔註137〕

《呂氏春秋·愼勢》，云：

〔註134〕《禮記·卷四·王制第五》（鄭玄注本）（臺北：新興書局，87年10月版），
頁1上～8下。

〔註135〕秦蕙田，《五禮通考·卷二百三十五·軍禮三·軍制》（臺北：聖環圖書公司，
民國83年5月1版）。

〔註136〕蔡鍔〈軍國民篇·近世列國之軍備〉，云：「英相哈彌董曰：英國之海軍，須
常保有匹敵二國（歐洲諸國之中）聯合艦隊之勢力，多糜國帑，所不願也。」
見《蔡鍔集》（長沙：湖南人民出版社，1983年1月1版），頁35。

〔註137〕《左傳·桓公二年》。

權鈞則不能相使，勢等則不能相并，治亂齊則不能相正也。故小大
輕重少多治亂不可不察。此禍福之門也。……故觀於上世，其封建
眾者其福長，其名彰，神農十七世有天下，與天下化也。王者之封
建也，彌近彌大，彌遠彌小。海上有十里之諸侯，以大使小，以重
使輕，以眾使寡，此王者之所以家以完也。……故以大畜小吉，以
小畜大滅，以重使輕從，以輕使重凶。自此觀之，夫欲定一世安黔
首之命，功名著乎盤盂，銘篆著乎壺鑑，其勢不厭尊，其實不厭多。
多實勢尊，賢士制之。……位尊者其敬受，威立者其姦止，此畜人
之道也。故以萬乘令乎千乘易，以千乘令乎一家易，以一家令乎一
人易。……故先王之法，立天子，不使諸侯擬焉；立諸侯，不使大
夫擬焉；立適子，不使庶孽擬焉。……

韓非子曰：

數披其木，無使木枝外拒。木枝外拒，將逼主處。數披其木，毋使
枝大本小。枝大本小，將不勝春風，枝將害心。〔註138〕

賈誼認爲天下長治久安之大勢是：

令海內之勢如身之使臂，臂之使指，莫不制從，諸侯之君不敢有異
心，輻湊並進而歸命于天子。〔註139〕

爲了重勢，故君一臣百，君主處於權力綜合之樞紐位置，而下設百官。《呂
氏春秋‧不二》云：「一則治，異則亂。」《呂氏春秋‧勢一》云：「王者執一，
而萬物正，軍必有將，所以一之也。」百官因爲權分，完全無法與君權抗衡。
爲了避免發生權力下移，絕對防止兼官現象。葵丘之盟主旨是「一明天子之
禁」，以維持現有封建秩序爲目的，其盟辭即有「官事無攝」，〔註140〕這是爲
了防止出現政治上之「莫奈何」。〔註141〕大臣權力集中，或發生兼官現象，君
主即對之莫可奈何。孟德斯鳩《法意》認爲防止獨裁之法，只有分權（三權
分立）。大臣權分，君主則有能力控制群臣。法家論勢，主張設官分職之另一
原因，是分職之後，百官優劣判然分明，韓非子以南郭吹竽說明此種情況。
而因爲分，群臣不得不盡忠職守，提高行政效率，百官以分之加強行政效率

〔註138〕《韓非子‧揚權》（王先謙集釋本），頁35。
〔註139〕班固，《漢書‧卷四十八‧賈誼傳》，頁2237。
〔註140〕《孟子‧告子下》（焦循正義本），頁497。
〔註141〕中國民間過去傳說，富家大戶爲了防止財富被偷，將家藏所有黃金幾千斤、
　　　　萬斤融鑄爲一，放在院內，盜匪看得垂涎欲滴，但根本無法移動分毫。

就如同亞當斯密《原富》所論及之分工合作提高生產完全如出一轍。《呂氏春秋・審分覽》，云：

> 今以衆地者，公作則遲，有所匿其力也，分地則速，無所匿遲。……
> 王良之所以使馬者，約審之以控其轡，而四馬莫敢不盡心。有道之
> 主其所以使群臣者，亦有轡。其轡何如？正名審，是治之轡也。

國君重勢除了凝聚自己力量，使自己權尊勢貴之外，還須借勢、乘勢、利用勢（處於最有利之時空位置），達到出力最少而收效最宏之效果。《呂氏春秋・審分覽》云：

> 凡爲善難，任善易。悉以知之，人與驥乘勢俱走，則人不勝驥矣。
> 居於車上而任驥，則驥不勝人矣。人主好治人官之勢，則是與驥俱
> 走。

魯仲連之論勢，即是處於最有利之時空位置，用力小而收效宏，能有效掌控一切：

> 魯連先生見孟嘗君於杏唐之門，孟嘗君曰：「吾聞先生有勢數，可得
> 聞乎？」連曰：「勢數者，譬若門關。舉之而便，則可以一指持中，
> 而舉之非便，則兩手不關。非益加重，兩手非加罷也，彼所起者非
> 舉勢也。彼可舉然後舉之，所謂勢數。」〔註142〕

國君勢位建立在君暗臣明之基礎上。國君對臣下要無所不知，臣下對君主則一無所知，這樣國君才能「無爲於上，群臣竦懼乎下。」韓非子、黃帝均認爲君、臣是對立的，上下一日百戰。國君以無所不見之明察控制臣下，而君主本身卻要使群臣莫測高深，一無所知，完全無法窺伺，或投其所好。《呂氏春秋・君守》云：

> 君名孤寡而不可障壅，此則姦邪之情得，而險陂讒匿諂諛巧佞之人
> 無由入。

莊子批評重勢之愼到是：

> 棄智去己，而緣不得已，泠汰萬物以爲道理。……豪傑相與笑之曰：
> 「愼到之道，非生人之行，而至死人之理。」〔註143〕

周天子爲對臣下無所不知，故周制有世卿之制。《禮記・王制》云：

〔註142〕阮廷焯，《先秦諸子考佚・五魯連子考佚》（臺北：鼎文書局，民國 69 年 3 月 1 版），頁 89。
〔註143〕《南華眞經・卷十・天下第三十三》，頁 19 下，20 上。

> 大國：三卿，皆命于天子。……次國：三卿，二卿命于天子，一卿
> 命于君。……

除了以命卿幫助天子監視諸侯國之外，另外派有史官，監視君王有無違禮逾制之情形，隨時秉筆直書匯報中央。天子並且與異姓諸侯國之間維持密切之婚姻關係，此舉明著是為了加強彼此之聯繫，暗中則加強監視。封建諸侯之一舉一動都在密切監視之中，封建諸侯自以安份守己者居多。魯仲連義不帝秦理由之一是：

> 彼將使其子女讒妾為諸侯妃姬，處梁王之宮，梁王安得晏然而已乎！
> 而將軍又何以得故寵乎！〔註144〕

天子為提高自己之尊嚴勢位，且不時出奇制勝，行不側之恩威，使臣下時時悚慄恐懼。不時出巡，下令臣下定期朝拜，以鎮撫各地之諸侯。在這種多管齊下重勢措施之下，諸侯當然俯首聽命，不敢逾越禮制。及至驪山之禍一發，王畿千里縮為百里，天子已無法湊足三軍，周天子聲勢掃地以盡，立時出現之局面是「弒君三十六，逐君一十二。」「南夷與北狄交，中國不絕如線。」

這種勢治理論充分發揮效用之後，人民最後的一絲一毫力量、自由都將被剝削殆盡，人不復再有本真、人性，每一個人如牛穿鼻、馬絡首一樣遵循聖人之規矩法度亦步亦趨，故莊子、許行、陳駢主張齊物，萬物齊一看待，眾生平等，返璞歸真，回歸自然。法家、儒家、兵家承襲三代治術，恰與莊子等人看法相反，一昧講求勢治，講求禮樂教化、講求有「治人者」、「治于人者」，講求人群有分，分定則治，主張設官分職。

政治上之重勢是本大末小，層層節制，以大勝小，以合制分，借勢、乘勢、以無制有、以暗制明，使自己能有凌駕一切之控制形勢，且在意想不到之時地行出奇制勝之不測恩威。

重勢既為《孫臏兵法》之主要內容，孫臏兵法是否仍以這些要點為其主要內容？

《漢書‧藝文志》論兵形勢家之特點是：

> 雷動風舉，後發而先至，離合背向，變化無常，以輕疾制敵者也。

此實以勢立說，是兵勢之主要特點，其所謂之「雷動風舉，後發而先至」、「輕疾制敵」實與出奇制勝意思一致。而離合背鄉亦就分合為說，此段形容與政

〔註144〕司馬遷，《史記‧魯仲連鄒陽傳》，頁861。

治上重勢之主要思想亦無不合。

在一體之治、本大末小、層層節制方面：

孫臏之〈將義〉論及義、仁、德、治、信、決之輕重關係是：

> 故義者，兵之首也。……故仁者，兵之腹也。……故德者，兵之手也。……故信者，兵之足也。……故決者，兵之尾也。……

〈官一〉云：「立官則以身宜。」實亦就勢立說。但各家解者均不得其正解。張震澤釋之爲「此句意謂根據人身條件所宜，以建立軍隊之官能。」〔註145〕李京釋之爲「設立官職就要使用自身稱職的人擔任。」〔註146〕劉心健之解釋與李京類似。〔註147〕銀雀山漢墓竹簡整理小組對此缺而不註。此句實際意義是以人之一身爲立官之準則，其意與《尉繚子・攻權》之「將帥者，心也；群下者，支節也。」《管子・七法》之「有一體之治，故能出號令，明憲法矣。」符同。若是出現賈誼〈陳政事疏〉所謂之「一脛之大幾如要，一指之大幾如股。」現象則是可爲流涕之事，這種現象即不合勢治之理論。以一身而論，一指之重要性不如一肢，一肢之重要性，不如心身。故孫臏行軍作戰，主張抓住要點，制人而不制於人。主張「攻心爲上。」〔註148〕孫臏在桂陵之戰亦是以攻心之策，直搗魏國心臟大梁，反客爲主，以逸待勞，大敗魏軍。〔註149〕

在以大勝小，以合制分方面：

〈積疏〉全篇純就勢立論，「以積勝疏，盈勝虛，徑勝行，疾勝徐，眾勝寡，佚勝勞。……」在我合敵分方面，孫臏在馬陵之戰中，以減灶之計，誘使龐涓棄其步軍以輕銳逐利，而孫臏指揮齊軍向心退至馬陵道，以齊軍之合，利用險地，全殲魏軍一分爲二之輕銳，再以全力擊敗殘餘之魏國步軍。〔註150〕《孫臏兵法・十問》中擊圓之法亦是以合擊分：

> 敵人圓陣以胥，因以爲固，擊之奈何？曰：擊此者，三軍之眾，分而爲四五，或傅而佯北，而示之懼。彼見我懼；則遂分而不顧。因以亂毀其固。駟鼓同舉，五遂俱傅。五遂俱至，三軍同利。此擊圓

〔註145〕張震澤，《孫臏兵法校理》，頁102。
〔註146〕李京，《齊孫子兵法解》，頁204。
〔註147〕劉心健，《孫臏兵法新編註譯》，頁84。
〔註148〕杜佑，《通典・卷一百六十一・兵十四》云：「戰國齊將孫臏謂齊王曰：『凡伐國之道，攻心爲上，務先服其心。今秦之所恃爲心者，燕、趙之權。今說燕趙之君，勿虛言空辭，必將以實利以回其心，所謂攻其心也。』」
〔註149〕司馬遷，《史記・孫子吳起列傳》，頁736。
〔註150〕司馬遷，《史記・孫子吳起列傳》，頁736。

之道也。

孫臏敘及擊方之要點亦是「規而離之。」孫臏論及〈善者〉克敵制勝之道，亦是以分合爲變：

> 善者，敵人軍□人眾，能使分離而不相救也，受敵而不相知也。……
> 得天下能使離，三軍和能使柴。

《孫子・軍形》引兵法：「地生度，度生量，量生數，數生稱，稱生勝。」孫臏將其數字化。〈五度九奪〉云：

> 救者至，又重敗之。故兵之大數，五十里不相救也。況〔近者百里，
> 遠者〕數百里，此程兵之極也。

桂陵之戰誘使龐涓兼去舍而至桂陵，是超出五十里不相救之極限，故齊軍可將分割之敵徹底全殲。孫臏不但在行動上能使敵能分不能合，而且在心理上徹底瓦解敵人之戰志。如〈威王問〉：「擊窮寇奈何？孫子曰：……可以待生計矣。」

在乘勢、借勢、佔據有利之時空位置方面：

《孫臏兵法・客主人分》云：「主人安地撫勢以胥。」〈善者〉：「故善者制險量敵。」在馬陵之戰：

> 孫臏謂田忌曰：「彼三晉之兵，素悍勇而輕齊。齊號爲怯。善戰者因
> 其勢而利導之。兵法百里而趣利者蹶其上將，五十里而趣利者，軍
> 半至。」〔註151〕

以減灶之計，誘使龐涓陷入死地。

〈奇正〉篇認爲逆勢而戰非人情所能堪，故主順勢而戰，則可令行如流：

> 使民雖不利，進死而不旋踵，孟賁之所難也，而責之民，是使水逆
> 流也。故戰勢，勝者益之，敗者代之，饑者食之。故民見國人而未
> 見死，蹈白刃而不旋踵。故水行得其理，漂石折舟，用民得其性，
> 則令行如流。

迫於形勢，使人自爲戰。政治上重勢之分工，可以別賢愚善惡，發揮最大之行政效率。軍事上，〈威王問〉稱「勢者，所以令士必鬥。」以徽幟分別勇怯，一目瞭然，無人敢踰行而退。〈官一〉云：「賤令以采章」，即以徽幟整軍，使人人必戰。曹操註《孫子》：「陷之死地然後生」，引「孫臏曰：『兵恐不投之死地也。』」投兵死地，則人自爲戰，此亦是迫於形勢，士卒不得不出死力以

〔註151〕司馬遷，《史記・孫子吳起列傳》，頁736。

戰。〈殺士〉篇則說明士卒願爲爵祿、疾病之照顧、飲食、祖先墳塋、將領對士卒之尊重而捨生以戰。〈延氣〉云：

> 戰日有期，務在斷氣。……將軍令，令軍人人爲三日糧，國人家爲……
> 〔所以〕斷氣也。……

人人持三日糧，則戰勝則生，不勝則死，迫於這種嚴峻之形勢，部隊自然竭力以戰。項羽之救鉅鹿，即以此種方法振作楚軍士氣，司馬遷筆下的鉅鹿之戰寫的驚天動地：

> 持三日糧，以示士卒必死，無一還心。於是至則圍王離，與秦軍遇，九戰，絕其甬道，大破之，殺蘇角，虜王離，涉閒不降楚，自燒殺。當是時，楚兵冠諸侯。諸侯軍救鉅鹿下者十餘壁，莫敢縱兵。及楚擊秦，諸將皆從壁上觀楚戰。士無不一以當十，楚兵呼聲動天地，諸侯軍無不人人惴恐。於是已破秦軍，項羽召見諸侯將入轅門，無不膝行而前，莫敢仰視。項羽由是始爲諸侯上將軍。〔註152〕

《漢書・藝文志》兵形勢家中即有《項王一篇》。項羽作戰確以形勢克敵制勝。

在以無制有、以暗制明方面：

〈篡卒〉云：「不用間，不勝。」在用間上，孫臏並未多作發揮，其原因可能是孫武義理發揮已盡。〈奇正〉云：

> 故有形之徒，莫不可名，有名之徒，莫不可勝。……形以應形，正也，無形而制形，奇也。

在無法測知之情況下出奇制勝、使人莫測高深方面：

孫武論「勢」，云：「戰勢不過奇正。」〔註153〕是出奇制勝爲勢之主要內容之一。孫臏有專門論以奇用兵之〈奇正〉篇。孫臏之〈勢備〉篇亦就無聲無影之弩矢形容兵勢：

> 何以知弓弩之爲勢也？發于肩膺之間，殺人百步之外，不識其所道至，故曰，弓弩，勢也。

最能發揮兵勢之「雷動風舉，後人發，先人至，離合向背，變化無常，以輕疾制敵」之兵種，其爲騎兵。騎兵可將用兵以奇之理論發揮至淋漓盡緻之地步，孫臏本人亦對騎兵情有獨鍾，稱之爲離合之兵。《通典》錄有孫臏騎戰理論之專文：

〔註152〕司馬遷，《史記・項羽本紀》，頁 110。
〔註153〕見《孫子・勢》。

孫臏曰：用騎有十利。一曰，迎敵始至。二曰，乘敵虛背。三曰，追敵亂擊。四曰：迎敵擊後，使敵奔走。五曰，遮其糧食，絕其軍道。六曰，敗其津關，發其橋樑。七曰，掩其不備，卒擊其未整旅。八曰，攻其懈怠，出其不意。九曰，燒其積聚，虛其市里。十曰，掠其田野，係累其子弟。此十者，騎戰之利也。夫騎者，能離能合，能散能集，百里爲期，千里而赴，出入無間，故名離合之兵也。〔註154〕

　　建立了橫跨歐、亞、非三洲大帝國之亞歷山大，其軍事天才之表現即在以騎兵爲預備隊，以馬其頓之方陣配合機動性之騎兵，發揮了過去意想不到之戰力。〔註155〕孫臏之騎戰思想可與亞歷山大東西輝映。兩者提出騎戰之時間幾乎同時，亞歷山大騎兵的新戰術用於公元前三三四──三二四年。而孫臏指揮桂陵之戰和馬陵之戰時間換算西曆，分別是西元前三五三年，三四一年。

第七節　孫臏思想源出兵技巧家者

　　《漢書・藝文志》論及兵技巧家之特色是：「習手足，便器械，積機關，以立攻守之勝也。」名列《漢書・藝文志・兵技巧家》之專書，全部散佚無存。一度收在《七略・兵書略》名列兵技巧家之《墨子》，保留下比較豐富的內容。《墨子・備城門》以下二十篇確是以「便器械、積機關、以立攻守之勝。」爲其主要內容。若依此觀點來看，《孫子》中僅只〈火攻〉篇、《孫臏兵法》之〈火陣之法〉、〈水陣之法〉略具兵技巧家之內容外，其他所有篇章，均與兵技巧家之內容絕緣，絕對當不起《漢書・藝文志》對兵權謀家之「權謀者・以正守國，以奇用兵，先計而後戰，兼形勢、包陰陽，用技巧者也。」之形容。以致章學誠認爲《孫子十三篇》關於「形勢、陰陽、技巧，百不能得一矣。」〔註156〕

〔註154〕杜佑，《通典・卷一百四十九・兵二》，頁 2009。

〔註155〕帕諾夫著，李靜等譯，《戰爭藝術史》，頁 13，云：「多次會戰的分析表明：亞歷山大總是在軍隊的戰鬥隊形中央組成方陣，而根據戰鬥情況把騎兵和中等裝備的步兵組成的突擊集團配置在某一翼。他通常先從正面牽制著敵人，用突擊集團對敵軍主力的翼側和後方實施突擊，將他們擊潰，然後進行追擊，直到全殲敵人。」

〔註156〕章學誠，《章學誠遺書・卷十二・校讎通義・漢志兵書第十六之三》云：「八十二篇之僅存十三，非後人之刪削也。大抵文辭易傳而度數難久。即如同一兵書，而權謀之家，尚有存文。若形勢陰陽技巧三門，百不能得一矣。」

今出土之《孫臏兵法》其內容與《孫子兵法》類似，若依章氏之說，《孫臏兵法》亦不含兵技巧家之內容。

兵技巧家之著作，除《墨子》外，如《鮑子兵法》、《吳子胥》等全部失傳、散佚。

但地下出土之簡帛，不時出現有關兵技巧家之資料。如晉武帝太康年間出土之竹書即有「繳書二篇，論弋射法。」〔註157〕七〇年代出土之《馬王堆漢墓帛書·十大經》敘及：

> 黃帝身遇蚩尤而禽之。……剝其口革以爲干侯，使人射之，多中者賞。……充其胃以爲鞠，使人執之，多中者賞。〔註158〕

此段記載可補《漢書·藝文志·兵技巧家·蹴鞠》之不足。張舜徽對兵技巧家蹴鞠之看法是：

> 論者或高遠其所從來，謂爲創於黃帝，非也。〔註159〕

出土資料至少証明西漢人認爲蹴鞠出自黃帝，並說明此戲之來由。但出土之其他兵技家之資料還是太少，無法以大量材料比合而觀，瞭解《孫臏兵法》還包含了那些兵技巧家之內容。

兵技巧家著作中有所謂之《劍道》。王應麟云：

> 史記序孫吳傳云：非信廉仁勇，不能傳兵論劍，與道同符。〔註160〕

司馬遷將論劍、傳兵相提並論，足徵在司馬遷心中兩者完全相通。司馬遷之祖先「在趙者，以傳劍論顯」、在秦者「（司馬靳）與武安君阬趙長平軍」〔註161〕論劍之詳細內容因原書散佚，今已無由得其詳。但莊子中卻有〈說劍〉篇，雖是寓言，但爲使寓言故事活靈活現，其所敘述亦無法完全離開眞實。我們可由〈說劍〉篇大概瞭解古人論劍之方式。〈說劍〉云：

> ……王曰：「子之劍何能禁制。」曰：「臣之劍十步一人，千里不留行。」王大悅之，曰：「天下無敵矣。」莊子曰：「夫爲劍者，示之

〔註157〕房玄齡，《晉書·卷五十一·束晳》，頁1433。

〔註158〕馬王堆漢墓帛書整理小組，〈長沙馬王堆漢墓出土《老子》乙本卷前古佚書釋文〉，《文物》1974年10期，頁37。

〔註159〕張舜徽，《漢書藝文志通釋》，《二十五史三編，第三分冊》（長沙：岳麓書社，1994年12月1版），頁818。

〔註160〕王應麟，《漢書藝文志考證·卷八·兵技巧·劍道三十八篇》，收錄於《玉海》冊八《玉海別附十三種》中（臺北：華文書局，民國56年3月再版），頁16上。

〔註161〕司馬遷，《史記·太史公自序》，頁1198。

以虛，用之以利，後之以發，先之以至。願得試之。」……王曰：「今
日試使士敦劍。」莊子曰：「望之久矣。」王曰：「夫子所御杖，長
短何如？」，曰：「臣之所奉皆可，然臣有三劍，唯王所用，請先言
而後試。」王曰：「願聞三劍。」曰：「有天子劍，有諸侯劍，有庶
人劍。」王曰：「天子之劍，何如？」曰：「天子之劍，以燕谿石城
爲鋒，齊岱爲鍔，晉魏爲脊，周宋爲鐔，韓魏爲鋏，包以四夷，裹
以四時，繞以渤海，帶以常山，制以五行，論以刑德，開以陰陽，
持以春夏，行以秋冬。此劍直之無前，舉之無上，案之無下，運之
無旁，上決浮雲，下絕地紀，此劍一用，匡諸侯，天下服矣。此天
子之劍也。」……〔註162〕

其論劍之法是論及劍之每一部分（鋒、鍔、脊、鐔、鋏），並說明其用，
及其使用之法。若依此來看《孫臏兵法》，則《孫臏兵法》中並無類似兵技巧
家《劍道》之內容。但《孫臏兵法・勢備》《孫臏兵法・十陣》論及陣勢，均
以劍爲喻：

故無天兵者，自爲備，聖人之事也。黃帝作劍，以陣象也。……何
以知劍之爲陣也？旦暮服之，未必用也。故曰陣而不戰，劍之爲陣
也。劍無鋒，雖孟賁〔之勇〕不敢口口口。陣無鋒，非孟賁之勇敢
將而進者，不知兵之至也。劍無首鋌，雖巧士不能進口口。陣無後，
非巧士敢將而進者，不知兵之情者。故有鋒有後，相信不動，敵人
必走。無鋒無後，……券不道。（勢備）

錐行之陣，卑之若劍，莫不銳則不入，刃不薄則不剗，本不厚則不
可以列陣。是故末必銳，刃必薄，本必鴻。然則錐行之陣可以決絕
矣。（十陣）

以劍之結構，說明陣勢之結構，並說明其用途，陣式在戰場上之作用，如同
劍在搏戰中之作用。這是將論劍之道與用兵之道結合爲一，用以說明兵之形
勢。由此觀之，兵權謀家之兵技巧內容，實已與兵形勢融合爲一，形成形勢
之新內容。我們如果純就技巧內容去找孫武、孫臏之兵技巧內容，往往會像
章學誠一樣，一無所獲。

戰國時代以劍形容陣法之用者，非止孫臏一人。如在中國最早提出以會

〔註162〕《南華眞經・卷十・說劍第三十》，頁2上2下。

戰兵力解決戰爭之趙奢，即曾以劍說明兵勢：

> 馬服曰：「君非徒不達於兵也，又不明其時勢。夫吳干之劍，肉試則斷牛馬，金試則截盤匜，薄之柱上而擊之，則折爲三，質之石上而擊之，則碎爲百。今以三萬之眾而應強國之兵是薄柱擊石之類也。且夫吳干之建材，難夫毋脊之厚，而鋒不入，無脾之薄，而刃不斷。兼有是兩者，無鈎詹罕鐔蒙須之便，操其刃而刺，則未入而手斷。君無十餘、二十萬之眾，而爲此鈎罕鐔蒙須之便，而徒以三萬行於天下，君焉能乎？」……〔註163〕

孫臏除以劍喻陣勢之外，尙以弩矢喻兵勢。此種以弩矢喻勢，實始自孫武。《孫子·勢篇》云：「勢如彍弩，節如發機。」《孫臏兵法》在〈勢備〉、〈兵情〉中充份發揮孫武以弩喻勢之理論。〈勢備〉篇云：

> 羿作弓弩，以勢象之。……何以知弓弩之爲勢也？發於肩膺之間，殺人百步之外，不識其所道至，故曰：弓弩，勢也。

〈兵情〉篇同樣以弩弓說明兵勢。銀雀山漢墓整理小組認爲「此篇（〈兵情〉）字體與〈勢備〉篇相同，文章思路也近似，有可能就是〈勢備〉篇的後半。」〔註164〕〈兵情〉云：

> 孫子曰：若欲知兵之情，弩矢其法也。矢，卒也。弩，將也。發者，主也。矢，金在前，羽在後，故犀而善走。前……，今制卒則后重而前輕，陣之則辨，趣之敵則不聽，人治卒不法矢也。弩者，將也。弩張柄不正，偏強偏弱而不和，其兩洋之送矢也不壹，矢雖輕重得，前後適，猶不中〔招也〕……將之用心不和……得，猶不勝敵也。矢輕重得，前〔后〕敵，而弩張正，其送矢壹，發者非也，猶不中招也。卒輕重得，前……兵……猶不勝敵也。故曰：弩之中彀合于四，兵有功……將也，卒也，口也。故曰，兵勝敵也，不異于弩之中招也。此兵之道也。

趙使魏加亦以弋射之道，說明臨武君不可爲拒秦之將。〔註165〕

《孫臏兵法·陳忌問壘》敘及如何就現有材料構築臨時防禦工事，其中

〔註163〕劉向輯，《戰國策·趙三·趙惠文王三十年》（點校本），頁678。

〔註164〕銀雀山漢墓竹簡整理小組，《孫臏兵法·兵情》（北京：文物出版社，1975年2月1版），頁67。

〔註165〕劉向輯，《戰國策·楚四·天下合從》（點校本），頁571。

亦應包含有不少兵技巧家之內容。

第八節　孫臏思想源出兵陰陽家者

〈陳忌問壘〉中有一句話：「知孫氏之道者，必合於天地。」天、地代表的是時間、空間，是陰陽家主要探討和鑽研的主題。《漢書・藝文志》將《孫子兵法》、《孫臏兵法》均列入兵權謀家之中。兵權謀家爲兵家之雜家，「兼形勢、包陰陽、用技巧。」《孫子兵法》、《孫臏兵法》之部份思想確與陰陽家有關。孫臏承襲兵陰陽家之思想部份約可分爲三部份。

一、陰陽五行思想

《孫臏兵法・雄牝城》以雄、牝觀念區分難攻、易取之城。以亢山、大谷、環龜、付丘、生水、死水、沛澤等條件，與城之配合程度，判斷其爲可攻之牝城，或不可攻之雄城。此種相度城市外觀以決定城之吉凶之行爲模式，實與陰陽數術之形法家有關連。《漢書・藝文志》數術中即有形法家，形法家之特長即是相度宮宅、人、劍之外觀以判定其吉凶。

《孫臏兵法・地葆》完全以陰陽、五行、生死立說。《漢書・藝文志》論及兵陰陽家是：「順時而發，推刑德，隨斗擊，因五勝，假鬼神而爲助者也。」〈地葆〉篇之理論建立在五行相勝的基礎上。《孫子・虛實》言及「兵形象水」，在五行之中能克水者爲土，故古之兵陰陽家作戰主「水」、「土」合德，以克敵制勝。〈地葆〉篇敘及利用各種地形以克制敵人，亦敘及不可在不利之地形作戰。陰陽家向未知域探索最深、最遠，故其思想既有科學合理成份，亦有神祕迷信之成份。〈地葆〉篇之「迎水、迎陵、逆流、居殺地、迎眾樹，鈞舉也，五者皆不勝。」「五墓殺地，勿居也」等即爲兵陰陽家思想之精粹部份。但像「南陳之山，生山也……東注之水，生水也，……北注之水，死水。」「五壤之勝曰：青勝黃，黃勝黑，黑勝赤，赤勝白，白勝青」等即爲其糟粕。

二、依時而戰

古人相信「天人之符」，天象可以影響人間之戰事禍福盈虛。《孫臏兵法・月戰》云：

間于天地之間，莫貴于人。……天時、地利、人和，三者不得，雖

> 勝有殃。是以必付與而□戰，不得已而後戰，故撫時而戰，不復使
> 其眾。無方而戰者，小勝以付磨也。孫子曰：十戰而六勝，以星
> 也。十戰而七勝，以日者也。十戰而八勝，以月者也。十戰而九勝，
> 月有……〔十戰〕而十勝，將善而生過者也。

所謂「十戰而六勝，以星也。十戰而七勝，以日者也。十戰而八勝，以月者
也。」臨沂銀雀山漢墓整理小組註此，云：

> 以上言戰爭勝敗與日、月、星之關係，今摘錄古書中有關資料，以供
> 參考。《管子‧四時》：「東方曰星……此謂星德……南方曰日……此
> 謂日德……中央曰土……此謂歲德……西方曰辰……此謂辰德……
> 北方曰月……斷刑致罰，無赦有罪，以符陰氣。大寒乃至，甲兵乃強，
> 五穀乃熟，國家乃昌，四方乃備，此謂月德。……日掌陽，月掌陰，
> 星掌和。陽爲德，陰爲刑，和爲事。」《左傳》成公十六年「陳不違
> 晦」杜注「晦，月終，陰之盡，故兵家以爲忌。」孔疏：「日爲陽精，
> 月爲陰精。兵尚殺害，陰之道也。行兵貴月盛之時，晦是月終，陰之
> 盡也。故兵家以晦爲忌，不用晦日陳兵也。又《史記‧匈奴列傳》：「舉
> 事而待星月。月壯則攻戰，月虧則退兵。」〔註166〕

張震澤之《孫臏兵法校理》對「以日、以月、以星」之解釋大體與之相同，
劉心健、李京等對此未作解釋。

　　但上述這些解釋實在有待商榷。「建立五行、起消息」之黃帝有《天官》
百戰百勝之戰法。黃帝《天官》兵法今雖不存，但《尉繚子‧天官》中仍保
留了一麟半爪，由此可瞭解黃帝《天官》思想之大概。《尉繚子‧天官》敘及
黃帝配合天象而戰之理論：「（彗星）出柄所在勝，不可擊。」司馬遷之《史
記》亦有天官書，其中多敘天象與人間戰事之息息相關。今摘錄數條以明司
馬遷〈天官〉之內容：

> 若五星入軫中，兵大起。……三月生天槍，長數丈，兩頭銳，謹視
> 其所見之國，不可舉事用兵。……歲星與太白鬥，其野有破軍。……
> （熒惑）用戰，順之勝，逆之敗。熒惑從太白，軍憂；離之，軍卻。
> 出太白陰有分軍，行其陽，有偏將戰。當其行，太白逮之，破軍殺
> 將。……蚩尤之旗，類慧而後曲，象旗。見者王者征伐四方。〔註167〕

〔註166〕銀雀山漢墓竹簡整理小組，《銀雀山漢墓竹簡〔壹〕》，頁59，〔註3〕。
〔註167〕司馬遷，《史記‧天官書》，頁406～413。

〈天官書〉雖是漢人著作，但天官之學爲疇人之學。竊疑其中含有不少黃帝兵書《天官》之內容。這應是「十戰而六勝，以星」之具體內容。

「十戰而七勝，以日者也。」應是卜日而戰，或選吉日而戰。卜日而戰之史實從黃帝至戰國時代多至不可勝數之地步。至少戰國時代以來對占侯、卜筮、算命者通稱爲日者，可見占侯時日爲占卜之主要工作。《孫子・火攻》云：「發火有日，起火有時，時者天之燥也。日者月在箕壁翼軫也，凡此四宿者，風起之日也。」此爲另一種以日決勝之解釋。

「十戰而八勝，以月者也。」銀雀山漢墓整理小組及張震澤認爲兵尙殺害，故以月盛之際用兵，張震澤並且認爲可以由此看到古代陰陽學說的內容。實則以月決定戰爭時機的說法，〈楚帛書〉或〈月令〉之月忌說法，可能更接近孫臏的思想。〈楚帛書〉云：

> 姑分長，曰姑，利侵伐，可以攻城，可以聚眾會諸侯型百事，戮不義。……虞司夏：日虞，不可以出師，水師不起。……〔註168〕

《禮記・月令》則是：

> （孟春之月），……是月也，不可以稱兵，稱兵必天殃，兵戎不起，不可從我始。毋變天之道，毋絕地之理，毋亂人之紀。……（孟秋之月）……天子乃命將帥，選士屬兵，簡練桀俊，專任有功，以征不義。詰諸暴慢，以明好惡，順彼遠方。

〈月令〉或〈楚帛書〉之說法與前文之「撫時以戰」「三者不得，雖勝有殃。」前後文意完全吻合。對先秦兵家有極大影響之《司馬法・仁本》亦云：「戰道不違時，不歷民病，所以愛吾民也；……冬夏不興師，所以兼愛民也。」

三、延　氣

兵陰陽家之另一範疇爲養氣、「望軍氣」。

氣實爲先秦諸子中儒、道、法、陰陽、兵家等家均有鑽研的一個範疇。《史記・曆書》言及黃帝「建立五行，起消息。」《張守節正義》注消息是「生爲息，……死爲消。」古人以氣息代表生，顯示生與氣之密切關連。《莊子・知北遊》亦曰：「人之生，氣之聚也；聚則爲生，散則爲死。」氣攸關生死，屬生之徒，故生氣積聚愈多，身體就愈強壯，可以達到延年益壽之效

〔註168〕見李零，《長沙子彈庫戰國楚帛書研究》（北中，新華書店，1985年7月1版），頁77，頁79。

果。〔註169〕甚至可以在六合之內任意遨遊，返回過去，可與天地同壽，日月齊光。〔註170〕有病之人，甚至可以運氣方式治病強身。〔註171〕勇士有氣則可以無嚴諸侯，視刺萬乘之君，若刺褐夫。孟子並論及曾子言：「自反而縮，雖千萬人吾往矣！」〔註172〕

氣既然如此重要，各家鑽研經由一定之程序吸收更多的精氣，因人不同而有種種養氣之法。儒家重視道德修養，如公孫尼子主張以中和聚氣：

> 裏藏泰實則氣不通，泰虛則氣不足。熱勝則氣口，寒勝則氣口。泰勞則氣不入，泰佚則氣宛至。怒則氣高，喜則氣散。憂則氣狂，懼則氣懾。凡此十者，氣之害也，而皆生於不中和，故君子怒則反中，而自說以和，喜則反中，而收之以正，而舒之以意，懼則反中，而實之以精，夫中和之不可不反如此，故君子道至則氣華而上，凡氣從心，心，氣之君也，何爲而氣不隨也。〔註173〕

孟子不但言及自己養氣之方，並旁及北宮黝、孟施舍之養勇，並論及曾子能守約（守氣）。並言孟施舍養勇之法似曾子，北宮黝似子夏。〔註174〕《荀子・修身》亦論及「治氣養心之術。」

道家、法家則主張以服食、修養、導引之方式養氣。屈原認爲聚氣之方是多食最清潔之食物。〔註175〕《管子・內業》言及養氣之方是「敬除其舍，

〔註169〕《南華眞經・卷六・刻意》，頁1下，云：「吹呴呼吸，吐故納新，熊經鳥伸，爲壽而已矣。此導引之士，養形之人，彭祖壽考者之所好也。」

〔註170〕可參看《楚辭・遠遊》、《離騷》；以及涂又光，〈論屈原的精氣說〉，《楚史論叢》（湖北人民出版社，1984年10月1版），頁184～194。

〔註171〕黃帝，《素問・卷一九～二二・天元紀大論》，現存七篇均論運氣治病強身之道。晁公式，《郡齋讀書志・後志二・運氣論奧三卷》，25頁下，云：「右皇朝劉溫舒撰。溫舒以素問氣運最爲治病之要，而答問紛採，文辭古奧，讀者難知，因爲三十論，二十七圖，上于朝。」

〔註172〕《孟子・公孫丑》（焦循正義本），頁113。

〔註173〕董仲舒，《春秋繁露・循天之道》（臺北：世界書局，民國78年10月4版），頁373～374。

〔註174〕《孟子・公孫丑》（焦循正義本），頁113。

〔註175〕涂又光，前引文，頁190～191，云：「其飲食方面有如以下所說茲附錄之。『湌六氣而飲沆瀣兮，漱正陽而含朝霞。吸飛泉之微液兮，懷琬琰之華英。（以上見遠遊）朝飲木蘭之墜露兮，夕餐秋菊之落英。折瓊枝以爲羞兮，精瓊靡以爲粮。（以上見離騷）搴木蘭以矯蕙兮，鑿申椒以爲糧。（以上見惜誦）吸湛露之浮源兮，漱凝霜之雰雰。（以上見悲回風）登崑崙兮食玉英。……與天地兮同壽，與日月兮齊光。（以上見涉江）。』」

精將自來。」莊子則主呼吸導引。〔註176〕

　　孟子、屈原均主張氣「于中夜存」。〔註177〕

　　氣之盈虛，是戰爭之勝負之關鍵，古人未戰之先，先有「望氣」之舉，以決定敵軍可擊不可擊。此種望氣之舉可溯源自殷商。（其詳可參看第二章之孫武思想源出兵陰陽家者。）《尉繚子・戰威》云：「氣實則鬥，氣奪則走。」《吳子・論將》云：「兵有四機。」第一就是氣機。但氣有盈有竭。曹劌、孫武之看法是尋找「彼竭我盈之時機」一舉克敵制勝。曹劌論戰是「一鼓作氣，再而衰，三而竭，彼竭我盈，故克之。」《孫子・軍爭》云：「故三軍可奪氣，將軍可奪心。是故朝氣銳，晝氣惰，暮氣歸。故善用兵者，避其銳氣，擊其惰歸，此治氣者也。」所謂「朝氣銳」者，實因「氣于中夜存。」存了一夜之氣，自然朝氣蓬勃。明代無名氏所撰之《草廬經略・治氣》頗為感歎武經「七書，獨不言養氣。」〔註178〕先秦儒、道、法各家都提出養氣之法，確實只有兵家欠缺。此一遺憾，孫臏之〈延氣〉恰好可以彌補。孫臏之作法較之孫武、曹劌更進一步，主動振興士氣（養氣）以求克敵制勝。孫臏〈延氣〉提及激氣、利氣、厲氣、斷氣、延氣使用之時機及方法。其後李牧破匈奴、王翦六十萬大軍一舉滅楚，在戰爭之前，都經過長時間之養精蓄銳，人人踴躍欲試，才能一舉克敵制勝。〔註179〕

第九節　本章小結

　　臨沂銀雀山《孫臏兵法》之出土，釐清了千年難解之謎題——孫武、孫臏為一為二之問題，兵書為一為二之問題。過去認定《孫子兵法》非孫武所著者，一部分原因可歸之勢力心理作祟之結果。先秦思想上之疑難實與文字

〔註176〕見〔註169〕。

〔註177〕《孟子・告子》（焦循《正義》本），頁457：「梏之反覆，則其夜氣不足以存。」屈原〈遠遊〉則是「一氣孔神兮，于中夜存。」

〔註178〕《草廬經略・卷四・治氣》（粵雅堂叢書本）（臺北：藝文印書館影印《百部叢書集成》），頁22上。

〔註179〕司馬遷，《史記・廉頗藺相如傳》，頁853～854，云：「（李牧居代，雁門備匈奴），以便宜置吏，市租皆輸入莫府，日擊牛饗士。……厚遇戰士。……邊士日得賞賜而不用，皆願一戰。」《史記・白起王翦傳》，頁803～804，云：「王翦至，堅壁而守之，不肯戰，荊兵數出挑戰，終不出。王翦日休士洗沐而善飲食撫循之，親與士卒同食。久之，王翦使人問軍中戲乎？對曰：方投石超距。王翦曰：士卒可用矣。」

訓詁之疑難頗有一致之傾向，即漢人之說法比之唐、宋、明之說法要可信。近代疑古太過之弊，實不止疑古派而已。

楊伯峻認爲《孫臏兵法》中雜有兵陰陽家之迷信，與全書其他篇章不類，殊不知兵陰陽家本身就是科學與迷信之綜合體，只是孫子能用其精華去其糟粕，而孫臏未能盡去其糟粕而已。

司馬遷敘及孫臏復仇經過，神乎其技，不但表現了孫臏怨毒之深，亦與司馬遷本身之處境有關。綜觀孫臏之一生及其思想，孫臏籍屬齊人之可能性最高，但其思想亦深受晉、魏之影響。

《孫臏兵法》下編與《孫臏兵法》上編在思想上有互注互補性，其核心思想一致。兩者之關係確實非比尋常。孫臏與孫武之思想存在著前承後繼之關係。孫臏不少思想亦可在歷史中找到淵源。《孫臏兵法》確屬兵權謀家一類之兵書，其思想實以「兼陰陽、包形勢、用技巧」爲其主要內容，只是大多兵技巧之思想幾乎已完全不著痕跡的融入兵形勢家之思想中。但《孫臏兵法》在形勢、陰陽、技巧之中，以論形勢之處爲最多，這種兵形勢家之特色在下編十五篇中尤其明顯。

第四章　尉繚思想淵源之探討

第一節　概　說

　　行軍用兵，首重束伍。《孫子兵法・勢》有形名之說，但言之太略。《史記・孫子吳起列傳》所述之孫武本事則爲束伍之具體措施。二千年來之兵家從中獲益無窮，整軍經武之方，大多脫胎於此。但談及束伍理論纖微無憾，則不能不推尉繚。漢代之帝王將相（如漢武帝、周亞夫、衛青僚屬、李廣等）無不奉此書爲無上圭臬。宋代以後，學者疑古過甚，尉繚亦遭波及。〔註1〕但隨著銀雀山竹簡之發現，此書在西漢以前即已流行。後人僞託之說，不攻自破，而由此亦證明呂思勉所謂：「此書義精文古，絕非後人所能僞爲。」〔註2〕不爲無見。

　　尉繚雖已確定爲先秦古籍，但仍存在著層層難解之疑點。《漢書・藝文志》雜家有《尉繚子二十九篇》，《兵形勢家》亦有《尉繚子三十一篇》。今本《尉繚》究竟是兵家作品亦或是雜家作品？亦或是二者之拼和？如《尉繚》確屬

〔註1〕 姚鼐、姚際恆等均疑此書爲漢人之僞託。姚鼐《文集・卷五・題跋・讀司馬法六韜》（臺北：世界書局，民國56年5月再版），頁52云：「尉繚之書，不能論兵形勢，反雜商鞅刑名之說，蓋後人雜取，苟以成書而已。」姚際恆《古今僞書考・尉繚子》（臺北：藝文印書館影印《百部叢書集成・知不足齋叢書》）頁27上～27下，云：「其首天官篇與梁惠王問對，全倣孟子天時不如地利章爲說，至戰威章則直舉其二語矣。豈同爲一時之人，其言適相符合如是耶，其僞昭然。」

〔註2〕 見呂思勉，《先秦學術概論》（上海：東方出版中心，1996年2月第二次印刷），頁134。

兵家中之兵形勢家，何以其內容與《漢書・藝文志》對兵形勢家所下之定義大相逕庭？《史記・秦始皇本紀》敘及尉繚爲秦始皇時人，而《尉繚》首篇第一句爲「梁惠王問尉繚子曰」。宋代金人施子美在《尉繚子講義・序》云：「尉繚，齊人也。」竹簡本《尉繚》又在山東臨沂發現，益增尉繚爲齊人之可能性。今本《尉繚》之作者究竟爲齊抑或爲魏？如尉繚爲梁惠王時人，則繚爲商君學當作何解？尉繚之思想究竟出自職官，亦或是「救時之弊」之一家之言？尉繚論及用兵，敘及齊桓、孫武、吳起等人，其思想與這些人有無淵源？任宏將先秦兵家分爲權謀、形勢、陰陽、技巧四家，如果列在兵形勢家之《尉繚》確爲今本《尉繚》，尉繚之思想似否僅及形勢，而與技巧、陰陽之兵家思想全然無涉？這些問題均爲本文所欲探討之主題。

第二節　《尉繚》屬雜家之可疑

　　班固《漢書・藝文志》有二尉繚，一屬兵形勢家（三十一篇），一屬雜家（二十九篇），二者是否大不相同，今已不易得知。隋唐五代之學者均將尉繚列入雜家。〔註3〕宋之晁公武首先將《尉繚子》歸類爲兵家。〔註4〕而宋之《崇文總目》亦將《尉繚》編入兵書類。〔註5〕宋神宗元豐年間，《尉繚子》被列入《武經七書》之中。〔註6〕至此時起，後人多認《尉繚子》屬兵書，而非雜家之學。宋之鄭樵認爲「尉繚當入兵書」。〔註7〕王陽明手批《武經七書》言「尉繚通篇論形勢」。〔註8〕明之焦竑「又以尉繚子入雜家爲非，因改入於兵家。」〔註9〕清之沈欽韓曰：「今案，其書目自天官至兵令二十四篇，並言兵

〔註3〕　劉昫，《舊唐書・經籍志》（臺北：鼎文書局，民國68年12月初版），頁2033；魏徵等《隋書・經籍志》（臺北：鼎文書局，民國69年3月初版），頁1006。

〔註4〕　晁公式，《郡齋讀書志》（臺北：商務印書館影印涵芬樓本），卷三下，頁20。

〔註5〕　鄭樵，《通志・校讎略》（臺北：世界書局，民國73年10月八版），頁723，云：「尉繚子兵法書，班固以爲諸子類，置於雜家，此之謂見名不見書，隋唐因之，至崇文總目，始入兵書類。」

〔註6〕　晁公式，《郡齋讀書志・卷三下・李衛公問對三卷》，頁20上，云：「右唐李靖對太宗問兵事。元豐中，并六韜、孫吳、三略、尉繚子、司馬法類爲一書，頒之武學，名七書。」

〔註7〕　鄭樵，《通志・校讎略》，頁723，云：「尉繚子兵書也，班固以爲諸子類，至於雜家，此之謂見名不見書，隋唐因之。」

〔註8〕　王陽明，《陽明先生批武經七書》（臺北：陸軍指揮參謀大學，民國55年5月20日影印），頁415。

〔註9〕　焦竑，《國史經籍志・附錄》（臺北：藝文印書館影印《百部叢書集成・粵雅

形勢，不當入雜家。」〔註10〕民國之呂思勉曰：「今《尉繚子》二十四篇，皆兵家言，蓋兵家之《尉繚》也。二十四篇中，有若干篇似有他篇簡錯，析出，或可得三十一篇邪？」〔註11〕馬非百云：「劉向《別錄》云：繚爲商君學，屬雜家，書已亡。案兵形勢家有《尉繚》三十一篇，與此蓋非同書。」〔註12〕最近二十年之學者對今傳本《尉繚》究竟屬兵形勢家，或雜家，共有三種不同之說法：一說今本尉繚爲《漢書‧藝文志》之雜家《尉繚子》，持此一看法者有李解民、張烈等；一說今本《尉繚》爲兵形勢家之尉繚，持此看法者爲鄧澤宗；一說今本《尉繚》爲雜家類與兵家類尉繚之合編，持此一看法者有劉春生、鄭良樹。

　　認爲今本《尉繚》爲《漢書‧藝文志》之雜家《尉繚子》二十九篇之主要論據有二：一是從流傳經過上立說。如張烈、李解民即以《隋書‧經籍志》將《尉繚》列入雜家、顏師古註引劉向《別錄》之言：「繚爲商君學」、劉昫《舊唐書‧經籍志》、歐陽修《新唐書‧藝文志》均將《尉繚》列入雜家。〔註13〕一是從內容上立說。劉春生論及《尉繚》之內容與《漢書‧藝文志》對兵形勢家之形容完全不合。劉春生云：

> 至於《漢志》兵形勢家《尉繚》三十一篇，極即可能早就亡佚了。《漢志》概括兵形勢家云：「形勢者，雷動風舉，後發而先至，離合背向，變化無常，以輕疾制敵者也。」說得頗有點虛幻飄渺，玄秘莫測。今傳本《尉繚子》二十四篇很少有符合這一主旨的內容，倒是與《漢志》所謂雜家「蓋出於議官，兼儒墨，合名法，知國體之有此，見王治之無不貫。」頗相吻合。這可以說是今傳本實係雜家而非兵形勢家之有利內證。〔註14〕

張烈亦有同樣之看法：「《尉繚》論兵迥異於《漢志》裡所說的兵形勢家一類

堂叢書》），頁1。
〔註10〕見王先謙，《漢書補註‧藝文志》（臺北：藝文印書館），頁904。
〔註11〕呂思勉，《先秦學術概論》，頁134。
〔註12〕馬非百，《秦集史‧藝文志》（臺北：弘文館出版社，民國75年10月初版），頁527。
〔註13〕張烈，〈關於《尉繚子》的著錄和成書〉，《文史》第八輯（1980年3月），頁28。李解民，《尉繚子譯注‧前言》（石家莊：河北人民出版社，1992年6月1版），頁2。
〔註14〕劉春生，《尉繚子譯注‧前言》（貴陽：貴州人民出版社，1993年8月1版），頁3。

的議論。」張烈並且認爲：

> 《尉繚子·兵談篇》說:「量土地肥磽而立邑建城…」雖與軍事有關，
> 顯然已超過用兵範圍而在議論立國和治國的事情了。…《兵談篇》
> 說:「治兵者，若秘于地，若邃于天。」……實際上就是管仲「寓兵
> 于農」的思想。……此外，我們還可以看到，《尉繚子·將理篇》不
> 是講的用兵作戰，而是在議論國家刑法和平反冤獄的問題。《治平篇》
> 也不是議論軍事，而是論述耕織應該作爲治國的根本政策。所以，
> 從内容上分析，《尉繚子》就不是一部專論軍事的兵書，它在兵、刑、
> 農、政等各方面都有所論述，而且這些論述來自儒、法、道等各家
> 的典籍，並帶有這些流派的思想色彩。所以它應該是一部雜家類兵
> 書。〔註15〕

這兩種說法均無法證明今本《尉繚》即爲雜家之著作。因爲一、即使五代以來流傳至今之《尉繚子》爲《漢書·藝文志》之雜家《尉繚子》，亦不足證明《尉繚子》爲雜家之學，而非兵形勢家之著作。在漢代圖書之校讎上，往往有歸納不夠精確之情形發生。《黃帝雜子氣》應入兵陰陽家而誤入天文家，《風后孤虛》、《五音奇胲用兵》等應入兵陰陽家，今入之五行家等。致誤之由實不干學力，而是分人校書之結果。蔣禮鴻亦認爲商君書與公孫鞅應爲一書，亦因分人而校，以致一書析之爲二，蔣氏所持之理由則是「《商君書》、《公孫鞅》因題號不同而班固失刪。」〔註16〕《漢書·藝文志》云:「至成帝時，以書頗散亡，使謁者陳農求遺書於天下。詔光祿大夫劉向校經傳諸子詩賦，步兵校尉任宏校兵書，太史令尹咸校數術，侍醫李方國校方技。每一書已，向輒條其篇目，攝其旨要，錄而奏之。」兵家（如《孫子》、《吳子》、《尉繚》等）其性質實與諸子爲近，因校者不同，而與諸子遠離，形成九流十家中並無兵家之荒謬現象。〔註17〕《黃帝雜子氣》、《五音奇胲用兵》、《風后孤虛》等因由尹咸所校，故只能歸入五行家、天文家。一書因校者不同而分屬兩處之可能性亦爲之大增。兵家作品若由劉向校讎無法歸入儒、道、陰陽、

〔註15〕張烈，〈關於《尉繚子》的著錄和成書〉，《文史》第八輯，頁30～31。

〔註16〕蔣禮鴻，《商君書錐指·戰法第十》（北京：中華書局，1986年4月第1版），頁67～68。

〔註17〕在《漢書·藝文志》之分類上，九流爲「儒、道、陰陽、法、名、墨、縱橫、雜、農家」，加上小說家爲十家。在學術内涵上，農家、小說家實不足與兵家抗衡。

名、法、墨等範疇內者，劉向往往將之併入雜家。如子晚子多爲兵家言，〔註18〕即誤入雜家。章學誠即批評《藝文志》無互著之例，以致是否一書誤在二處，後人根本無從判斷。〔註19〕因此今本《尉繚》即使是《漢書‧藝文志》之雜家《尉繚子》，亦不足以證明其非兵形勢家之著作。二、由《尉繚子》由東漢至五代之流傳經過中有長時間之空白，找不到證據可以證明今本《尉繚子》即爲《漢書‧藝文志》之雜家《尉繚子》。鄧澤宗在《武經七書譯註‧尉繚子簡介》中即認爲從唐初至宋朝中葉，流傳於世之《尉繚子》僅只一部，因觀點不同，魏徵、歐陽修將其列入雜家，而王堯臣因其多談軍事，又將其歸類爲軍事著作，並認爲把《尉繚子》列爲兵家是正確的。三、雜家之代表作品《呂氏春秋》、《淮南子》，其內容儒、道、墨、法、名、陰陽、小說等內容無所不包，兵家思想只佔其中十幾或二十幾分之一而已。而《尉繚》內容除〈原官〉一篇似與軍事無關外，其它各篇無一不與軍事思想息息相關。張烈認爲〈兵談〉篇之立邑建城與《荀子‧富國篇》之思想十分類似，「已然超過用兵範圍而在議論立國和治國的事情。」〔註20〕《尉繚子》之立邑建城思想實際上仍就軍事立說。立邑建城關係到軍事勝敗、國之存亡，春秋以前之人對此已有深刻之認知。〔註21〕孫詒讓即以《尉繚》三相稱以建城立邑之思想註解《墨子‧雜守》之「率萬家而城方三里。」〔註22〕張烈認爲「寓兵於農」思想與軍事無關，應歸之農家，而《尉繚子》「寓兵於農」亦純就軍事著眼。張烈認爲平反冤獄與軍事無關，不知春秋時即以國家有無冤獄爲衡量能戰與否之前提。〔註23〕四、今本《尉繚子》之內容確與《漢書‧藝文志》對

〔註18〕章學誠，《校讎通義，十四之二十七》，《章學誠遺書》，頁106云：「雜家《子晚子三十五篇》注云：『好議兵，似司馬法。』何以不入兵家邪？」
〔註19〕章學誠，《章學誠遺書》，頁102，云：「焦竑誤校漢志第十二之十四：『按漢志尉繚子本在兵形勢家，書凡三十一篇。其雜家之尉繚書止二十九篇，班固不著重複併省，疑本非一書也。』」
〔註20〕張烈，〈關於《尉繚子》的著錄和成書〉，《文史》第八輯，頁30～31。
〔註21〕如共叔段欲以庶奪嫡，其母「爲之請制」。劉文淇《左傳舊注疏證‧魯隱公元年》，（臺南：平平出版社，民國63年元月初版），頁6～7，云：「制即河南郡成皋，故虎牢。……水經河水注：成皋之故城在汜上，縈帶汜阜，絕岸峻周，高四十許丈，城張翕險，崎而不平。」爲了避免共叔段危及鄭國及負隅頑抗，鄭莊公避重就輕之做法是「佗邑唯命」。
〔註22〕孫詒讓，《墨子閒詁‧雜守》（臺北：世界書局，民國60年10月新1版），頁374。
〔註23〕請參閱本章「第四節‧貳治獄」。

兵形勢家之概述有相當差距。張烈等人因此而認爲今本《尉繚子》不應是兵形勢家之著作。此種誤解實肇因於今人對兵形勢家之內容誤解所致。兵形勢家之內容兼包形、勢兩個主要部份，《孫子兵法》即將形、勢分作兩篇分別討論。在用兵上，一般先求其「形」，後求其「勢」。形實指形名，講求號令與兵形之密切配合。號令與兵形完全一致之際，將領只要掌握旗鼓號令，就完全能隨心所欲的指揮部隊，以名求形達到整飭部伍、使軍隊嚴不可犯、立於不敗之地。勢則講求因利制權、出奇制勝、變陳求勝，講求以奇兵抓住戰機，出奇制勝；以變陣達到致勝之形，講求抓住「勢如彍弩、節如發機」之一觸即發之制勝之形。部伍整飭之形，往往顯得呆板。形主靜，勢主動。單有其形，只能做到先立於不敗之地。要做到徹底擊敗敵人，就不能不講求勢──不失敵之敗。形往往是指正兵，勢往往是指奇兵之表現──西方軍事專家指的是預備隊。〔註24〕但中國兵家術語的「奇」有預備隊的作用，但其範圍比預備隊大的多，由此亦可窺知中國先秦兵學之閎闊深遠。〔註25〕形、勢兩者

〔註24〕帕諾夫主編，李靜、袁亞楠譯，《戰爭藝術史・奴隸制社會的戰爭藝術》（北京：軍事科學出版社出版，1990年6月第1版），頁13，云：「新的戰術原則在公元前三三四～三二四年馬其頓王亞歷山大所進行的戰爭中得到進一步發展。這在很大程度上是由於馬其頃軍隊有了強大的騎兵。對多次會戰的分析表明：亞歷山大總是在軍隊的戰鬥隊形中央組成方陣，而根據戰鬥情況把由騎兵和中等裝備的步兵組成的突擊集團配置在某一翼。他通常先從正面牽制住敵人，用突擊集團對敵軍主力的翼側和後方實施突擊，將他們擊潰，然後進行追擊，直到全殲敵人。」頁15，云：「公元前一世紀中葉，傑出的羅馬統帥凱撒巧妙地利用了軍團日益提高的戰鬥能力。在多次交戰中，他都把部份兵力留作預備隊（這是戰爭藝術史上的新現象），並及時將其投入戰鬥，從而取得了勝利。法爾薩拉會戰（公元前四十八年）就是典型的例子。」凱撒自著之《高盧戰記》，亦有類似之記述。凱撒著，崔意萍、鄭曉村譯，《凱撒的高盧戰記》（臺北：帕米爾書店，民國73年3月），頁270，云：「凱撒找到一處合適的地點，在那兒可以觀察到每個地方的情況，他一發現羅馬軍什麼地方吃緊，就派援軍趕去。」這三段敘述表明了亞歷山大、凱撒天才表現之一即是活用機動的預備隊，能夠捕捉一切戰機，並挽救任何危險。

〔註25〕丁肇強，《孫子述要・七・對孫子「凡戰者，以正合以奇勝。」試解》（臺北：臺灣高等教育出版社，民國84年12月初版），頁164，云：「以第一線部隊與敵人保持正面接觸，以預備隊出奇制勝。」丁肇強將「奇」代替「預備隊」，「正」代替「第一線部隊」，就將孫武奇的範圍限制得太狹窄。方克，《中國軍事史辯證法史（先秦）・第五章第五節孫子的戰略戰術思想》（北京：中華書局，1992年5月1版），頁142，方克之解釋就比較周全：「作爲兵學範疇的『奇正』，歷代兵家的解釋有所不同，大概可分爲廣義和狹義兩種。從廣義上說，在戰略戰術上按照一般原則作戰爲正，根據具體情況採取特殊的作戰方法爲奇：廟算定

實有相輔相成之關係，兩者密切配合，一方面可以屢戰不敗，一方面又能捕捉到稍縱即逝之戰機。傳說中黃帝即有握奇制勝之方。〔註26〕在用兵上，一般將領均須先「求其形」，後「求其勢」。〔註27〕陳壽評及諸葛亮之用兵是「長於治戎，奇謀爲短。」陳壽實爲蜀漢丞相諸葛亮之眞正知己。諸葛亮出兵隴右，「戎陣整齊，賞罰肅而號令明，……關中響震。」〔註28〕死後退軍依然嚴不可犯，百姓爲之諺曰：「死諸葛走生仲達」，〔註29〕「司馬懿案行其營壘處所，曰：『天下奇才也』。」〔註30〕但諸葛亮連年動眾未能成功之主因，實在諸葛亮只能掌握其形——立於不敗之地，而未能求其勢——抓住戰機，以擊敗或殲滅敵人，以致成就有限。如管仲強齊，首先就須「正卒伍，修甲兵。」此即屬於形的範圍。勾踐意圖伐吳，一再以言行整飭部伍，亦先求其「形」，求己有不可犯、不可敗之「形」。〔註31〕《尉繚子》之〈制談〉、〈戰威〉、〈守權〉、〈十二陵〉、〈武議〉、〈將理〉、〈重刑令〉、〈伍制令〉、〈分塞令〉、〈束伍令〉、〈經卒令〉、〈踵軍令〉、〈兵教〉、〈兵令〉等篇探討、敘述整飭部伍、求其形名一致實已至纖微無憾之地步。而《漢書·藝文志》對兵形勢家之概略敘述單就兵勢立說，而不太敘及兵形之特點。王陽明對《尉繚》全書之總評

計是正，踐墨隨敵是奇；一般指揮原則和方法（常法）是正，臨敵應變而採取的指揮原則和方法（變法）是奇；十則圍之是正，圍師遺闕是奇；絕地無留是正，陷之死地而後生是奇，等等。從狹義上說，主要指使用兵力和變換戰術，即正兵和奇兵的配備和運用。在軍隊佈署上，擔任守備的爲正，集中機動的爲奇，擔任箝制的爲正，擔任突擊的爲奇；第一線兵力爲正，預備待機的兵力爲奇，等等。在作戰方式上，正面攻擊爲正，迂迴側擊爲奇；明攻爲正，暗襲爲奇，等等。」方克這一段話不少地方是襲自郭化若《孫子譯註·勢篇第五》對「三軍之眾，可使必受敵而無敗者，奇正是也。」的注釋。見郭化若，《孫子譯註》（上海：上海古籍出版社，1995 年 5 月第七次印刷），頁 121。

〔註26〕流傳至今之《握奇經》，傳說即爲黃帝臣風后所作。老子思想多有襲自黃帝之處。魏源，《老子本義·論老子二》（臺北：世界書局，民國 73 年 8 月五版），頁 1～2，云：「今老子書谷神不死章，列子引爲黃帝書。……孔子視周廟而嘉金人之銘，其言如出老氏之口。考皇覽金匱，則金人三緘銘，即漢志黃帝六銘之一，爲黃帝源流所自。」黃帝爲戰神，老子書中多談兵，以致不少人將老子視之爲兵書，疑老子之「以奇用兵」思想即襲自黃帝。

〔註27〕如二千年後之曾國藩之親身體驗是「用兵之道，先求穩當，次求變化。」

〔註28〕陳壽，《三國志·卷十五·諸葛亮傳》（點校本）（臺北：世界書局，民國 61 年 9 月初版），頁 922。

〔註29〕陳壽，《三國志·卷十五·諸葛亮傳》，斐註引《漢晉春秋》，頁 927，〔註 5〕。

〔註30〕陳壽，《三國志·卷十五·諸葛亮傳》，頁 925。

〔註31〕《國語·越語》（韋昭注），（上海：上海古籍出版社，1988 年 3 月第 1 版）。

爲「全卷通論形勢」，〔註32〕實際上《尉繚》多談兵形，少談兵勢。在這種陰錯陽差之情況下，以致《尉繚》雖是兵家中談兵形勢最周詳的作品，但卻與《漢書‧藝文志》對兵形勢家的形容大相逕庭，因而造成張烈等人之誤解。即使如此，《尉繚》也不是全無「勢」之敘述。如：〈攻權〉之「獨出獨入，敵人不接刃而致之。」即爲《漢書‧藝文志》所謂兵形勢家之「以輕疾制敵者也。」〈踵軍令〉之內容即爲《漢書‧藝文志》所謂兵形勢家之「離合向背，變化無常。」〈十二陵〉之「攻在于意表」即爲《漢書‧藝文志》兵形勢家之「變化無常」。

至於鄭良樹、劉春生等將今本《尉繚子》視之爲兵家、雜家二者合而爲一之作品，亦與實際不合。鄭之看法是前面十二篇是雜家類《尉繚子》，中間八篇是兵家類《尉繚》，在連同後面的兩篇（各分上、下），就合編爲今傳二十四篇本的《尉繚子》了。〔註33〕劉春生則認爲「今本《尉繚子》的前十二篇及書末〈兵令〉上下篇當是戰國中期尉繚與梁惠王問對的記錄，屬於〈漢志〉雜家類的著作。」〔註34〕鄭、劉之論點，證據太過薄弱。《尉繚子》前十篇之〈天官〉、〈兵談〉、〈制談〉、〈戰威〉、〈攻權〉、〈守權〉、〈十二陵〉、〈武議〉、〈將理〉、〈原官〉、〈兵教上下〉、〈兵令上下〉通就形勢立說（除〈原官〉外），與雜家之「兼儒墨、合名法、知國體之有此，見王治之無不貫」等內容完全無法合轍。《尉繚子‧重刑令》以下之十二篇是整軍經武之規章條文，而前十篇則是整飭部伍之方法、部伍整飭之於戰爭之效用及行軍用兵之法，兩者在外觀上迥然不同，但實際上卻是後者爲體，前者爲用，兩者有互爲表裡之關係。《尉繚子》前十二篇與後十二篇之互補關係，此處將其概略情況述之於下：如〈兵談〉、〈制談〉僅提及「禁舍開塞」，其詳細內容爲何，讀者一無所知；而後十二篇之〈分塞令〉、〈踵軍令〉則對「開塞」有詳細而具體之內容。前十二篇之〈制談〉敘及「將已鼓，士卒相囂，拗矢折矛不戰，抱戟利後發，戰有此數者，內自敗也，世將不能禁。」之自敗狀況，後十二篇之〈勒卒令〉、〈兵令下〉則針對此種狀況提出有效應付之方。〈制談〉云：「征役分軍而逃歸或臨戰自北，則逃傷甚焉，世將不能禁。」而後十二篇中之〈重刑令〉、〈經卒令〉、〈兵令〉，有專門應付此等狀況之法令。前十二篇之〈制談〉云：「士失什伍，車失偏列，奇兵捐將而走，

〔註32〕王陽明，《陽明先生手批武經七書》，頁415。
〔註33〕劉春生，《尉繚子全譯》，頁6。
〔註34〕劉春生，《尉繚子全譯‧前言》，頁3。

大眾亦走，世將不能禁。」後十二篇之〈伍制令〉、〈束伍令〉、〈兵令下〉之若干措施專為此等狀而發。前十二篇之〈戰威〉篇僅提及「受命之論」，而後十二篇之〈將令〉是「受命之論」之具體內容。前十二篇中之〈戰威〉敘及蹻垠之論，後十二篇之〈兵教上〉則有：「令民背國門之限、決死生之分，教之死而不疑者，有以也。」後十二篇之〈兵教下〉則有「蹻垠忘親」之辭。前十二篇之〈戰威〉提及「舉陣加刑」，後十二篇之〈經卒令〉、〈勒卒令〉，則是舉陣加刑之詳細解說。前十二篇之〈武議〉提及重將，而後十二篇之〈將令〉對重將之道有進一步之發揮。若是前十二篇敘述已足，後十二篇往往不加任何解說。如〈天官〉敘述天時、地利不如人和之道，已無遺憾，後篇對此即隻字不提；又如〈守權〉敘述世將弗知守法，然後詳述正確防守之方，義理敘述已盡，後篇即不見任何之解說。

第三節　尉繚思想源出商鞅之無稽

西漢末年校中祕書之劉向，在其《別錄》云：「繚為商君學。」劉向此言至少包含了三層含意：一是此言係指雜家之《尉繚子》思想出自商鞅；二是二者思想相近，有前承後繼之關係；三是在時間上尉繚為商鞅之晚輩。

就第一點而論，如果劉向意指雜家之《尉繚子》為商君學，則今本之兵家《尉繚》與商君學則完全無涉。馬非百即持此種看法。〔註35〕雖然劉向所校者為雜家之《尉繚子》，但仍然無法排除劉向所校之雜家《尉繚子》與任宏所校之兵書《尉繚子》大同小異，因校者不同以致一書分置二處。

就第二點而論，如果《尉繚》之思想與商鞅思想大體一致，則兩者之間可能存在著前承後繼之關係。如果兩者之間異者十七八，同者十二三，而相同部份又可能另有淵源，則兩者之間前承後繼之可能性即甚低。代表商鞅之主要思想，一是《史記》、《韓非子》、《戰國策》之敘述，一是流傳後世之《商君書》。

現先就《史記》、《韓非子》、《戰國策》所敘述之商君思想與《尉繚子》兩相對照。乍看之下，雙方有許多地方極其類似，如連保、什伍組織、重賞告奸、嚴懲匿奸、獎勵耕織、反商、殺貴族立威、塞私門之請等部份。

〔註35〕馬非百，《秦集史》，頁527，云：「《尉繚子》二十九篇，《漢書·藝文志》：『六國時人。』師古曰：『尉姓繚名也』。劉向《別錄》云：『繚為商君學』，屬雜家，書已亡。案兵形勢家有《尉繚》三十一篇，與此非同書。」

在連保、什伍組織、重賞告奸、嚴懲匿奸部份：《史記‧商君列傳》所敘述之事實是：「商君令民爲什伍，而相牧司連坐，不告姦者腰斬，告姦者與斬敵首同賞，匿奸者與降敵同罰。」《韓非子‧姦劫弒臣》云：「告之者其賞厚而信。」《韓非子‧和氏》：「商君教秦孝公以連什伍，設告坐之過。」《尉繚子‧伍制令》則是：

> 軍中之制，五人爲伍，伍相保也；十人爲什，什相保也；五十人爲屬，屬相保也；百人爲閭，閭相保也。伍有干令犯禁，揭之，免於罪；知而弗揭，全伍有誅。什有干令犯禁，揭之，免於罪；知而弗揭，全什有誅。屬有干令犯禁者，揭之免於罪，知而弗揭，全屬有誅。閭有干令犯禁者，揭之免於罪；知而弗揭，全閭有誅。吏自什長以上，至左右將，上下皆相保也。有干令犯禁者，揭之免於罪，知而弗揭，皆與同罪。夫什伍相結，上下相聯，無有不得之奸，無有不得之罪。父不得以私其子，兄不得以私其弟，而況國人據舍同食，烏能以干令相失者哉！

《兵令下》則是：「卒後將吏而至大將所一日，父母妻子盡同罪。卒逃歸至家一日，父母妻子弗捕執及不言，亦同罪。」

獎勵耕織、反商部分：《史記‧商君列傳》：「僇力本業，耕織致粟帛多者，復其身，事末利及怠而貧者，舉以爲收孥。」《韓非子‧和氏》：「禁游宦之民而顯耕戰之士。」《尉繚子‧治本》則是：

> 夫在芸耨，妻在機杼，民無二事，則有儲畜。……耕有不終畝，織有日斷機，而奈何飢寒！……反本緣理，出乎一道，則欲心去，爭奪止，囹圄空，野充粟多，安民懷遠，外無天下之難，內無暴亂之事，治之至也。

《武議》云：「夫市也者，百貨之官也。市賤賣貴，以限市人，人食粟一斗，馬食菽三斗。人有飢色，馬有瘠形，何也？市所出而官無主也。夫提天下之節制，而無百貨之官，無謂其能戰也。」《尉繚子‧原官》云：「官無事者，上無慶賞，民無獄訟，國無商賈，成王至正也。」

殺貴族立威部分：《史記‧商君列傳》曰：「卒下令，令行於民期年，秦民之國都言初令之不便者以千數。於是太子犯法。衛鞅曰：『法之不行，自上犯之。』將法太子，太子君嗣也，不可施行。刑其傅公子虔、黥其師公孫賈，明日，秦人皆趨令。」《戰國策‧秦一‧衛鞅亡魏入秦》云：「商鞅治秦，法

令至行，公平無私，罰不諱強大，賞不私親近，法及太子黥其傅。期年之後，道不拾遺，民不妄取。」《尉繚子・武議》則是：「凡誅者，所以名武也。殺一人而三軍震者，殺之；殺一人而萬人喜者，殺之。殺之貴大，賞之貴小。當殺而雖貴重，必殺之，是刑上究也；賞及牛童馬圉者，是賞下流也。夫能刑上究、賞下流，此將之武也。故人主重將。」

　　塞私門之請部分：《韓非子・和氏》云：「塞私門之請而遂公家之勞。」同樣思想《商君書・定分》之措辭更見強烈：「如此天下之吏民雖有賢良辯慧，不能用一言以枉法；雖有千金，不能用一銖。」《尉繚子・將理》則是：「試聽臣之言，行臣之術，雖有堯舜之智，不能關一言；雖有萬金，不能用一銖。」

　　在重農、反商、什伍連保、獎勵告奸、重懲匿奸、殺貴族立威、塞私門之請各方面，商鞅思想似與尉繚並無二致。但詳稽其內容則不然。商君之重農反商、重賞告奸、嚴懲匿奸、殺貴族立威等完全是致治之法，而尉繚則是治軍之方，兩者在施用範圍上根本不同。重農反商在魏國有長遠之歷史淵源。魏文侯富國強兵之重要措施即是李克之平糴法、盡地利之教，其後有史起漑鄴以富魏之河內。商鞅、尉繚之重農反商思想均可能襲自李克。軍事上之什伍連保、殺貴族立威在尉繚之前實已有久遠之淵源，《司馬法》即有「將軍死綏」之說法，而《未學篇》所引魏惠王軍法與《尉繚子》相似至完全無殊之地步。〔註36〕董說對此所下之案語是：「余按（指《魏惠王軍法》）與《尉繚子》同，豈尉繚所定邪？」〔註37〕商鞅之迫民分異、二十等爵制、限定宗室之籍屬、明尊卑爵秩等級、各以差次名田宅、議法者遷之邊城，集小鄉邑聚、開阡陌封疆、統一度量衡、燔詩書而明法令、重輕罪等，均為其變法之重要措施，而《尉繚子》中完全不見絲毫痕跡。

　　《尉繚子》若與《商君書》此合而觀，兩者之差異性就更大。其不相應者十之八九，其相應者十之一二；即使其能相應者，其相同者少，而相異者多。其少數相應者相同者，如：農戰、「連之以伍，辨之以章，束之以令」等，在商鞅之前，均已有長久之發展，即使兩者相同，《尉繚子》亦未必受商鞅之影響。張烈即云：「我們通觀《尉繚子》全書，發現該書除了農戰思想與商鞅

〔註36〕董說，《七國考・卷十一・魏兵制》（臺北：世界書局，民國62年4月三版），頁334。
〔註37〕同註35。

的政治主張一致外，而其他許多重要議論與商鞅的見解完全不同。」〔註38〕
張烈歸納出兩者之主要不同內容爲：戰爭觀上，商鞅主張屠殺，反對道德，《尉
繚子》則主張用兵以仁義爲本；在賞罰觀上，商鞅主張重罰輕賞，尉繚則主
張刑賞必中；在對儒法的態度上，商鞅重法斥儒，尉繚則儒法兼重。〔註39〕
其相異部份除張烈所列者外，像是同樣論及「開塞」，《商君書》之開塞其意
爲「開已塞之道」；〔註40〕《尉繚子》之開塞則是「攻守之方」，如：《兵教下
第二十二》云：「四曰開塞，謂分地以限，各死其職而堅守也。」同樣在「死
節」這一名詞上，《商君書‧君臣》篇的說法是指死於節制，而《尉繚‧戰威》
則是死於名節之義。〔註41〕商君主「徠民」（第十五篇）；而尉繚則全力反對
外國游士、外國助卒，尉繚有濃厚之排外主張。《商君書》中之軍中有「壯男、
壯女、男女老弱之三軍」（見《商君書‧守法》），而《尉繚子》全書一無男女
老弱之三軍之蹤跡。商君反法古；〔註42〕而尉繚之學絕大部分出自古之官守。
〔註43〕

　　就第三點而論：《尉繚子》如果爲面見秦始皇之尉繚之作品，則尉繚爲商君
後輩之說法順理成章即可成立。如果尉繚爲梁惠王時人，則「繚爲商君學」之
可能性即大爲降低。張烈等人認爲今本《尉繚子》作者爲秦始皇時之尉繚；楊
樹達、姚振宗、梁玉繩等認爲作者非秦始皇時之尉繚；劉春生、鄭良樹則採折
衷方案，認爲前半部爲梁惠王時之尉繚作品，後半部爲秦始皇之尉繚作品。

　　張烈從思想上的線索立論，以尉繚之仁義爲本之戰爭觀、富民政策、反鬼
神迷信之天道自然觀上均受荀況之影響，意圖以此證明尉繚是戰國晚期面見秦
始皇之尉繚。〔註44〕張烈這些說法，按之史實，完全站不住腳。胡適認爲：「思
想做線索實不易言。」〔註45〕仁義爲本之戰爭觀可遠朔自商周。〔註46〕與尉繚

〔註38〕張烈，〈關於《尉繚子》的著錄和成書〉，《文史》第八輯，頁32。
〔註39〕張烈，〈關於《尉繚子》的著錄和成書〉，《文史》第八輯，頁32～33。
〔註40〕蔣禮鴻，《商君書錐指》，頁51。
〔註41〕魏崇武，〈「節」的歷史考察之一〉，《殷都學刊》1996年第2期，頁49～50。
〔註42〕蔣禮鴻，《商君書錐指》，頁147：「〈六法〉『故靈王之治國也，不法古，不循
　　　　今。』」
〔註43〕其詳可見「尉繚之學出自職官者」一節。
〔註44〕張烈，〈關於《尉繚子》的著錄和成書〉，《文史》第八輯，頁33～34。
〔註45〕胡適，〈與錢穆先生論老子問題書〉，《古史辨‧第四冊‧諸子叢考下篇》，頁
　　　　411。
〔註46〕《尚書‧湯誓》明言商湯伐桀之主因是「有夏多罪，天命殛之。」孟子屢言
　　　　武王伐紂之戰爲「以至仁伐至不仁」。

同時之孟子即以仁義說梁惠王，仁義爲本之戰爭觀實不待荀子之鼓吹而始發皇。管子強齊之方即爲富民政策，如相地衰征、興魚鹽之利、獎勵工業等。周初之武王、呂望在用兵上即有反天官、龜筮等迷信之思想。如《尉繚子·天官》即有：「武王伐紂，背濟水向山阪而陳」、「天官時日不若人事」，《淮南子·兵略訓》：「武王伐紂，東面而迎歲，至汜而水，至共頭而墜，彗星出而授殷人其柄。當戰之時，十日亂於上，風雨擊於中，然而前無蹈難之賞而後無遁北之刑，白刃不撃拔而天下得矣。」等，反天官之事例如此之多，足徵天官思想從古以來即未取得絕對之主導地位。春秋時代之子產即有「天道遠，人道邇，非所及也。」之認知。〔註47〕孫武對於天官、陰陽思想亦不是一昧盲從而是擇善而從（如孫武反對占驗孤虛、少談星象，但其中仍包有相當成份之五行思想。）張烈認爲今本《尉繚子》爲爲秦始皇（其時爲秦王政）獻策滅六國之元凶尉繚，尤與《尉繚》一書之內容完全扞格不入。爲秦王政獻「願大王毋愛財物，賂其豪臣，以亂其謀，不過亡三十萬金，則諸侯可盡。」〔註48〕之策之大梁人尉繚，不折不扣爲意圖顛覆自己宗國之奸賊。而今本《尉繚子》則叮嚀周至以強魏爲職志、反對割地出質以求外國助卒之愛國憂時志士（在反對外國之助卒上，尉繚與意圖以強兵、陰謀策略完成義大利統一之愛國志士馬基維利完全一致。）在行事上兩者差距如此之大，今本《尉繚子》之非爲秦王政獻策之大梁人尉繚之作品，此爲最堅實之證據。

　　鄭良樹、劉春生之調和兩個時期尉繚之說法，因今本《尉繚子》前、後篇思想一致性、互補性，而難以成立。

　　許多人認爲班固《漢書·藝文志》著錄之例，皆依時代爲次，〔註49〕梁玉繩、姚振宗在《漢書·藝文志》排列之順序上，判定雜家《尉繚子二十九篇》之著書非大梁人尉繚。〔註50〕其實兵家《尉繚》在《漢書·藝文志》之

〔註47〕《左傳·昭公十八年》。

〔註48〕司馬遷，《史記·秦始皇本紀》，頁81。

〔註49〕張舜徽，《漢書藝文志釋例》，《二十五史三編·第三分冊》（湖南，岳麓書社，1994年12月），頁750，云：「依時代爲先後例：自來編書目者，每類之中，各依時代先後爲次，不相混雜，其例實導原於漢志，而尤以諸子略儒家類最爲分明。」

〔註50〕姚振宗云：「梁玉繩瞥記五：『諸子中有尉繚子。……漢志，雜家，尉繚子二十九篇，先尸子，兵家尉繚三十一篇，先魏公子，蓋兩人，尸佼所稱，非爲始皇國尉者。』按秦始皇本紀有大梁人尉繚來說秦王，秦王以爲國尉。其時爲始皇十年，與李斯同官，已在六國之末。此尉繚序次在由余之後，尸子、

排列順序上，後於《孫軫》、《繇敘》、《王孫》，而先於《魏公子》。王孫爲何人，今已不得而知，孫軫由臨沂《孫臏兵法》之內容已證實爲春秋早中期之先軫，繇敘即秦穆公時之由余，這些人均爲春秋時人，而魏公子活躍之時代在秦始皇之前之秦昭王時代。兵家《尉繚》在《漢書・藝文志》之排列順序上亦以屬於梁惠王時代之尉繚爲高。

李解民由《尉繚子》所提及之人物時間、國別、結合當時的社會歷史背景，認爲「若說作者就是《史記・秦始皇本紀》所載的那位于秦王政十年（前237年）入秦的大梁人尉繚，很難合拍；退一步的話，果如其說，那書裡所勸諫的對象便成了處于統一六國前夕的秦始皇，則更難令人置信。」〔註51〕戰國中晚期，軍事人才輩出，兵法叢生，而尉繚一無所述，故就書中史實而論，尉繚屬於戰國早中期之機率遠高於其屬於戰國晚期。〔註52〕

任何作品，均離不開其所屬之時代。《尉繚子》一書中所反映的時代，完全是戰國早中期之現況，與戰國晚期根本無法合轍。如提及用兵人數之三萬、五萬、十萬，最多二十萬，這是戰國早、中期實際情況之反映。至戰國中期以後，即使斬首，動輒十萬、二十萬，至秦昭王晚年（五十六年），小國寡民之燕王喜亦能連兵六十萬以伐趙。〔註53〕春秋時代，絕大多數戰爭時間甚短，一遇戰禍，大國入城，小國入保，〔註54〕即可避過戰爭之災難。春秋晚期開始，長久圍城普遍出現，〔註55〕圍人之城（築城以保護人民性命之安全）已無法適應時代之需要，金城湯池而無粟，根本守不住。戰國初期，圍地之戰開始躍登歷史舞台，各國競築長城（將人民、水源、農田一起圍住）、大都（大都爲具體而微之長城）將人民、農地一併納入保護，做到且耕且戰，以應付新的戰爭形勢，此即爲《尉繚・兵談》之「量土地肥墝而立邑，建城稱地，以城稱人，以人稱粟，三相稱，則內可以固守，外可以戰勝。」之時代背景。

呂不韋之上，則遠在其前，非大梁人尉繚可知，梁氏所疑，近得其似。」見姚振宗，《漢書藝文志條理》，收錄於《二十五史補編》第二冊中，（臺灣，開明書局，民國48年6月1版），頁1631。

〔註51〕李解民，《尉繚子譯註・前言》，頁4，云：「書中提及的人物，計有黃帝、堯、舜、文王、周武王、太公望、商紂王、飛廉、惡來、齊桓公、公子心、孫武、吳起；從時間看，止于戰國前期的吳起；從別國看，涉及齊、楚、魏。」

〔註52〕同註50。

〔註53〕劉向輯，《戰國策・燕三・燕王喜使栗腹以百金爲趙威王壽》，頁1121。

〔註54〕可參看本章「第十節伍度地建城立邑」。

〔註55〕同註54。

如果將《尉繚子》置之戰國晚期，各國均已普建長城、外郭、大都，尉繚此時再爲此言則近無的放矢。〔註56〕尉繚反對梁惠王「以重寶出聘、以愛子出質、以地界出割，得天下助卒。」此一敘述恰好就是梁惠王時代軍事、政治狀況之實際描繪。〔註57〕

梁惠王、商鞅、尉繚爲同一時期之人物。商鞅敗魏在梁惠王晚年，商鞅思想見之成效、名震諸侯而廣爲流傳，當更在梁惠王晚年以後之事。尉繚即使是梁惠王晚年之人，在時間上，尉繚思想受到商鞅影響之可能性亦甚低。何況「西喪地於秦七百里」爲梁惠王晚年之奇恥大辱，尉繚何以能不避忌諱一再當著梁惠王之面大述商鞅之學，以刺激梁惠王？桓譚、楊寬、張蔭麟、齊思和等均認爲商鞅之學出自李克。〔註58〕班固《漢書‧藝文志》云：「秦相商君師之（尸子，尸佼）。」班固認爲商鞅師事尸佼，而尸佼亦爲魏人。〔註59〕商鞅之學許多成分原本就是魏國所固有者。尉繚思想即或與商鞅有類似之處，兩者同出一源之可能性，當遠較其出於商鞅爲高。

〔註56〕 詳情可參看羅獨修之〈長城在戰國時代之作用試探〉一文，《慶祝王恢教授九秩嵩壽論文集》（王恢教授九秩嵩壽論文集編委會，1997年5月初版），頁1～10。

〔註57〕 劉向輯《戰國策‧魏二‧惠施爲韓魏交》，頁837：「惠施爲韓魏交，令公子鳴爲質於齊。」《戰國策‧魏一‧魏令公孫衍請和於秦》，頁815：「綦毋恢教之語曰：『無多割，曰，和成，固有秦重和，以與王遇；和不成，則必莫能以魏合於秦者矣。』」朱右曾輯錄，《汲冢紀年存眞》，頁146，云：「王及鄭釐侯盟于巫沙，以釋宅陽之圍，歸釐于鄭。」司馬遷，《史記‧魏世家》，頁606，云：「（梁惠王）二十年，歸趙邯鄲，與盟漳水上。」

〔註58〕 董説，《七國考》，頁366，云：「《桓譚新書》：『魏文侯師李悝，著法經，以爲王者之政，莫急於盜賊。故其律始於盜賊。盜賊須劾捕，故著囚、捕二篇。其輕佻、越城、博戲、假借、不廉、淫侈、踰制爲雜律一篇。又以具律具其加減，所著六篇，衛鞅受之，入相於秦。是以秦、魏二國，深文峻法相同。』」《晉書‧刑法志》幾乎一字不易之全抄此文，以明秦漢法制之來由。楊寬，《戰國史‧第五章‧六秦國衛鞅的變法》，頁194，云：「衛鞅吸收了李克、吳起等法家在魏楚等國實行變法的經驗，結合秦國的具體情況，對法治政策做了進一步發展，後來居上，變法取得了較大得成就。」張蔭麟，《中國上古史綱‧第五章第三節，秦的變法》（臺北：華岡出版有限公司，民國67年2月五版），頁117～118，云：「後來聞得秦孝公即位，下令求賢，他才挾著李悝的法經走去秦國。」齊思和〈商鞅變法考〉一文在敘商鞅變法內容之前，緒論之後，接著就是「戰國變法始於魏考」以明商鞅變法之內容與魏地之淵源關係。見《戰國史探研》，頁130。

〔註59〕 王先謙，《漢書補注‧藝文志》，頁897，云：「王應麟曰：……今案尸子者，晉人也，名佼，秦相衛鞅客也。鞅謀事畫計，立法理民，未嘗不與佼規也。」

劉向敘述戰國時人之活動時間常不精確。如劉向敘及：「孫卿至趙，與孫臏議兵趙孝王前。」〔註60〕孫臏爲戰國早期之人，趙孝王、荀卿爲戰國晚期之人，已是歷史定論，時間相距幾及百年，與孫卿議兵於趙孝王前之臨武君絕不可能是孫臏。因此，劉向所謂之「繚爲商君學」，實在值得商榷。

第四節　尉繚思想源出職官者

中國人常講寫文章，彷彿文章可單由寫作的方式完成。但眞正的文章根本不是以伏案寫作的方式完成。眞正的文章、著作往往是作者閱歷、家世、知識、人格、職業、時代背景、地緣關係的眞實反映，書與人之關係密不可分。讀者往往可以由書知人，從書中找出作者的身分、地位、思想及其所從事之行業。如史書是專門記述他人事蹟之著作，但王國維卻能勾稽《史記》之材料寫成《太史公行年考》；司馬遷能以論語等資料爲主立〈孔子世家〉、〈仲尼弟子列傳〉；在《胡適雜憶》中，我們所認識到的不只是胡適之音容笑貌，還認識了作者唐德剛。《史記・商君列傳》敘完商鞅一生設施行事之後，最後司馬遷之論贊則是商君之爲人與其著書之內容恰相符合：

> 太史公曰：商君，天資刻薄人也。……及得用，刑公子虔，欺魏將印，不師趙良之言，亦足發明商君之少恩矣！余讀商君開塞耕戰書，與其人事相類。卒受惡名於秦，有以也夫。〔註61〕

尉繚亦不例外。《尉繚子》一書往往不經意透露出作者對魏國深厚之眷顧之情，及其思想與尉之職掌之密不可分。

在對魏國深厚眷顧之情方面，《尉繚》首篇〈天官〉即駁斥梁惠王之「黃帝刑德，可以百戰百勝」之不切實際。尉繚一再稱魏爲吾，爲我，如：「使吾器用，養吾武勇，發之如鳥擊，如赴千仞之谿。」（〈制談〉）「量吾境內之民，無伍莫能正矣。」（〈制談〉）「我因其虛而攻之。」（〈攻權〉）等。反對借用外國助卒進行攻戰，認爲外國助卒有害無利。《尉繚・制談》云：「今國被患者，以重寶出聘，以愛子出質，以地界出割，得天下助卒，名爲十萬，實不過數萬爾，其兵來者，無不謂其將曰：『無爲天下先戰。』」其實不可得

〔註60〕《荀子・議兵》：「臨武君與孫卿子議兵於趙孝成王前。」楊倞注云：「……或曰劉向敘錄云：『孫卿至趙，與孫臏議兵趙孝王前。』……」
〔註61〕司馬遷，《史記・商君列傳》，頁761。

而戰。」此種議論與意圖不擇手段統一義大利之愛國志士馬基維利之反對使用傭傭兵完全如出一徹。馬基維利之看法是以傭傭兵作戰，不論勝敗，對君主而言都有不測之禍。傭傭兵如果作戰不力，君王立刻有覆滅之禍；傭傭兵如果能克敵制勝，傭傭兵則將取君王而代之。傭傭兵永遠以本身之利益為第一優先。〔註62〕馬基維利、尉繚之看法均是：首要強國之道，在訓諫自己的軍隊，強化自己軍隊之戰力。尉繚此等議論恰與客居異國之孫武、李斯針鋒相對。《孫武·用間》強調：「反間不可不厚」、「能以上智為間，必成大功。」李斯〈諫逐客書〉認為秦始皇逐客之舉是「藉寇兵而齎盜糧者也」。徐勇認為《商君書·徠民篇》之作者為尉繚，〔註63〕實與《尉繚子》全書主旨完全相反。故《商君書·徠民篇》成之於尉繚之可能性實在很低。

　　《尉繚》全書主旨之一是希望得君行道，以其知識、才能挽救衰頹不振之魏國局勢。全書大體可分為兩個部份，前十二篇充斥著對世將〈一般世俗之將〉之嚴厲批評，作者對梁惠王之諄諄告誡以及行軍用兵之法、重兵之道等；後十二篇詳述軍法、軍令之具體內容。雖然前十二篇涉及範圍廣泛，後十二篇往往只就單一內容有專精而深入之解說。但兩者之間有相當程度之互補關係。

　　在對世將之嚴厲批評與對梁惠王之諄諄告誡方面，《尉繚子》之性質實近於上給君王建議改革之軍政萬言書，《尉繚子·天官》則為其本事，故明言遊說之對象為梁惠王，而遊說者為尉繚。〈兵談〉以下各篇為其正文，自稱為臣，而不須再提遊說之對象。如〈制談篇〉云：「先登者，未曾非多力國士也，先死者，非嘗非多力國士，故損敵一人而損我百人，此資敵而傷我甚焉，世將不能禁。殺人於百步之外者，弓矢也；殺人於五十步之內者，矛戟也；將已鼓而士卒相囂，抱戟利後發，戰有此數者，內自敗也，世將不能禁。士失什伍，車失偏列，奇兵捐將而走，大眾亦走，世將不能禁。夫將能禁此四者，則高山陵之，深水絕之，堅陣犯之。不能禁此四者，猶亡舟楫絕江河，不可得也。」「一賊仗劍擊於市，萬人無不避之者，臣謂非一人之獨

〔註62〕馬基維利著，何欣譯，《君王論·第十二章：各種軍隊與傭兵》（臺北：中華書局，民國59年3月三版），頁58～62。

〔註63〕徐勇，《〈尉繚子〉逸文蠡測》云：「綜前所述，本篇（指徠民篇）應作成于公元前二四二至公元前二三〇之間，很可能是尉繚入秦後與秦王政的談話的記錄，似可作為他的一篇遺作看待。」見《歷史研究》總246期（1997年2月），頁26。

勇，萬人皆不肖也？何則？必死與必生，故不侔也。聽臣之術，足使三軍爲一死賊，莫當其前，莫隨其後而能獨出獨入焉。獨出獨入者，王霸之兵也。」「試聽臣言，其術足使三軍之眾誅一人無失刑，父不敢舍子，子不敢舍父，況國人乎？」「今天下諸國士所率無不及二十萬之眾也，然不能濟功名者，不明乎禁舍開塞也。明其制，一人勝之，則十人亦以勝之也。十人勝之，則百千萬人亦以勝之也。故曰：『便吾器用，養吾武勇，發之如鳥擊，如赴千仞之谿。』……」「夫將提鼓揮枹，臨難決戰，接兵用刃，鼓之而當，則賞功立名，鼓之而不當，則身死國亡，是存亡安危在乎枹端，奈何無重將也？」〈武議〉云：「夫提鼓揮枹，接兵用刃，君以武事成功者，臣以爲非難也。」「今世將考孤虛，占城池，合龜兆，視吉凶，觀星辰風雲之變，欲以成勝立功，臣以爲難。」〈將理〉則云：「兵法：『十萬之師出，日費千金。』今良民十萬，而聯於囹圄，上不能省，臣以爲危也。」《四庫全書總目提要·子部兵家類·尉繚子五卷》云：「周尉繚撰。其人當六國時，不知其本末。或曰魏人，以天官篇有梁惠王問，知之。或又曰：齊人，鬼谷子之弟子。劉向《別錄》又云『繚爲商君學』，未詳孰是也。」施子美《尉繚講義·前言》云：「尉繚子·齊人也。」由尉繚子稱魏爲君、爲我，對梁惠王稱臣，其文與同時之孟子語及魏國之語多譏諷，大異其趣；其對魏有極深之眷顧之情，反對用外國助卒方面，則頗似韓非之於韓國。〔註64〕由書中透露出之種種跡象來看，尉繚爲魏人之可能性爲最高。

《尉繚子》前十二篇與後十二篇之間有相當程度之互補關係，第二節述之已詳，此處毋庸再敘。

《尉繚子》屬兵家之兵形勢家。兵形勢家講求形名合一，刑名合一。兵形勢家與軍法有最密切之關係。兵形勢家有《蚩尤二篇》，班固註蚩尤之事跡是「見呂刑」。而《尚書·呂刑》敘及蚩尤之事，不過是「蚩尤作亂，惟作五刑。」《漢書·刑法志》照理是敘述司法獄訟之事，然其中有一半之篇幅爲用兵攻戰之道，這完全反映了古代兵刑不分之實況。〔註65〕《尉繚子》全書內容幾乎即是晉國「尉」之職掌之具體反映。故尉繚之思想與其「尉」之稱呼實有密切關連。

〔註64〕韓非爲韓之公子，故反對游士，尉繚之反對外國助卒，最大原因就是尉繚極可能爲魏國人。

〔註65〕顧頡剛，《史林雜識·一三·古代兵、刑無別》（北京：中華書局，1977年11月第二次印刷），頁82～84。

尉繚之「尉」是職官抑或是姓氏，存在著兩種不同的說法。顏師古認爲「尉，姓，繚，名也。」〔註66〕錢穆先生則認爲梁惠王之尉繚乃是依託，只有曾爲秦國尉之尉繚，因此「尉，乃其官名。」〔註67〕但錢穆先生併省古人之說常不準確。〔註68〕而《尉繚》本書所透露出之各種訊息證明兵書《尉繚》之作者爲秦王政時人之可能性甚低，錢穆先生有關尉繚之說法在根本上立足不穩。若顏師古「尉繚姓尉名繚」之說法即使可信，「尉」之姓氏源流仍有進一步研究之必要。左傳敘及春秋姓氏之源流是「以字以諡以官以邑。」〔註69〕劉雲柏云：

> 我國先秦時以官名爲姓氏者雖不乏其例，但更多見的是以地名爲姓。明人汪心修纂的《尉氏縣志》確認尉繚的原籍在尉氏（今河南省尉氏縣），尉縣爲戰國時魏之屬地，距大梁不遠，尉氏人亦可稱大梁人，與史書記載一致。〔註70〕

如此說可信，則尉繚之姓氏來源是因地得名。但地名卻淵源自職官。《漢書·地理志·陳留郡·尉氏》下顏注：「應劭曰：『古獄官曰尉氏。』臣瓚曰：『鄭大夫尉氏之邑，故遂以爲邑。』師古曰：『鄭大夫尉氏亦以掌獄之官故爲族也。』……」周亦有尉氏之官，《左傳·襄公二十一年》：「欒盈將歸死於尉氏。」杜預注曰：「尉氏，討奸之官。」《春秋大事表官制·卷十·尉氏》：「俱爲刑官。」由此看來，尉姓與尉氏之地名及周之尉氏職官有關連，尉氏之職掌爲刑法，《尉繚子》全書有一半以上篇幅正以軍法立說，此隱約透漏尉繚之學與職官有相當關係。

另一種更高之可能性是尉繚之尉姓出自晉之職官——尉。春秋時代除

〔註66〕顏師古注《漢書·藝文志》，頁1742。

〔註67〕錢穆，《先秦諸子繫年·一六二·尉繚辨》，頁494～495，云：「然考史記，繚既見秦王，欲亡去，秦王覺，因止以爲秦國尉。則所謂尉繚者，尉乃其官名，丞相綰、御史大夫劫、廷尉斯之例，而逸其姓也。若是則秦有尉繚，豈得魏亦有尉繚，而秦之尉繚，又係魏之大梁人？以此言之，知非二人矣。」

〔註68〕錢穆先生考證孫武即孫臏，兵書只一本，即《孫子十三篇》，言之鑿鑿，彷彿鐵案如山，見《先錢諸子繫年·八五·田忌鄒忌孫臏考》，頁263。但完全經不起臨沂出土遺物之一擊。方授楚，《墨學源流·第七章墨學傳授》（香港：中華書局香港分局，1989年3月重印版），頁143～144，以許行、許犯之年齡不合，而駁斥了錢穆所謂之許犯即許行之說法。

〔註69〕《左傳·隱公八年》。

〔註70〕劉雲柏，《中國兵家管理思想·第四章第三節：尉繚子》（上海：上海人民出版社，1993年4月1版），頁83。

鄭、周外，列國之中設有尉之職官者，只有晉國。

　　晉國之軍事組織是：國君之下有六卿，六卿分任三軍（三軍爲上、中、下）之大夫、佐；大夫、佐之下即爲尉、尉佐；尉、尉佐之下則爲司馬。尉之地位在大夫、將、佐之下，而在司馬之上，爲司馬之直屬長官。如魏絳戮楊干，晉悼公命羊舌赤「必殺魏絳，無失也。」楊伯峻注曰：「據襄十九年傳，軍尉職位高于司馬，羊舌赤新爲中軍尉佐，故晉悼得命而殺之。」〔註71〕尉與司馬之職掌幾乎完全重疊，如「鐸遏寇爲上軍尉，籍偃爲司馬，使訓卒乘，親以聽命。」尉與司馬同負「訓卒乘，親以聽命」之責。如《淮南子·兵略訓》敘及尉之職掌是：「吏卒辨，兵甲治，正行伍，連什佰，明旗鼓。」但《左傳·僖公二十八年》：「祁瞞奸命，司馬殺之。」此爲司馬實行「正行五、連什佰、明旗鼓」之職。《左傳襄公十八年》：「晉人使司馬斥山澤之險，雖所不至，必旆而疏陣之。」《左傳·昭公十三年》：「七月丙寅，治兵于邾南，甲車四千乘，羊舌鮒攝司馬，遂合諸侯于平丘。」此爲司馬執行「兵甲治、正行伍。」之職。司馬所執行、執掌之職務，完全屬於《淮南子·兵略訓》對尉之職掌之敘述，而司馬爲尉之屬官，兩者之間之關係應該是：尉之主要職掌爲監督、決策、發布命令，而司馬之職掌爲實際實行。

　　尉與司馬之主要執掌與《尉繚子》一書之內容契合程度，遠超過尉氏與《尉繚子》之契合程度。尉繚爲魏人，而魏又承晉之遺緒自稱爲晉，這一切應該不是出於偶然。

　　尉與司馬之主要執掌與《尉繚子》之密切契合部分，分析而言，約有以下幾點：

一、發眾使民

　　《左傳·襄公三十年》：「而廢其輿尉」《春秋大事表卷十·官制·上軍尉》註輿尉之職掌云：「正義曰：服虔云：軍尉、輿尉。主發眾，使民于時。」〔註72〕《尉繚子·兵談》則是：「兵起非可以忿也，見勝則興，見不勝則止。患在百里之內，不起一日之師。患在千里之內，不起一月之師。患在四海之內，不起一歲之師。」

〔註71〕楊伯峻，《春秋左傳注》（北京：中華書局，1995年10月五刷），頁929。

〔註72〕顧棟高，《春秋大事表卷十·官制·上軍尉》（臺北：廣學社印書館，民國64年9月），頁1528。

二、治　獄

《說文》釋尉云：「從上案下也。從尸、又，持火以尉申繒也。」尉之意有從上治下，使之平整之意。漢代張釋之云：「廷尉，天下之平也。」〔註73〕是就尉字立義。《左傳·襄公二十九年》：「晉侯使司馬女叔來治杞田，弗盡歸也。」《國語·晉語八》：「范宣子與和大夫爭田，久無成。宣子欲攻之……問於籍偃。」籍偃時為司馬，故范宣子向其請益。春秋戰國之前，兵刑不分，「將，理官也。」實是當時之普遍現象。「獄得其平」是軍隊戰鬥力與戰鬥意志衡量標準之一，齊魯長勺之戰，魯莊公言：「小大之獄，雖不能察，必以情。」曹劌認為此等行徑是「忠之屬也，可以一戰。」〔註74〕同一事件，《國語·魯語上》之敘述是「『余聽獄雖不能察，必以情斷之。』對曰：『是則可矣。知夫苟心中圖民，知雖弗及，必將至焉。』」賈誼敘及楚莊王之得以在邲敗晉稱霸諸侯原因之一是「國無獄訟」。〔註75〕《淮南子》亦云：「越王勾踐一決獄不辜，援龍淵而切其股，流血至足，以自罰也。而戰，武士必其死。」〔註76〕《墨子·號令》守則必固之方之一是：「守入臨城，必謹問父老、吏大夫、諸有怨仇不相解者，召其人明白為之解之，守必自異其人而籍之，孤之。有以私怨害城君吏事者，父母妻子皆斬。」職掌分工之下，軍法、軍刑則由尉、司馬負責。《尉繚·將理》則言及「將，理官也，萬物之主也，不以私于一人。」認為刑獄牽連及於全民，「所連之者，親戚兄弟也，其婚姻也，其次知識故人也。」在此篇中尉繚深切體驗訟獄公正與否，涉及全民對國家好惡之感。《尉繚子》主張「善審囚之情，不待箠楚而囚之情可畢矣。」反對逼供，以免造成不公。司法不公，最能傷害人民、族群之感情，歷代民變、兵變，往往肇因於此。因此刑獄不公，而欲對外作戰，尉繚認為「臣以為危」。

三、治　兵

尉、司馬之最主要職掌為治軍，整飭步伍，師出以律，使軍形嚴不可犯。《左傳·成公十八年》：「鐸遏寇為上軍尉，籍偃為司馬，使訓卒乘，親以聽

〔註73〕司馬遷，《史記·張釋之馮唐列傳》，頁979。
〔註74〕《左傳·莊公十年》。
〔註75〕賈誼，《新書·先醒》（臺北：世界書局，民國78年10月，四月），頁74，云：「……國無獄訟，當是時也，周室壞微，天子失制。……莊王圍宋伐鄭，乃南與晉人戰於兩棠，大克晉人。」
〔註76〕《淮南子·人間訓》。

命。」《左傳・昭公十三年》：「七月丙寅，治兵於邾南，車四千乘，羊舌鮒攝司馬，遂合諸侯於平丘。」治兵之道，在求形名合一（隊形、陣形與號令完全一致，兵家稱之為形名；犯禁者嚴懲不貸謂之刑名。）形、名一致，將操其名，兵效其形，如心使四肢，如臂使指，隨心所欲。將領認為可以直陣克敵制勝，號令為直陣，部隊即變為直陣；將領認為須以坐陣固守，號令為坐陣，部隊即變為坐陣；號令軍分為五，部隊即分為五隊，號令合之為一，部隊即合而為一大隊；號令進，部隊即前進；退即退；左即左；右即右。完全指揮如意，將領只須專主旗鼓，即足以克敵制勝，此種情形謂之「三軍用命」。晉之司馬魏絳曰：「臣聞『師眾以順為武，軍事有死無犯為敬。』……」軍隊依令而行，有死無犯，即已符合治軍形名合一之要求。為了達到刑名合一之目的，尉、司馬特重重將、重令、重兵、正形伍、吏卒辨、佈陣等具體措施。其中重將、重令使將領有「上不制天、下不制地、中不制人」生殺予奪之大權，實屬「勢治」之範圍。法家之重勢思想要素之一即在有誅殺之權柄。而正行伍、吏卒辨、佈陣應屬兵形之範圍。

（一）重　將

俗語有謂：「打仗打將。」「三軍易得，一將難求。」軍隊之興衰勝敗與將之良劣、有無威勢有密切關連。重將為兵形勢家思想之核心。春秋時代晉國霸業長久不墜，不像齊、楚僅止曇花一現，這和晉國軍事上重形名〔註77〕、重將，有密切之關連。因為重將，故晉軍部伍嚴整，師出有功。晉國取威定霸之謀主先軫，在《漢書・藝文志》中名列兵形勢家，其兵書現雖已失傳，但其克敵制勝之道，實在「教戰」。《說苑・指武》云：「故語曰：『文王不能使不附之民，先軫不能戰不教之卒。』……」但重將思想並非起自春秋時代，而有其久遠之歷史。至少商、周已有賜鈇之禮，《禮記・王制》說：「諸侯賜弓矢然後征，賜斧鈇然後殺。」以賜鈇之禮將王者之征誅大權授予將領，申明將領有「上不制天，下不制地，中不制人」之誅殺大權，整治部伍，令嚴政行，使軍隊能獨出獨入，銳不可當。西漢以前，史書有關賜鈇重將之禮，見之於記載至少不下十起。〔註78〕其內容大同小異，現只詳錄《六韜・立將》

〔註77〕如晉文公取威定霸之謀主先軫即名列兵形勢家；晉文公之伐原示信。城濮戰前，晉文公觀看晉軍軍容，曰：「少長有禮，其可用也。」見《左傳・僖公二十八年》。
〔註78〕見《說苑・指武》、《六韜・立將》、《史記・司馬穰苴列傳》、《史記・淮陰侯

及《六韜‧將威》之內容以明其詳細內容。〈立將〉云：

> 武王問太公：「立將之道奈何？」太公曰：「凡國有難，君避正殿，召
> 將而詔之，曰：『社稷安危，一在將軍。今某國不臣，願將軍帥師應
> 之。』將既受命，乃命太史上齋三月，之太廟，鑽靈龜，卜吉日，以
> 授斧鉞，君入廟門，西面而立，將入廟門，北面而立，君親操鉞持首，
> 將授其柄，曰：『從此上至天者，將軍制之。』復操斧持柄，授將其
> 刃曰：『從此以下至淵者，將軍制之。見其虛則進，見其實則止，勿
> 以三軍爲眾而輕敵，勿以受命爲重而必死，勿以身貴而賤人，勿以獨
> 見而違眾，勿以辯說爲必然。士未坐，勿坐，士未食，勿食，寒暑必
> 同之，如此，則士眾必盡死力。』將已命，拜而報君曰：『臣聞：國
> 不可從外治，軍不可從中御。二心不可以事君，疑志不可以應敵。臣
> 既受命，專斧鉞之威，臣不敢生還，願君亦垂一言之命於臣，君不許
> 臣，臣不敢將。』君許之，乃辭而行，軍中之事，不聞君命，皆由將
> 出，臨敵決戰，無有二心，若此，則無天於上，無地於下，無敵於前，
> 無君於後，是故智者爲之謀，勇者爲之鬥，氣屬青雲，疾若馳騖，兵
> 不接刃而敵降服，戰勝於外，功立於內，吏遷士賞，百姓懽悅，將無
> 咎殃，是故風雨時節，五穀豐孰，社稷安寧。」武王曰：「善哉！」

〈將威〉云：

> 武王問太公曰：「將何以爲威？何以爲明？何以爲禁止而令行？」太
> 公曰：「將以誅大爲威，以賞小爲明，以罰審爲禁止而令行。故殺一
> 人而三軍震者，殺之；賞一人而萬人說者，賞之。殺貴大，賞貴小。
> 殺及當路貴重之臣，是刑上極也。賞及牛豎馬洗廄養之徒，是賞下
> 通也。刑上極，賞下通，是將威之所行也。」

重將之禮之主要內容爲確立大將之權威、尊嚴，賜之斧鉞，使之有專誅之權，
閫外完全自主之權（「將在外，君命有所不受。」），可以震懾三軍，威服敵人，
指揮三軍如心之使臂、臂之使指一樣隨心所欲。西周青銅銘文記述虢季子南
征之際，天子先賜鉞：「賜用鉞，用政蠻方。」新沫若認爲此「即禮家所謂賜

列傳》、《史記‧張釋之馮唐列傳》、《淮南子‧兵略》、《吳子‧圖國》，《史記‧
周本紀》云：「乃赦西伯，賜之弓矢、斧鉞，使西伯得征伐。」《左傳‧昭公
十五年》云：「其後襄之二路，鏚鉞、秬鬯、彤弓、虎賁，文公受之，以有南
陽之田，撫征東夏，非分而何？」《孔叢子‧問軍禮第二十》。

斧鉞專征伐之意。」〔註79〕殷代卜辭中有命將之辭，命將之際，王親賜銅鉞。嚴一萍《殷商兵志》即錄有「壬申卜貞命好從沚征巴方受坐又（粹 1230）」等卜辭以說明命將之卜辭。而婦好墓中即曾出土兩件八點五公斤以上、刃寬三十八公分以上之大鉞。楊泓、于炳文、李力云：

> 據甲骨卜辭記載，她（婦好）多次率兵征夷、伐羌、征土方，曾爲武丁征集兵員，又曾擔任武丁大軍先頭部隊的首領。最多時統兵一萬三千人。……眾多兵器中，首推兩件形體巨大的鑄有婦好銘文的青銅鉞。……鉞還是一種刑具，多用于軍隊軍旅行刑和作戰後斬殺俘虜，獻祭祖先鬼神。至於那兩種重達九公斤的大鉞，又鑄有猙獰可怕的花紋，當是作儀仗用的，象徵了婦好的權勢、威儀。〔註80〕

可見這種重將、命將之禮，商代亦確曾實行。類似這種重可達九公斤、刃寬三十公分以上代表命將授權之斧鉞、實物，在中山王𰯼墓、益都蘇埠屯之墓葬中亦屢有發現。〔註 81〕足徵此種以斧鉞命將授權之軍制並非只是具文，而是至少殷、周確曾長期不斷實施之制度。

　　春秋時代晉國將此種重將思想作了淋漓盡致的發揮，這是晉國霸業長久不墜之主因。《左傳・閔公二年》記述：「里克曰：『師在制命而已。稟命則不威，專命則不孝，……帥師不威，將焉用之。』」此段言辭生動敘述申生在討伐東山皋落氏之狼狽困頓情狀。但其中透露出一絕大信息，即晉國派軍出戰，往往給予將領充分之授權，可以專斷獨行，專殺立威。爲確保全軍畏將、令嚴政行，以求達到克敵制勝之目的，以致晉軍在每戰之前必先以殺（輕則辱）人方式立威，整治軍隊，殺人之際的執行者，即爲尉、司馬，代表君將有專殺大權之斧鉞，即由尉、司馬掌管。《國語・晉語八》云：

> 范宣子與大夫爭田，久而無成。宣子欲攻之。……問於籍偃。偃曰：
> 『偃以斧鉞，從於張孟，日聽命焉。若未夫子之命也，何二之有？釋夫子之舉，是反吾子也。』……

〔註79〕 郭沫若，《甲骨文研究・釋歲》（北京：科學出版社，1982 年 9 月 1 版），頁139。

〔註80〕 楊泓、于炳文，李力等著，《中國古代兵器與兵書・二銅兵光輝（二）婦好墓兵器》（北京：新華出版社，1992 年 12 月 1 版），頁 16。

〔註81〕 分見河北省文物研究所，《𰯼墓——中山國國王之墓》（北京：文物出版社，1996 年 2 月 1 版），頁 294～295；山東博物館，〈山東益都蘇埠屯第一號隸的葬墓〉，《文物》1972 年第 8 期，頁 21。

籍偃時爲軍尉。《左傳・襄公三年》云：

> 晉侯之弟楊干亂行於曲梁，魏絳戮其僕。……公讀其書曰：「日君之
> 使，使臣司司馬。臣聞『師衆以順爲武，軍事有死無犯爲敬。』君
> 合諸侯，臣敢不敬？君師不武，執事不敬，罪莫大焉。臣懼其死，
> 以及楊干，無所逃罪。不能制訓，至於用鉞。……」

魏絳時爲司馬。所殺之人地位愈高，整軍之效果就愈佳，在這種認識之下，
所以中國傳統上力主殺之貴大。軍隊不經數次血的洗禮，軍紀根本無由豎立。
《周禮》記述軍隊將戰之際，往往斬牲誓師，申明軍紀。〔註82〕自古爲達全
軍用命之效，整飭部伍之方有二，一是殺士卒立威；一是殺貴族立威。若是
欲以殺士卒而建立如山之軍紀，往往在一殺、二殺、三殺之後，才能達到整
飭部伍之效，予人過於殘忍之感覺。如《尉繚・兵令下》云：

> 臣聞古之善用兵者，能殺士卒之半，其次殺其十三，其下殺其十一。
> 能殺其半者，威加海內，殺其十三者，力加諸侯，殺其十一者，令
> 行士卒。故曰：百萬之衆不用命，不如萬人之鬥也；萬人之鬥不用
> 命，不如百人之奮也。賞如日月，信如四時，令如斧鉞，制如干將，
> 士卒不用命者，未之有也。

尉繚明言此等用刑深刻之治軍思想非其自己發明，而是源自古人。金人施子
美、明人劉寅、朱墉對「殺士卒」之解釋均爲「殺己之士卒。」〔註83〕李靖
承襲《尉繚子》之看法。在其言論中有「古之善爲將者，必能十卒而殺其三，
次者十殺其一。三者威振於敵國；一者令行于三軍。是知畏我者不畏敵，畏
敵者不畏我。」〔註84〕鄧澤宗在《李靖兵法輯本註釋》中且言：「李靖是韓擒
虎之甥，曾隨楊素等做事，宜其繼承了楊素的嚴刑重刑思想。」〔註85〕古人
行事、思想，今人有時不易理解。目前對尉繚「殺士卒」之解釋，出現了另
一解釋。李解民、鄧澤宗等均將「殺」字解作「犧牲」、「消耗」。但今人這些
講法都與前後文意無法連貫，因此可能都是誤解。但殺貴族立威往往只需殺

〔註82〕《周禮・卷二十九・夏官・大司馬》（相台岳氏本），頁7上，云：「群吏聽誓
于陣前，斬牲以左右徇陳，曰：『不用命者斬之。』

〔註83〕見施子美《尉繚子講義・兵令下》、劉寅《尉繚子直解・兵令下》、朱墉《武
經七書匯解・尉繚子匯解・兵令下》之解釋。

〔註84〕江宗沂輯，《衛公兵法輯本・卷上・將務兵謀》（漸西村社彙刊本）（臺北：藝
文印書館影印《百部叢書集成》），頁17上。

〔註85〕江宗沂輯，《李靖兵法輯本・卷上・將務兵謀》（鄧澤宗注釋），（北京：解放
軍出版社，1990年6月1版），頁33，〔註1〕。

一人就可坐收令嚴政行之效。春秋戰國時代，殺貴族立威，整肅軍紀，實是兩害相衡取其輕之作法。因為如以殺士卒建立軍紀、軍威，往往殺戮過慘。宋代就有這樣一則史料：

> 周氏《涉筆》曰……世傳張魏公建壇拜曲端為大將，端首問魏公：「見兵幾何？」魏公曰：「八十萬人。」端曰：「須是斬了四十萬人，方得四十萬人用。」〔註86〕

這不是曲端故作驚人之語，而是非用此等嚴屬手段無法振作宋代衰頹不振之軍風。北宋末年，金人兵不滿萬，宋朝有兵二百萬，但金人南侵之際，朝廷不得萬人之用。對宋之軍政有深刻認知之何良臣即有與曲端完全一致之看法，而肯定楊素之用兵：

> 素之馭戎，嚴整而喜誅。每戰，求士之過失者，斬之以令，常至百輩。而先以數百人赴敵陷陣，不能陷陣而還卻者悉斬之，復進數百人，期必陷陣而止。是以士皆必死，前無堅陣，此弱之所以得目之為猛也。嗟乎！素非有忍于士也，以為士之必死者，乃所以決生，必生者，乃所以決死。〔註87〕

冒頓之鳴鏑練兵，四殺之後，始「知其左右可用」。〔註88〕越王勾踐伐吳，令嚴政行，一舉滅吳前之軍事措施是：

> 王（勾踐）乃以壇列鼓而行之。至於軍，斬有罪以徇，曰：「莫如此不從其伍之令。」明日徙舍，斬有罪者以徇，曰：「莫如此不用王命。」明日徙舍，至於禦兒，斬有罪者以徇，曰：「莫如此淫逸不可禁也。」
> 〔註89〕

洪楊起事，中國各地皆辦團練，但能有戰力者，僅止湘軍，湘軍之真正主要來源僅止二地－湘鄉、寶慶二縣而已。湘軍治軍之所以能有成效，是仿自戚繼光之束伍法；而戚之束伍法來自孫武之演陳斬美姬－殺之貴大之重將法。〔註90〕

〔註86〕馬端臨，《文獻通考·經籍考》卷四八·子部兵書《尉繚子》（臺北：新文豐出版公司，民國75年9月1版），頁1111～1112。

〔註87〕何良臣，《何博士備論·楊素論》（指海叢書本）（臺北：藝文印書館影印《百部叢書集成》），頁61下。

〔註88〕司馬遷，《史記·匈奴列傳》，頁1035。

〔註89〕《國語·吳語》。

〔註90〕戚繼光，《紀效新書·卷四》，頁48，云：「若犯軍令，就是我的親子姪，也是依法施行，絕不干預恩仇。」其後竟有戚繼光斬子之傳說，但戚繼光治軍嚴整是不爭之事實。同卷又云：「你們豈不知，宋時北兵稱岳爺軍，曰：『撼山

胡林翼即曰：

> 自來帶兵之員，未有不專殺立威者，如魏絳戮僕，穰苴斬莊賈，孫
> 武致法於美人，彭越之誅後至者皆是也。事變日移，人心日趨於偽，
> 優容實以釀禍，姑息非以明恩，居今日而為政，非用霹靂手段，不
> 能顯菩薩心腸。〔註91〕

殺人治軍、整軍，專殺（或辱）之人地位愈高，整軍之效果愈佳。箕之役，
兵形勢家之先軫嚴黜晉襄公身邊紅人狼瞫。〔註92〕晉文公取威定霸之憑藉是
以「不避親貴，法行所愛」之方式斷顛頡之脊以徇百姓。〔註93〕河曲之役，
韓獻子為司馬殺趙孟使人。〔註94〕雞丘之會晉景公之弟楊干亂行，魏絳戮其
僕。〔註95〕魏舒敗無終及群狄于太原之役，戰前魏舒因「荀吳之嬖人不肯即
卒，斬以徇。」〔註96〕但近代有些所謂學者或歷史工作者對此制已是一無所
知。〔註97〕靡笄之役，「及衛地，韓獻之將斬人，郤獻子馳，將救之，至則既

> 容易，撼他一個軍難。』只是個畏將法，宋號令之嚴，如此。」
>
> 〔註91〕 蔡鍔，《曾胡治兵語錄‧第六章‧嚴明》，《蔡鍔集》（長沙：湖南出版社，1983
> 年1月1版），頁68～69。
> 〔註92〕 《左傳‧文公二年》。
> 〔註93〕 《韓非子‧外儲說右上》（王先慎集解本），頁247，云：「（文公）曰：『然則
> 何者足以戰民乎？』狐子對曰：『令無得不戰。』公曰：『無得不戰，奈何？』
> 狐子對曰：『信賞必罰，其足以戰。』公曰：『刑罰之極安至？』對曰：『不辟
> 親貴，法行所愛。』文公曰：『善。』明日令田於圃陸，其以日中為期，後期
> 者行軍法焉。於是公有所愛者曰顛頡，後期，吏請其罪。文公隕涕而憂，吏
> 曰：『請用事焉。』遂斬顛頡之脊，以徇百姓。以明法之信也。而後百姓皆懼
> 曰：『君於顛頡之貴重如彼甚也，而君猶行法。況於我則何有矣。』文公見民
> 之可戰也。於是遂興兵伐原，克之，伐衛，東其畝，取五鹿，攻陽，勝虢，
> 伐曹，南圍鄭，反之陴，罷宋圍。還與荊人戰城濮，大敗荊人。返為踐土之
> 盟，遂成衡雍之義。一舉而八有功。所以然者，無他故異物，從狐偃之謀，
> 假顛頡之脊也。」
> 〔註94〕 《國語‧晉語五》云：「趙宣子言韓獻子於靈公，以為司馬。河曲之役，趙孟
> 使人以其乘車干犯，獻子執而戮之。眾咸曰：『韓厥必不沒矣。其主朝升之，
> 而暮戮其車，其誰安之！』宣子召而禮之，曰：『吾聞事君者比而不黨。夫周
> 以舉義，比也；舉以其私，黨也。夫軍事無犯，犯而不隱，義也。吾言女於
> 君，懼女不能也。舉而不能，黨孰大焉！事君而黨，吾何以從政？吾故以是
> 觀女。女勉之。苟從是行也，臨長晉國者，非女其誰？』皆告諸大夫曰：『二
> 三子可以賀我矣！吾舉厥也而中，吾乃今知免於罪矣。』」
> 〔註95〕 《國語‧晉語七》云：「四年，會諸侯於雞丘，魏絳為中軍司馬，公子楊干亂
> 行於曲梁，魏絳斬其僕」。
> 〔註96〕 《左傳‧昭公元年》。
> 〔註97〕 杜正勝即云：「要甲士下車與步卒共同行伍，等於剝奪他們統治貴族的身分，

斬之矣。郤子使速以徇,告其僕曰:『吾以分謗也。』」〔註98〕范文子對刑成於內而後能振武於外,有詳細之解說:

> 鄢之役,晉伐鄭,荊救之,大夫欲戰,范文子不欲,曰:「吾聞之,君人者刑其民,成,而後振武於外,是以內和而外成。今吾司寇之刀鋸日弊,而斧鉞不行,內猶有不利,而況外乎!夫戰,刑也,刑之過也。過由大,而怨由細,故以惠誅怨,以忍去過。細無怨而大不過,而後可以武,刑外之不服者。今吾刑外乎大人,而忍於小民,將誰行武?武不行而勝,幸也。……」〔註99〕

重將爲兵形勢家之主要內容。將領經由授鉞手續,由君王手中接受生、殺、予、奪之權柄,上不制天,下不制地,中不制人。此斧鉞即由尉、司馬掌管。尉、司馬在重將之程序中實居關鍵角色。因此《尉繚》全書二十四篇之中,對重將問題再三致意,有全篇記述重將思想者,有片段敘述重將思想者。〈將令〉篇爲全篇涉及重將思想者:

> 將軍受命,君必先謀於廟,令行于廷,君身以斧鉞授將曰:『左、右、中軍,皆有分職,若踰分而上請者死。君無二令,二令者誅,留令者誅,失令者誅。』將軍告曰:「出國門之外,期日中,設營表;置轅門,期之,如過時則坐法。」將軍入營即閉門清道,有敢行者誅,有敢高言者誅,有敢不從令者誅。

部份涉及重將之內容者,計有〈戰威〉篇之「兵未接,而所以奪敵者五;……二曰受命之論;三曰逾垠之論;……」;〈戰權〉篇之「高之以廊廟之論,重之以受命之論,銳之以逾垠之論,則敵國可不戰而服。」〈攻權〉篇之「夫將不心制,卒不節動,雖勝幸勝也,非攻權也。夫民不兩畏也。畏我侮敵,畏敵侮我。見侮者敗,立威者勝。凡將能其道者,吏畏其將也;吏畏其將者,民畏其吏也;民畏其吏者,敵畏其民也。是故知勝敗之道者;必先知畏侮之權。」〈兵令上〉篇之「卒畏將勝于敵者勝,卒畏敵甚于將者敗。所以知勝敗者,稱將于敵也。敵與將,猶權衡焉。」〈武議〉篇雖是部份論及重將思想,

---

以及伴隨身分的所有榮耀,自然遭到抵制。故魏舒改制,『荀吳之嬖人不肯即卒,斬以徇。』而後能成大功。」見《編戶齊民第一章・全國皆兵之新軍制》(臺北:聯經出版事業公司,民國79年3月初版),頁79。杜氏並不知荀吳之嬖人實是「殺之貴大」制度下之犧牲品。

〔註98〕《左傳・成公二年》。
〔註99〕《國語・晉語六》。

但仍有相當之篇幅：

> 凡誅者，所以明武也。殺一人而三軍震者，殺之。殺一人而萬人喜者，殺之。殺之貴大，賞之貴小。當殺而雖貴重，必殺之，是刑上究也；賞及牛童馬圉者，是賞下流也。夫能刑上究，賞下流，此將之武也，故人主重將。夫將提鼓揮枹，臨難決戰，接兵角刃，鼓之而當，則賞功立名；鼓之而不當則身死國亡。是興亡安危，在於枹端，奈何無重將也。……夫將者，上不制于天，下不制于地，中不制于人。故兵者，凶器也，爭者，逆德也，將者，死官也，不得已而用之。無天于上，無地于下，無主于後，無敵于前。一人之兵，如狼如虎，如風如雨，如雷如霆，震震冥冥，天下皆驚。……古之聖人，僅人事而已。

重將與否對戰國以後戰爭之勝負仍起了決定之影響。魏文侯身自布席，夫人捧觴，醮吳起于廟，立爲大將，吳起才能在西河「拓地千里」；〔註100〕趙奢如山之軍令，在戰國中晚期首創關與敗秦之軍事奇蹟；〔註101〕漢高祖建壇拜韓信爲大將，造成「三分天下有其二」之局面；〔註102〕馮唐之論將（重將）司馬遷評之爲「有味哉！有味哉！」〔註103〕周亞夫之「軍中只聞將軍令，不聞天子詔」令漢文帝大嘆：「此眞將軍矣！」〔註104〕相反的，御將往往是軍破國亡之張本。隋煬帝以傾國之師三伐高麗失敗之主因在於將吏不敢自專；〔註105〕哥舒翰潼關安之失肇因於中央之不斷促戰；〔註106〕宋對

〔註100〕《吳子‧卷十‧圖國》，《宋本武經七書》（靜嘉堂藏本）（臺北：商務印書館，民國60年影本），頁1下。

〔註101〕司馬遷，《史記‧廉頗藺相如列傳》，頁852。

〔註102〕司馬遷，《史記‧淮陰侯列傳》，頁920～921。

〔註103〕司馬遷，《史記‧張釋之馮唐列傳》，頁980～981。

〔註104〕司馬遷，《史記‧絳侯周勃世家》，頁699。

〔註105〕魏徵等，《隋書‧卷四‧煬帝下》（點校本）（臺北：鼎文書局，民國69年3月初版），頁82，云：「于時各將各奉旨，不敢赴機。既而高麗各城守，攻之不下。」

〔註106〕劉昫，《舊唐書‧卷一百四‧哥舒翰》（點校本），頁3214～3215，云：「賊將崔乾祐於陝郡潛鋒畜銳，而觀者奏云『賊殊無備』，上然之，命悉眾來討之。（歌舒）翰奏曰：『賊既始爲兇逆，祿山久習用兵，必不肯無備，是陰計也。且賊兵遠來，利在速戰。今王師自戰其地也，利在堅守，若輕出關，是入其算。乞更觀事勢。』楊國忠恐其謀己，屢奏使出兵。上久處太平，不練軍事，既爲國忠眩惑，中使相繼督責。翰不得已，引師出關。六月四日，次於靈寶縣之西原。八日，與賊交戰，官軍南迫險峭，北臨黃河，崔乾祐以數千人先

外作戰軍威不振主因之一是遙制；〔註107〕經略遼東之熊廷弼在奏章中談及邊帥不得自專之痛苦萬狀；〔註108〕才氣縱橫有不可一世之概之龔定庵論及清代中葉衰敗四項原因之一是不能「重臣」，此與「重將」實有異曲同工之妙，段玉裁評之爲「四論皆古方也，而中今病，豈必別製一新方哉！髦矣，猶見此才而死，吾不恨矣！」〔註109〕直至今日，御將、重將仍是指揮上最難解決之問題。朱寶慶在《左氏兵法》中論及此一問題時說：

> 沒有權威的統帥怎麼能指揮軍隊作戰呢？古有國君拜將、授劍〔註110〕
> 等制度，就是爲了保證軍事統帥的權威。孫子曰：「將在軍，君命有
> 所不受。」道理是一致的。毛澤東爲了保證黨對軍隊的領導，提出了
> 集中指揮與分散指揮的辯證關係理論，又制定了「一切行動聽指揮」
> 的紀律，使軍隊指揮的權威問題得到合理解決。〔註111〕

（二）重　令

《周官》無尉，職掌軍事者爲大司馬。《周禮・大司馬》之職掌是「掌邦國之九法以佐王平邦國。」大閱之際「群吏聽誓于陣前。」晉國尉及司馬之主要職責即是軍令、軍法。《尉繚子》有過半之篇幅敘及軍法、軍令，充分說明《尉繚子》與尉之職官之密切關係。兵形勢家爲達軍事上形名合一之效果，

據險要。翰及良丘等浮船中流以觀進退，謂乾祐兵少，輕之，遂促將士令進，爭路擁進，無復隊伍。午後，東風急，乾祐以草車數十乘縱火焚之，煙燄互天。將士掩面，開目不得，因爲凶徒所乘，王師自相排擠，墜于河。其後者見前軍陷敗，悉潰，填委于河，死者數萬人，號叫之聲震天地，縛器械，以槍爲桴，投北岸，十不存一二。」

〔註107〕脫脫，《宋史・卷三百六十五・岳飛》（臺北：鼎文書局，民國69年元月初版），頁11391，云：「一日奉十二金字牌。飛憤惋泣下，東向再拜曰：『十年之力，廢於一旦。』飛班師。」

〔註108〕張廷玉，《明史・卷二百五十九・熊廷弼》（臺北：鼎文書局，民國68年12月初版），頁6694～6695，云：「廷弼復上疏曰：臣蒙恩回籍聽勘，行矣。但台省責臣以破壞之邊遺他人，臣不得不一一陳之於上。今朝堂議論，全不知兵。冬春之際，敵以冰雪稍緩，闐然言師老財匱，馬上促戰。及軍敗，始愀然不敢復言。比臣收拾甫定，而愀然者又復闐然責戰矣。自有遼難以來，用武將，用文史，何非台省所建白，何嘗有一效。疆場事，當聽疆吏自爲之，何用拾帖括語，徒亂人意，一不從，輒悻然怒哉！」

〔註109〕龔定庵，《龔定庵全集類編・明良論四》（臺北：世界書局，民國62年5月再版），頁137～138。

〔註110〕朱文此處有誤，中國古代授予權柄之象徵性實物爲斧鉞，而非劍。

〔註111〕朱寶慶，《左氏兵法》（西安：陝西人民出版社出版，1991年10月1版），頁129。

其首要步驟為申明軍紀，繁瑣的軍紀規定記載在軍法、軍令之中，此為尉、司馬依令行事之張本，亦為尉繚據以立言著書之依據。因其繁瑣，所以不經長時間之學習、傳授，往往不易瞭解。春秋時代尉、司馬之職往往子承父業，不僅是因為當時之世官制度，而亦是形勢使然。簡要易行、易記者則為誓詞。中國自古以來，每戰之前，依當時戰況需要而一再重申必須遵從之誓詞。《尚書・甘誓》之「今予恭行天之罰，左不攻于左，汝不恭命；右不攻于右，汝不恭命，御非其馬之正，汝不恭命。用命賞于祖。不用命，予則孥戮汝。」《尚書・泰誓》之「今予發，惟恭行天之罰。今日之事，不愆于六步七步，乃止齊焉，勗哉天子！尚桓桓，如虎如貔，如熊如羆，于商郊，以役西土，勗哉夫子！爾所弗勗，其于爾躬有戮。」均以立誓方式達到命令貫徹形名合一之目的。春秋時代，晉國攻戰不休，國力最強，內戰亦最烈，而晉國亦特重以誓詞整飭軍紀，加強統治力量。一九六五年十二月在山西「侯馬晉國遺址」，即發掘出五千餘件盟書，絕非偶然，而是劇烈戰爭之具體表現。第二個步驟是確立軍法尊嚴，將名與形、名與刑兩者密切結合。為了確立軍法之尊嚴，特重言出不二。《國語・晉語二》記錄了晉文公伐原示信之舉。〔註112〕晉文公之大費周章遠在吳起償表、商鞅徙木之上。由此可見兵家對令出不二、形名合一之重視。《尉繚子・戰威》則是：「令者，一眾心也。眾不審，則數變，數變，則令雖出，眾不信矣。……古者率民，必先禮信而後爵祿。」

　　其次是殺之貴大，晉國每戰之先，往往先殺親貴、佞臣，以申明軍紀，如晉文公之殺顛頡、舟之僑、祁瞞；〔註113〕韓厥殺趙孟之人；魏絳戮楊干；箕之役，先軫黜狼瞫；靡笄之役，韓獻子斬人等。《尉繚子・武議》則云：「凡誅者，所以明武也。殺一人而三軍震者，殺之；殺一人而萬人喜者，殺之。殺之貴大，……當殺雖貴重，必殺之，是刑上究也。……」〈戰威〉則云：「兵未接而所以奪敵者五：……五曰舉陣加刑之論。」

　　第三個步驟是徹底執行、忽縱勿枉。中國傳統軍法從嚴，一人犯罪，罪及同伍，罪及家人妻孥，以杜絕奸宄僥倖之心，以強化軍隊之結構與戰力。這種連罪、連保、告奸以求達到致治之思想實有長久之歷史淵源，實非商鞅之發明。

〔註112〕《國語・晉語二》云：「文公即位二年，欲用其民，子犯曰：『民未知義，盍納天子以示之義？』乃納襄王于周。公曰：『可矣乎？』對曰：『民未知信，盍伐原以示之信？』乃伐原。」

〔註113〕《左傳・僖公二十八年》云：「祁瞞奸命，司馬殺之，以徇于諸侯。」

即以仁民愛物著稱之商湯，其〈湯誓〉即有「爾不從誓言，予則孥戮汝，罔有攸赦。」之句子，〈甘誓〉明言「弗用命，戮於社，予則孥戮汝。」西周金文之噩侯鼎論及懲處，則有「勿遺壽幼」；〈魏武八年令〉引及司馬法，曰：「司馬法：『將軍死綏。』故趙括之母乞不坐括。是古之將者軍破於外，而家受罪於內也。」〔註114〕春秋時代干犨明言「不死伍乘，軍之大刑。」〔註115〕晉惠公韓之戰則有「將止不面夷者死」之連罪規定。〔註116〕韓之誓尤其證明《尉繚子》思想與晉國軍法關係之密切，《尉繚子‧兵令下》之規定是「三軍大戰，若大將死，而從吏五百人以上不能死敵者斬。大將左右近卒，在陣中者皆斬。」墨子曾引大誓之言：「小人見姦巧，乃聞不言也，發罪鈞。」〔註117〕春秋誓詞對背誓者之咒詛則有「俾墜其師，無克祚國。」〔註118〕、「麻夷非氏」〔註119〕之句子。但這些只有片段之記錄，《尉繚子‧重刑令》之「一人有罪，身死家殘，男女公于官。」《尉繚子‧兵令下》之「亡將吏」、「逃卒歸家逃亡」之連罪；〈伍制令〉「束伍令」之什伍相保規定；〈伍制令〉之告姦規定等；則詳細得多。

　　《國語‧晉語三》有司馬依名（盟、誓、軍法條約）責實以申明軍紀之實況記錄：

> 君令司馬說刑之。司馬說進三軍之士而數慶鄭曰：「夫韓之誓曰：失次犯令，死；將止不面夷，死；偽言誤眾，死。今鄭失次犯令，而罪一也；鄭擅進退，而罪二也；女誤梁由靡，失秦公，而罪三也；君親止，女不面夷，而罪四也：鄭也就刑！……」

（三）重　兵

　　與重將思想相輔相承者，即爲重兵思想，兩者缺一不可。古之重將之將，無不以善撫士卒而立功名。如：吳起之爲士卒吮創，司馬穰苴之「士卒次舍，

〔註114〕陳壽，《三國志‧卷一‧魏武帝紀》（點校本），頁 23，云：「（八年）乙酉，令曰：『司馬法：將軍死綏。故趙括之母，乞不坐括。是古之將者，軍破于外，而家受罪于內也。自命將征行，但賞功而不罰罪，非國典也。其令諸將出征，敗軍者抵罪，失利者免官爵。』」

〔註115〕《左傳‧昭公二十年》。

〔註116〕《國語‧晉語三》。

〔註117〕《墨子‧尚同下》（孫詒讓閒詁本）（臺北：世界書局，民國 63 年 7 月新二版），頁 59。

〔註118〕《左傳‧成公十二年》所敘之宋西門之外盟約之辭。

〔註119〕山西省文物工作委員會，《侯馬盟書》（北京：文物出版社，1976 年 12 月第 1版），頁 162～286，所錄盟辭，大多以「麻夷非是（氏）」作結。

井灶飲食問疾醫藥，身自拊循之，悉取將軍之資糧享士卒，身與士卒平分糧食，最比其羸弱者，三日而後勒兵，病者皆求行。」〔註120〕軍令如山之趙奢是「身所奉飯進食者以十數，所友者以百數，大王及宗室所賞賜者，盡以予軍吏、士大夫，受命之日，不問家事。」〔註121〕《尉繚子・攻權》申說二者應當並用不可偏廢之道理：「夫不愛悅其心者，不我用也；不嚴畏其心者，不我舉也。愛在不順，威在上立。愛故不二，威故不犯。善將者，愛與威而已。」人在軍中如馬絡首、牛穿鼻，號令左則左，右則右，左旋中規，右旋中矩，長時間之羈勒束縛，決非常人所能堪，不敝不敗之救助方法，即在重兵之措施。尉繚之重兵思想，分析而言，約有以下幾種，都與晉魏之軍事有相當密切之關連。

1. 厚　生

《荀子・議兵》提及魏國「以復其戶，利其田宅」之方式獎勵武卒為國效命。其效果是：「齊之技擊，不可遇魏氏之武卒。」但魏國以利其田宅獎勵軍功確有長遠之歷史淵源。西周宣王中興，討伐玁狁之戰爭中，不娶「（戰功）多，折首執訊。」其所受之賞賜即有「田十田。」〔註122〕韓之戰，晉惠公戰敗被俘，眾人問呂甥救亡圖存之道。呂甥的回答是「征繕以輔孺子，喪君有君，群臣輯睦，甲兵益多，好我者勸，惡我者懼，庶有益乎！」甲兵益多之具體措施是「晉作爰田」，以公田賞賜國人，而國人須為多得之田從軍服役。〔註123〕在鐵之戰，趙簡子誓辭之賞賜為「士田十萬」。〔註124〕《尉繚子・戰威》云：

> 故戰必本乎率身以勵眾士如心之使四肢也。志不勵，則士不死節。士不死節，則眾不戰。勵士之道，民之生不可不厚也。爵列之等，死喪之親，民之所營，不可不顯也。必也因民所生而制之，因民所榮而顯之，田祿之實，飲食之親，鄉里相勸，死生相救，兵役相從，此民之所勵也。使什伍如親戚，卒伯如朋友，止如堵牆，動如風雨，車不結轍，士不旋踵，此本戰之道也。

2. 不自高人

《尉繚子・十二陵》云：「得眾在於下人。」《尉繚子・戰威》云：

〔註120〕司馬遷，《史記・司馬穰苴列傳》，頁733。
〔註121〕司馬遷，《史記・廉頗藺相如列傳》，頁851～853。
〔註122〕羅振玉，《三代吉金文存・中》（北京：中華書局，1983年12月1版），頁996。
〔註123〕王毓銓，〈爰田解〉，《萊蕪集》（北京：中華書局，1983年10月第1版），頁1～13。
〔註124〕《左傳・哀公二年》。

> 夫勤勞之事，將必先己。暑不張蓋，寒不重衣，險必下步，軍井成
> 而後飲，軍食熟而後飯，軍壘成而後舍，勞佚必以身同之。如此師
> 雖久而不勞不弊。

此種思想與司馬穰苴之拊循士卒完全一致，吳起亦有同樣之行徑，以打
破將、兵間之隔閡，彼此融爲一體。《尉繚子‧武議》即引吳起不自高人之事
跡，並述說其理：

> 吳起與秦戰，舍不平隴畝，樸樕蓋之，以蔽霜露。如此何也？不自高
> 人故也。乞人之死不索尊，竭人之力不責禮。故古者，甲胄之士不拜，
> 示人無己煩也。夫煩人而欲乞其死，竭其力，自古至今，未嘗聞矣。

《尉繚子》敘及吳起這一前輩的事蹟最多，吳起用兵最能得兵心之處，即在
其不自高人，與士兵完全融爲一體。司馬遷敘及吳起之爲將是：

> 與士卒最下者同衣食，臥不設席，行不騎乘，親裏贏糧，與士卒分
> 勞苦。卒有病疽者，起爲吮之。卒母聞而哭之。人曰：「子，卒也，
> 而將軍自吮其疽，何哭爲？」母曰：「非然也。往年吳公吮其父，其
> 父戰不旋踵，遂死於敵。吳公今又吮其子，妾不知其死所矣！是以
> 哭之。」〔註125〕

3. 爵列之等

在春秋時代，將相無種，最先大規模打破血族政治，以戰功決定封侯之賞
者，即爲晉國。春秋初年，晉小宗曲沃莊伯十年伐翼，弑晉孝侯，至其子曲沃
武公三十七年滅晉，至三十八年周釐王命曲沃武公爲晉侯。〔註126〕由此時起，
晉國國君對同宗猜忌極深。晉獻公即以耿、魏封給立功最大之趙夙、畢萬。賞
賜之重，在當時實爲空前。驪姬詛無畜群公子，由是晉無公族。〔註127〕晉文公
返國之後，又大賞從亡者，規格之大，足令晉獻公相形見拙。與時推移之結果
是晉國之卿大夫多爲異性。以戰功加官進爵、裂土分封，在晉國實爲常例。每
當戰爭發生之際，也正是階級大規模變動之時，爭鬥失敗，「欒郤胥原，降在皁
隸。」相反的，斐豹因擊殺督戎而能解除奴籍。〔註128〕春秋末年，趙鞅與邯
鄲趙午、范氏、中行氏之間的殊死鬥爭中，趙鞅以爵賞、授田、平民工商可

〔註125〕司馬遷，《史記‧孫子吳起列傳》，頁737。
〔註126〕以上資料係朱右曾之《汲冢紀年存眞》之資料提要勾玄之抄撮。
〔註127〕《左傳‧宣公二年》。
〔註128〕《左傳‧襄公二十三年》。

以出仕、奴隸大規模解放等措施，〔註129〕爭取上（貴族）、中（平民）、下（奴
隸）三個階層之支持。山西省文物工作委員會論及《侯馬盟書》曰：

> 這裡說的「人臣隸圉免」，是說生奴隸也好，家庭奴隸也好，只要立
> 了軍功的就可以免除奴隸身份，而變爲自由民。這說明新興地主階
> 層在奪取政權的過程中，以本身階級的利益出發，需要得到廣大的
> 奴隸的支持。趙鞅正是由於採取了這種解放奴隸的政策，取得了廣
> 大奴隸的支持，才在這場戰爭中由弱變強，轉敗爲勝的。〔註130〕

鐵之戰的誓詞應該是《尉繚子‧武議》：「賞之貴小。……賞及牛童馬圉者，
是賞下流也」、「非農無所得食，非戰無所得爵」之最佳依據與最佳註腳。

（四）正行伍、連什佰

　　《淮南子‧兵略》敍及尉職掌之一是：「正行伍，連什佰。」春秋時代即
流行「不死伍乘，軍之大刑。」之說法。〔註131〕部隊之整飾由伍、什、佰之
整治做起。一直至漢代仍有「尺籍伍符」。〔註132〕在正行伍、連什佰上，《尉
繚子》之〈束伍令〉、〈經卒令〉有詳細之規定；〈兵教上〉之「羅地者，自揭
其伍」、「凡伍臨陣，有一人不進死於敵，則教者如犯法之罪。」、「凡什保什」、
「伍長教其四人，……伍長教成，合之什長，什長教成，合之卒長，卒長教
成，合之佰長，佰長教成，合之兵尉，兵尉教成，合之裨將，裨將教成，合
之大將。」〈兵令下〉之「什伍相聯，及戰鬥則吏卒相救，是兵之二勝也。」
亦是敘述「正行五、連什佰」之事項。

（五）明旗鼓

　　《淮南子‧兵略》言及尉之另一職掌是「明旗鼓」。《周官‧大司馬》敘及
「中秋教治兵，如振旅之陣，辨旗物之用」、「中春教振旅，司馬以旗致民，平
列陣如戰之陣。辨鼓鐸鐲鐃之用，王執路鼓，諸侯執賁鼓，軍將執晉鼓，師帥
執提，旅帥執鼓，卒長執鐃，兩司馬執鐸，公司馬執鐲，以教坐作進退疾徐疏
數之節，遂以蒐田。」發施號令主要仰仗旗鼓，教戰之主要方法即在部隊明旗

〔註129〕《左傳‧哀公二年》：「（鐵之戰誓詞）……克敵者，上大夫授縣，下大夫受郡，
　　　　士田十萬，庶人工商遂，人臣隸圉免。」
〔註130〕山西省文物工作會，前引書，頁5。
〔註131〕《左傳‧昭公二十一年》。
〔註132〕司馬遷，《史記‧張釋之馮唐列傳》，頁981，云：「（馮唐）曰：『……夫士卒
　　　　盡家人子，起田中，安知尺籍伍符。……』」。

鼓之用，隨旗鼓號令行軍布陣作戰。鞌笄之役，張侯即曰：「師之耳目，在吾旗鼓。」〔註 133〕《尉繚子・勒卒令》過半之篇幅中明金鼓鈴旗之用，〈兵教上〉第四段由「伍長教其四人，以板爲鼓，以瓦爲金，以竿爲旗。」至「習成以成其節，乃爲之賞罰」，整段敘述以金鼓爲節，演練左右進退趨騖作坐之基本動作。

四、布　陣

《左傳・襄公十八年》：「齊侯登巫山以望晉師，晉人使司馬斥山澤之險，雖所不至，必旆而疏陣之。」這說明尉、司馬不但平時負整軍經武之責，在戰時往往亦實際參與布陣之舉。《尉繚子》多談布陣之道，此亦攸關尉之職掌。如〈制談〉云：

> 凡兵，制必先定。制先定，則士不亂，士不亂，則刑乃明。金鼓所指，則百人盡鬥。陷行亂陣，則千人盡鬥。覆軍殺將，則萬人齊刃，天下莫能當其戰矣。

〈經卒令〉敘及以顏色、徽章爲整軍布陣之依據。〈兵令上〉敘及：

> 出卒陳兵有常令，行伍疏數有常法，先後之次有適宜。常令者，非追北襲邑攸用也。前後不次則失也，亂先後斬之。常陣皆向敵，有內向，有外向，有立陣，有坐陣。夫內向所以顧中也，外向所以備外也，立陣所以行也，坐陣所以止也。立坐之陳，相參進止，將在其中。坐之兵劍斧，立之兵戟弩，將亦居中。善御敵者，正兵先合，而後扼之，此必勝之術也。陳之斧鉞，飾之旗章，有功必賞，犯令必死，存亡生死，在枹之端，雖天下有善兵者，莫能御此也。

五、率兵作戰

《左傳・定公十三年》：「夏六月，上軍司馬籍秦圍邯鄲。」由此可知小規模之戰事，尉之屬司馬亦得直接領兵作戰。《尉繚子》之〈攻權〉、〈守權〉、〈十二陵〉、〈武議〉、〈兵談〉多談行軍用兵之道，絕非偶然。因此亦在尉之職掌範圍。鄭良樹、劉春生認爲《尉繚子》前後內容不同，認爲「前面十二篇是雜家類《尉繚子》，中間八篇是兵家類《尉繚》。」不知軍法軍令及行軍用兵之道，均在「尉」之職掌之內。

〔註 133〕《左傳・成公二年》。

六、治　賦

　　作爲兵書，《尉繚子》最爲奇怪的是〈治本〉篇談及耕織，因此張烈即以此爲根據，認爲「它應該是一部雜家類兵書。」《尉繚子·治本》敘及耕織、使民無私爲治國之根本。耕織之粟米與布帛，亦與尉之職掌密不可分。春秋時代，賦役概括分爲「力役之征、粟米之征、布帛之征。」〔註134〕尉及司馬「發眾使民」，即力役之征，前面述之已詳。有時尉之屬官司馬亦負責賦之徵收。《左傳·襄公四年》：「……孟獻子曰：『無賦役於司馬……』……」杜注云：「晉之司馬又掌諸侯之賦。」諸侯之賦主要即爲幣帛、粟米。春秋時代，軍賦與軍事兩者實有密切之關連。從《論語》亦可看出一些端倪，如子路以行軍用師自豪，而孔子認爲其特長爲「千乘之國可使治其賦也。」足徵治賦爲治兵諸多項目之一。〔註135〕

　　一九七二年在山東臨沂銀雀山一號漢墓出土之竹簡，其中有六篇與今傳本《尉繚子》大體相同。此次發現固然證明了今傳本《尉繚子》確爲先秦古籍，非後人向壁僞造。但其中又產生了新的問題，即〈兵令〉篇與〈守法〉、〈要言〉、〈庫法〉、〈市法〉、〈守令〉、〈李法〉、〈王法〉、〈委法〉、〈田法〉、〈上篇〉、〈下篇〉之歸屬問題。銀雀山漢墓整理小組云：

> 〈兵令〉篇與《尉繚子》的〈兵令〉上下相合，但其簡式爲兩道編繩，字體接近草書，與其他五篇完全不同，而與篇名和〈兵令〉同見于一塊篇題木牘的〈守法〉、〈守令〉等篇相合。因此，《銀雀山漢墓竹簡》（待刊）將〈守法〉〈守令〉等篇合編爲一書，而未將它收入簡本《尉繚子》中。其他五篇爲三道編繩，用正體抄寫，但書法風格也不完全一致。由於竹書出土時已經散亂，這五篇本來是編爲一書，還是同與今本《尉繚子》無關的其他竹書編在一起，已無法判斷。〔註136〕

徐勇則認爲《守法守令等十三篇》「可能是屬於《尉繚子》的篇章或與其有某種重要聯關。」其理由是〈兵令〉與〈守法〉、〈守令〉等篇爲一關係密切的有機整體，這十三篇出自同源；爲《尉繚子》逸文。從內證上看：

〔註134〕《孟子·盡心下》（焦循《正義》本），頁587～588。

〔註135〕《論語·公冶長第五》（劉寶楠《正義》本）（臺北：世界書局，民國63年7月新二版），頁92。

〔註136〕銀雀山漢墓整理小組，〈銀雀山簡本《尉繚子》釋文〉，《文物》1997年第2期，頁21。

其中《兵令》篇與《尉繚子》的關係自不待言；《守法》、《守令》等
篇所記守城的設施及法令，與《尉繚子‧守權》對城市防守的戰略
戰術問題的論述可以互爲補充，相得益彰；《市法》篇所記商市之法，
與《尉繚子‧武議》中所強調的一方面注重對市場貿易的支持和利
用，以增加國庫收入，另一方面要派專職官吏對市場進行管理，以
確保國家的經濟控制權的主張，也能前後呼應；《田法》篇所記土地
分配和賦稅之法，似乎與齊國相對地狹人眾情況難以吻合，更適用
于秦國地廣人稀的情況。……兩者（王兵與尉繚）在語言風格和思
想特點上何其相似乃耳。〔註137〕

若是從尉的職掌上看，《守法守令等十三篇》實在尉的職掌範疇之內。尉的最
主要職掌是負責軍法、軍令之執行，而〈守法〉、〈庫法〉、〈王兵〉、〈守令〉、
〈李法〉、〈王法〉等篇內容均與軍法有關。重農反商爲《尉繚子》主要思想
之一，而〈市法〉全篇充斥著反商思想及對商人加強管制之各種規定。〔註138〕
尉之另一職掌是負責軍賦，《守法守令第十三篇》中就有〈委積〉篇，委積直
接與軍賦有關。《漢書‧藝文志》記錄《尉繚》三十一篇，今傳本二十四篇，
其中〈兵教〉分上、下二篇，〈兵令〉分上、下二篇，實只二十二篇，在臨沂
銀雀山出土之〈兵令〉篇爲同一系統之《守法守令第十三篇》，徐勇認爲「這
一組的簡文，雖然被有關專家擬定書名爲《守法守令第十三篇》，其實只存有
十篇內容。」〔註139〕扣除〈兵令〉一篇，恰爲九篇，在篇幅上，亦與《尉繚
子》逸文之篇幅適相符合或大體相當。綜合以上各種跡象與證據，《守法守令
第十三篇》有極大可能是《尉繚子》之逸文。

　　《尉繚子》全書不但與晉國尉、司馬之職掌（尤其是軍令、軍法）部分
有極深之關係。並且有些部分與魏國法律之相合亦已至絲絲如扣之地步。董
說《七國考‧卷十一‧魏兵制》敘及《未學篇》所引魏惠王軍法，董說言「余
按《尉繚子》同，豈尉繚所定。」又如惠王軍法言：「將兵而還者誅，是北類
也，雖太子勿赦。」此言亦見《尉繚子》，只是《尉繚子》中無「雖太子勿赦。」
魏太子申在馬陵戰前，本不欲戰，格於此條禁令，卒致兵敗身亡。〔註140〕《魏

〔註137〕徐勇，〈《尉繚子》逸文蠡測〉，《歷史研究》，1997年第2期，頁26～29。

〔註138〕如〈市法〉之「王者無市，霸者不成市，中國利市，小國恃市。」「欲利市，
　　　　吏必力事焉。」、「國市之稅」、「市魯夫使不能獨，獨利市。」等。

〔註139〕徐勇，〈《尉繚子》逸文蠡測〉，頁26。

〔註140〕劉向輯，《戰國策‧卷三二‧宋衛‧魏太子自將過宋外黃》（點校本）頁155

惠王軍法》與《尉繚子》相似相同之處，董說言「豈尉繚所定」，固有可能，但兩者同出一源之可能性應該更高。

第五節　尉繚思想源出歷史經驗者

兵學為實學之一種，其內容離不開事實。《尉繚子》內實含有深厚之歷史事實為其素地。《尉繚子》理論來自歷史經驗者，歸納而言，約有以下四端：

一、經卒之法

《尉繚子》全書最見精彩之處為《經卒令》及《兵教上》之「將異其旗，卒異其章。」其後此種思想行之兩千年而不廢，足見其具體效用及其影響之深遠。以五色配置陣式，規定行列，軍陣分之為三：左蒼，卒戴蒼羽；右白，卒戴白羽；中黃，卒戴黃羽。《尉繚子·經卒令》對此種以色彩整飭部伍之方，有細密之規定：

> 卒有五章，前一行蒼章，次二行赤章，次三行黃章，次四行白章，次五行黑章，次以經卒，亡章者有誅。前一行置章于首，次二五行置章于項，次三五行置章于胸，次四五行置章于腹，次五五行置章于腰。如此卒無非其吏，吏無非其卒，見非而不詰，見亂而不禁，其罪如之。鼓行交鬥，則前行進為犯難，後行退為辱眾，踰五行而前者有賞，踰五行而後者有誅。所以知進退先後吏卒之功也。故曰：鼓之前如雷霆，動如風雨，莫敢當其前，莫敢躡其後，言有經也。

以五色、羽飾、首章、項章、胸章、腰章等整軍經武，不但色彩分明，而且綱舉目張，秩序井然，功過分明。故勇者超前而戰，不懼功不彰顯，〔註141〕而懦者因懼踰五行而退有誅，故不敢獨退。全軍形成只見其進、不見其退之戰

~156，云：「魏太子自將，過宋外黃。外黃徐子曰：『臣有百戰百勝之術，太子能聽臣乎？』太子曰：『願聞之』。客曰：『固願效之。今太子自將攻齊，大勝并莒，則富不過有魏，而貴不益為王。若戰不勝，則萬世無魏。此臣百戰百勝之術也。』太子曰：『諾，請必從公之言而還。』客曰：『太子雖欲還，恐不得矣。』太子上車請還。其御曰：『將出而還，與北同，不如遂行。』遂行，與齊人戰而死，卒不得魏。」

〔註141〕有時勇士先登往往先行披羽，或穿特異之服，以免在紛亂之際，戰功為人所奪或所掩。如齊伐儀夷之役，敝無存先登，「暫潰而衣狸制。」事見《左傳·定公九年》。

鬥機械。這樣自然能夠攻則必克，戰則必取。但此以色彩、徽章整軍經武之方卻非尉繚獨創，而是長時間演進、改進之結果。中國至少在商代已有五方觀念。〔註142〕五方觀念在五行思想影響之下，各方位有其代表之色彩，左青右白前朱後黑中黃。傳說中之五行、五方在時代上要早於商代，《司馬法》即認爲以徽章整飾部伍之方，至少夏代已經出現，商周因之而小有變化：「章，夏后氏以日月，尚明也；殷以白，白戎；周以龍，尚文。」〔註143〕劉寅《司馬法直解》云：「章，士卒所戴之章也，尉繚子所謂卒有五章，是也。」〔註144〕《禮記・曲禮》言及周代五軍以色彩、圖案定其方位：「左青龍、右白虎、前朱雀、後玄武，招搖在其上。」此種以五色分置三軍、四軍、五軍之方法，深切著明又便於操作，成爲兵形勢家中影響最爲深遠的一種思想，不但商、周因之而不改，春秋、戰國時代之整飾部伍具出於是，漢代亦因之而未改，正史上缺乏此等之記錄，但地下出土之簡牘對於五色五方整飾部伍卻有細密之規定。〔註145〕而且不單中國以此整軍，連圍高祖於白登之匈奴冒頓騎兵亦是按色彩占方位，毫不錯亂。〔註146〕此種整軍經武之方一直延續至明清而未變。〔註147〕周代文獻資料比之夏、商大有增加，而徽章之記錄亦比夏、商加詳。《國語・周語上》：

> 內史過曰：「……古者先王既有天下，又崇立上帝，明神而敬事之，
> 於是乎有朝日、夕月以教民事君。……故有車服、旗章以旌之。」……

韋昭注云：「車服、旗章，上下有等，所以別貴賤，爲之表識也。」〔註148〕
《說苑・指武》云：

> 太公兵法曰：致慈愛之心，立威武之戰，以卑其眾，練其精銳，砥
> 屬其節，以高其氣，分爲五選，異其旗章，勿使冒亂，兼其行陣，
> 連其什伍，以禁淫非，疊陳之次，車騎之處，勒兵之勢，軍之法令，

〔註142〕羅振玉，《殷虛書契考釋・卷下》（臺北：藝文印書館，民國70年3月4版），頁62，云，「曰五方帝。」
〔註143〕《司馬法・卷上・天子之義》（《續古逸叢書》本），頁3下。
〔註144〕劉寅，《《司馬法直解》，《中國子學名著集成》（中國子學名著集成編印基金會印行），頁516。
〔註145〕青海省文物考古研究所，《上孫家寨漢晉墓》（北京：文物出版社，1993年12月第1版），頁186～192。
〔註146〕司馬遷，《史記・匈奴列傳》，頁1037。
〔註147〕如戚繼光威震天下之義烏兵、捻軍張洛行之五行旗、太平天國東、西、南、北王之旗號等，均依五色配五方。
〔註148〕韋昭注，《國語・周語上》（點校本），（上海：上海古籍出版社，1995年5月刷），頁38。

賞罰之數,使士赴火蹈刃,陷陣取將,死不旋踵者,多異於今之將
者也。〔註149〕

馬驌對於此段文字之批評是:「精簡勝六韜,當是尙書本文。」〔註150〕即或是
周武王在牧野之戰,亦佩有徽幟。《周書・世俘》云:「殪戎殷于牧野,王佩
赤白旂。」孫詒讓注云:「此王蓋用軍禮,故亦被徽識。」〔註151〕這些證據充
分顯示,周武王能在牧野一戰克商,主要原因之一是師尙父能以旗章整飾部
伍,使周軍嚴不可犯。《尙書・牧誓》亦明言周軍著重部伍之整齊:「今日之
事不愆于六步、七步,乃止齊焉。夫子勖哉!不愆于四伐、五伐、六伐、七
伐,乃止齊焉。」《周書・世俘》與《尙書・牧誓》之記錄實可互相發明。相
形之下,商紂則是「紂有億萬人,亦有億萬之心。」〔註152〕

　　春秋時代,魯軍亦有徽章。《左傳・昭公二十一年》即有這樣一則記事:

公欲出,廚人曰:「吾小人,可藉死,不能送亡,君得請之。」乃徇
曰:「揚徽者,公徒也。」

黃池之會,吳晉爭長,越人攻入姑蘇,吳王夫差進退失據,其所以能全軍而退,
實得力於探納王孫雄之建議,以旗章整飾部伍,震駭諸侯。《國語・吳語》云:

吳王昏乃戒,令秣馬食士。夜中,乃令服兵擐甲,係馬舌,出火灶,
陳士卒百人,以爲徹行百行。行頭皆官師,擁鐸拱稽,建肥胡,奉
文犀之渠。十行一嬖大夫,建旌提鼓,挾經秉枹。十旌一將軍,載
常建鼓,挾經秉枹。萬人爲方陣,皆白裳、白旂、素甲、白羽之矰,
望之如荼。王親秉鉞,載白旗中以中陣而立。左軍亦如之,皆赤裳、
赤旆、丹甲、朱羽之矰,望之如火。右軍亦如之,皆玄裳、玄旗、
黑甲、烏羽之矰,望之如墨。爲帶甲三萬,以勢攻,雞鳴乃定。既
陣,去晉軍一里。昧明,王乃秉枹,親就鳴鐘鼓、丁寧、錞于振鐸,
勇怯盡應,三軍皆鐸鉤以振旅,其聲動天地。晉師大駭不出,周軍
飾壘。

由《周書・世俘》之「王佩赤白旂」來看,白旂、赤旆、玄旗應該不是旗幟,

〔註149〕劉向,《說苑・指武》(臺北:世界書局,民國59年1月再版),頁123。
〔註150〕馬驌,《繹史・二十卷》(臺北:商務書書館,民國57年12月初版),頁229
　　　　～230。
〔註151〕孫詒讓,《周書斟補,卷二》(臺北:藝文印書館,民國60年1月再版),頁
　　　　61。
〔註152〕《管子・法禁第十四》(顏昌嶢校釋本),頁130。

而是徽幟。《漢書・藝文志》兵形勢家有《王孫十六篇》，姚振宗疑王孫即爲王孫雄。〔註153〕由其行事觀之，實有可能。越王勾踐意圖復仇，整軍之方，亦是整飾旗章。《國語・吳語》云：「大夫種進對曰：『審物則可以戰乎？』」韋昭注云：「物，旌旗，物色徽幟之屬。」

戰國時代以徽幟整飾部伍，嚴分敵我，仍不時見之歷史。如：

> 秦假道韓魏以攻齊，齊威王使章子將而應之，與秦交合而舍。使者數相往來，章子爲變其徽章，以雜秦軍。〔註154〕

在尉繚稍前之墨子敘及此制極其詳盡：

> 吏卒男女皆辨異衣章。衣章者，小徽幟也。城上吏卒置之背，卒於頭上。城下吏卒置之肩，左軍於左肩，右軍於右肩，中軍置之胸。〔註155〕

鄭玄註《周禮》，對號名之解釋是：「號名者，……在軍又象其制而爲之，被之以備死事。」〔註156〕意旨含混不明，實不足以表明徽幟對形名之重大作用。若徽幟作用之「被之以備死事」係指方便戰死者屍體之辨認，則未必然。現今出土之大通上孫家寨之簡牘上既有徽幟之制，又有七策之制，編號三七〇簡云：「卒皆佩七策，署縣爵里。」〔註157〕是漢代已有類似今日之軍籍名牌，可資士兵身分之辨認。這可證明至少在西漢時代，徽幟之作用實與以備死事無關。漢之七策若是沿襲古制而來，則徽幟實無被之以備死事之作用。

二、送死無憾

戰爭特徵之一是其殘酷性。戰爭不論勝敗，死傷是無法避免之悲劇。對爲國捐軀者死後之善後處置，往往可以衡量出一國之戰力。荷馬史詩《伊利亞德》敘及亞該亞人與特洛伊人之薩普頓屍體爭奪戰、帕楚克勒斯之屍體爭奪戰，雙方戰至如火如荼、驚心動魄之地步，荷馬有意以特洛伊人對奪回戰

〔註153〕姚振宗，《漢書藝文志條理・卷四・王孫十六篇圖五卷》云：「又疑爲吳王孫雄。左襄十三年，正義曰：吳語王孫雄設法百人爲行，十行一旌，十旌一將軍。……王孫雄，國語作王孫雒，史越世家作公孫雄。」
〔註154〕劉向輯，《戰國策・齊一・秦假道韓魏以攻齊》（點校本），頁327。
〔註155〕《墨子・旗幟》（孫詒讓《閒詁》本），頁344～345。
〔註156〕鄭玄註，《周禮鄭註・卷二十九・司馬政官之職》，頁5下。
〔註157〕青海省文物考古研究所，前引書，頁188。

友屍體之積極性，不如亞該亞人，而判明兩軍之優劣。〔註158〕特洛伊之聯盟將領格勞克斯對赫克特任意棄置薩普頓屍體之呵斥至今仍能震得人心口發痛。〔註159〕

《尉繚子・兵令下》云：「戰亡伍人，及伍人戰死，不得其屍，同伍盡奪其功，得其屍，罪皆赦。」《尉繚子・戰威》云：「爵列之等，死喪之親，民之所營，不可不顯也。……死生相救……使什伍如親戚，卒伯如朋友，止如堵牆，動如風雨，車不結轍，士不旋踵，此本戰之道也。」這些敘述都說明了尉繚已慮及屍體善後之處置攸關戰爭之勝敗，認為此為「本戰之道」。

古代中國與希臘對此問題有一致之看法，說明對為國捐軀者之善後處置，確實關係到戰爭士氣之消長。

《尉繚子》對為國捐軀者之善後處置極其重視，此亦為重兵之主要內容之一，有其長遠之歷史淵源。

詳敘春秋歷史之《左傳》，其主題之一是「輕死」。左傳作者將「勇士不忘喪其元」視之為無上美德，致以最高敬意。左傳以最藝術化之手法敘述齊太史兄弟三人之殉職、鉏麑之觸槐、石乞之趣湯如歸、專設諸之鈹交於胸、先軫之免冑入狄師〔註160〕等，這些敘述永遠銘刻在中國人之記憶中，形成以後中國人之民族精神。這種重視死節之思想應不是左傳作者個人之偏見，而應是遠古以來一般人普遍之看法。出之於對為國捐軀者之敬意，所以自古以來君王對其善後之處置，設法做到「養生（善撫死者親人及孤寡）送死（絕對以隆重葬禮榮寵死者。死事壯烈、居功至偉者，其靈位往往列在明堂之上，

〔註158〕如在爭奪薩普頓的屍體、帕楚克勒斯的屍體上，均是希臘人佔上風。

〔註159〕格勞克斯對赫克特之呵斥全文如下：「赫克特，在列隊之際，你的外觀極佳。但在戰場上卻一無是處。你輝煌名聲中竟然隱藏的是一個懦夫。你捫心自問，只憑本地的特洛伊人，不告外援，你們將如何挽救城市、城堡；沒有一個利西亞人將會出城與亞該亞人奮戰，現在他們已經明瞭他們每天與敵人苦戰根本無法獲得光榮。當你像棄置腐屍一樣無情的將你的客人、武裝的薩普頓棄置到希臘人手中，一個陷入困境的人對你的解救能懷有什麼樣的希望？當他活著之際，你和你的城市對他虧欠太多；現在你還沒有勇氣由狗群中救出他的屍體。」見 Homer，《The Iliad》，Translated by E. V. Rieu. XVII The struggle over Patroclus.（臺北：雙葉書店影印，民國 50 年 10 月），頁 319～320。

〔註160〕齊太史事見《左傳・襄公二十五年》；石乞事見《左傳・哀公十四年》；鉏麑事見《左傳・宣公二年》；專諸事見《左傳・昭公二十七年》；先軫事見《左傳・僖公三十三年》。

世祀不絕，讓死者得以瞑目）而無憾。」

在養生方面，如吳王闔廬以專設諸之子爲上卿，奉養其親；〔註161〕魏文侯對戰死者之家屬歲有勞問，撫養幼孤如己出。〔註162〕

在送死方面，有特殊功勳，或戰陣而死者，君王往往將其靈位迎入明堂而配享。此禮可遠溯至殷商，周人承之而未替。〔註163〕晉文公伐曹，攻曹城，晉人戰死城下者，曹人尸諸城上，晉文公深以爲憂，採取報復手段之後，曹人才將晉軍屍體「棺而出之」。〔註164〕秦晉殽之戰，秦軍片馬隻輪無返，秦穆公孟明拼死反擊，最後結果只是「遂自茅津濟，封殽屍而還。」〔註165〕其目的單純的令後世讀史者感到不解。但單由秦國不願爲國捐軀者曝屍荒野一事，即可知悉秦軍之不可輕侮。懸賁父死非其罪，在其喪禮上魯君破格以「有誄」加以榮寵。〔註166〕郎之戰，童子汪踦爲國殉難，魯人以「勿殤」爲其治

〔註161〕《左傳·昭公二十七年》：「鱄設諸曰：『王僚可弑也，母老、子弱，是無若我何？』光曰：『我，爾身也。』……鱄設諸置劍於魚中以進，抽劍刺王，鈹交於胸，遂弑王。闔廬以其子爲卿。』」

〔註162〕董說，《七國考·卷六·魏群禮》，頁 220，云：「死事之賞，列國紀聞：『魏文侯舉有功而進賞之。有死事之家，歲使使者勞其父母。』又按魏文侯與田子方語，有兩童子衣錦而侍於君側。田子方曰：『此君之寵子乎？』文侯曰：『非也，此其父死于戰。此幼子也，寡人收之。』是又恤死事之孤也。」

〔註163〕楊伯峻，《春秋左傳注·文公二年》，頁 520，楊伯峻釋「勇則害上，不登於明堂。」云：「……通典引高堂隆議云：『周志曰：勇則害上，不登於明堂。言有勇無義，死不登堂而配食。解登明堂爲祭祀先祖，功臣配食，其義甚長。《尚書·洛誥》云：『今王即命曰，記功，宗以功作元祀。是周初有功臣配享之禮。〈盤庚〉上云：『茲予大享於先生，爾祖其從與享之。』則殷商早有功臣配享之禮。《呂氏春秋·慎大覽》云：『伊尹世世享商』亦可證。周以功臣配享，或承殷之禮。』另外，與此類似者尚有《周禮·司勳》之職掌：「凡有功者，銘書於王之大常，祭於大烝，司勳詔之。」孫詒讓疏云：「左傳襄十九年傳云，夫銘，天子令德，諸侯言時計功，大夫稱伐。蔡邕集銘論云：周禮司勳，凡有大功者，銘之，太常所謂言時計功者也。案蔡以左傳計功，與此文合，故舉以證義，非謂此經專據諸侯言也。云生則書于王旌，以識其人與其功也者……《韓非子·大體篇》云：『故致至安之世，雄駿不創壽於旗幢，豪傑不著名於圖書，不錄功於盤盂。』此銘書於大常，即所謂創壽於旗幢也。云死則於烝先王祭之者。」孫疏見《周禮正義》，頁 1563～1564。

〔註164〕《左傳·僖公二十八年》。

〔註165〕《左傳·文公三年》。

〔註166〕《禮記·卷三·檀弓上》（相台岳氏本）（臺北：新興書局，民國80年10月版），頁 5 下、6 上。云，「魯莊公及宋人戰于乘丘。縣賁父御，卜國爲右。馬驚，敗績，公隊。佐車授綏。公曰：『未之卜也。』縣賁父曰：『他日不敗績，而今敗績，是無勇也。』遂死之。圉人浴馬，有流矢在白肉。公曰：『非

喪。〔註167〕齊侯伐晉夷儀，敝無存先登戰死，齊侯對敝無存之喪事盡心可謂至矣、盡矣。〔註168〕越王句踐提振士氣之方法亦是養生送死而無憾。〔註169〕

　　古人看重殺身成仁，故於「志士不忘在溝壑，勇士不忘喪其元。」之行徑，致以極高之敬意。《周官・冢人》云：「凡死於兵者，不入兆域。」一般人將之解釋爲戰死者不得入於兆域，並引趙簡子之誓詞：「桐棺三寸，不設屬辟，素車樸馬，無入於兆。」《莊子・德充符》之「戰而死者，其人之葬也，不以翣資。」爲證。是《周禮》則對戰死者又極盡歧視之能事。顧炎武、隋文帝對此均有極深之疑惑。〔註170〕此等疑惑實由誤解文意而起。詳周禮之意實指犯刑而死，其中並無戰鬥而死之意，趙簡子誓詞明言：「若有其罪，絞縊以戮，桐棺三寸，不設屬辟，素車、樸馬，無入於兆，下卿之罰也。」莊子原文中之翣資究爲何物，現已無從知悉，但詳味莊子上下文意，其中絕無不入兆域之意。

　　西方人認爲荷馬不只是詩人，也是思想家，絕非偶然。〔註171〕《尉繚子》在送死無憾問題體驗之深刻，實有其歷史上的背景。

其罪也。』遂誅之。士之有誅，自此之始也。」
〔註167〕《禮記・卷三・檀弓下》（相台岳氏本），頁12下、13上。
〔註168〕《左傳・定公九年》云：「齊侯謂夷儀人曰：『得敝無存者，以五家免。』乃得其尸，公三襚之，與之犀軒與直蓋，而先歸之，坐引者，以師哭之，親推之三。」
〔註169〕《國語・吳語》云：「王（越王勾踐）曰：『越國之中，疾者吾問之，死者吾葬之，老其老，慈其幼，長其孤，問其病，求以報吳。願以此戰。』」《國語・越語上》云：「於是葬死者，問傷者，養生者，弔有憂，賀有喜，送往者，迎來者，去民之所惡，補民之不足。」
〔註170〕顧炎武，《日知錄・卷六・不入兆域》（臺北：明倫出版社，民國月初版），頁135，云：「冢人，凡死于兵者，不入兆域。註，戰敗無勇，投諸塋外以罰之也。左氏趙簡子所謂桐棺三寸，不設屬辟，素車白馬，無入于兆。而檀弓死而不弔者三，其一曰畏，亦此類也。（莊子，戰而死者，其人之葬也，不以翣資，崔本作翣枕。枕音坎，謂先人墳墓。）若敝無存死，而齊侯三襚之，與之犀軒與直蓋，而親推之三。童汪踦死而仲尼曰：『能執干戈以衛社稷，可無殤也。』豈得以此一概？隋文帝仁壽元年詔曰：投生殉節，自古稱難。隕身王事，禮加二等。而世俗之徒不達大意，致命戎旅，不入兆域，虧孝子之義，傷人臣之心。興言念此，每深愍歎。且入廟祭祀，並不廢闕，何至墳塋獨在其外。自今而後，戰亡之徒，宜入墓域。可謂達古人之意。又考晉趙文子與叔譽觀乎九原，而有陽處父之葬。則得罪而見殺者，亦未嘗不入兆域也。」
〔註171〕聯經出版事業公司所出西方思想家譯叢，第一位介紹的思想家就是荷馬。格里芬著，黃秀慧譯，《荷馬》（臺北：聯經出版事業公司，民國72年5月初版），頁1，云：「他（阿若德）說荷馬的偉大處在於其『將思想超卓奧妙地應用在生活上』。」

三、用兵以仁義爲本

《尉繚子》言及整軍經武極其殘酷深刻，而〈武議〉篇卻云：

> 凡兵不攻無過之城，不殺無罪之人。夫殺人之父兄，利人之貨財，
> 臣妾人之子女，此皆盜也。故兵者所以誅暴亂、禁不義也。兵之所
> 加者，農不離其田業，賈不離其肆宅，士大夫不離其官府，由其武
> 議，在于一人。故兵不血刃，而天下親焉。

靄然仁者之言，與全書之殘酷特性頗爲不倫。明之方孝儒即評之爲：

> 故好言兵者，賊天下者也；著書論兵者，流禍於後世者也，皆不免
> 于聖人之誅也。《尉繚子》不能明君子之道，而恣意極口稱兵以惑眾。
> 其重刑諸令，皆嚴酷苛暴，道殺人如道飲食常事，則見其人之深刻
> 少恩可知矣。〈武議〉、〈原官〉諸篇，雖時有中理，譬猶盜跖而誦堯
> 言，非出其本心，是以無片簡之可取者。〔註172〕

是方孝儒不明軍事之本質既有其殘酷性，亦有其仁慈面。行軍作戰是需要驅使士卒捨生忘死與敵搏戰，不以嚴刑峻法，部隊即成一盤散沙，一戰即潰。古之名將絕大多數是以嚴刑峻法整軍經武。但在雙方對壘交戰之際，多殺無辜，大肆搶劫，往往會造成敵人拼死反擊。故在交戰之際，元凶附從能分別處理，往往可以瓦解敵人之戰志，減少己方不必要之死傷，以較小代價，獲致較高之戰果。施子美稱《尉繚子》「有三代之遺風。」〔註173〕方孝儒斥之爲「〈武議〉、〈原官〉諸篇雖時有中理，譬猶盜跖而誦堯言，非出其本心，是以無片簡之可取者，謂之有三代之遺風，可乎？」不知《尉繚子・武議》之思想確與三代有關。商湯滅夏之善後處置即使是貴族亦是「夏迪簡在王室，有服在百僚。」〔註174〕伐夏之戰是弔民伐罪，商湯自言：

> 有夏多罪，天命殛之。……夏民有罪，予畏上帝，不敢不正。今汝
> 其曰：「夏罪其如台？」夏王率遏眾力，率割夏邑，有罪率怠弗協，
> 曰：「時日曷喪？予及汝偕亡。」夏德若茲，今朕必往。〔註175〕

孟子敘述湯之征伐則是：

〔註172〕方孝儒，《遜志齋集・卷四・讀尉繚子》（臺北：中華書局，民國59年6月臺二版），頁15下。

〔註173〕施子美，《尉繚子講義・前言》（臺北：光復大陸設計研究委員會，民國73年12月），頁1。

〔註174〕《書經・多士》（蔡沈《集傳》本），頁103。

〔註175〕《書經・湯誓》（蔡沈《集傳》本），頁43。

湯一征，自葛始，天下信之，東面而征，西夷怨，南面而征，北狄
怨。曰：奚爲後我。民望之若大旱之望雲霓也。歸市者不止，耕者
不變，誅其君而弔其民，若時雨降，民大悅，書曰：「徯我后，后來
其蘇。」〔註176〕

武王伐紂，明告殷商百姓：「無畏，寧爾也，非敵百姓也。」〔註177〕牧野一戰
克商，周人對殷商貴族之處置是「亂爲四方新辟。」〔註178〕

告爾殷多士！今予惟不爾殺，予惟時命有申。今朕作大邑于茲洛，
予惟四方罔攸賓。亦惟爾多士攸服，奔走臣我，多遜。爾乃尚有爾
土，爾乃尚寧幹止，爾克敬，天惟畀矜爾；爾不克敬，爾不啻不有
爾土，予以致天之罰于爾躬。〔註179〕

劉向亦有類似之記述：

武王克殷，召太公而問曰：「將奈其士眾何？」太公對曰：「臣聞愛
人者，兼屋上之烏；憎其人者，惡其餘胥。咸劉厥敵，使靡有餘，
何如？」王曰：「不可。」太公出，邵公入。王曰：「爲之奈何？」
邵公對曰：「有罪者殺之，無罪者活之，何如？」王曰：「不可。」
邵公出，周公入。王曰：「爲之奈何？」周公曰：「使各居其宅，田
其田；無變舊新，惟仁是親。百姓有過，在予一人。」武王曰：「廣
大乎！平天下矣。」〔註180〕

李亞農認爲「說苑雖晚出，但這一篇對話，恐怕是有所依據的。周公在這裡
所說的話，和他在尚書多士篇中所採取的政策，並無出入，如聞其聲，如見
其人。」〔註181〕胡適在《說儒》一文中，認爲殷商亡國後，舉國降爲奴隸，
其對殷遺民遭遇之景況描述，充斥著「昔日的統治階級淪落作了俘虜，作了
奴隸，作了受治的平民。」「這是何等嚴厲的告誡奴虜的訓詞！這種奴虜的
生活是可以想見的了。」「這眞是一幕青衣行酒的亡國慘劇了。」這樣的句
子。〔註182〕胡適的說法不但異於文獻之記載，亦與金文不合。在金文中，

〔註176〕《孟子・梁惠王下》（焦循《正義》本），頁90～91。
〔註177〕《孟子・盡心下》（焦循《正義》本），頁566。
〔註178〕《書經・洛誥》（焦循《正義》本），頁100。
〔註179〕《書經・多士》（焦循《正義》本），頁103～104。
〔註180〕劉向，《說苑・卷五・貴德》（臺北：世界書局，民國59年1月再版），頁3下。
〔註181〕李亞農，《西周與東周》（上海：上海人民出版社，1956年11月初版），頁30。
〔註182〕胡適，〈說儒〉，《中央研究院歷史語言研究所集刊》第四本第三分（民國23

不時出現「殷八師」，此爲西周東征南討兩支主力部隊之一。學者一致同意殷八師是殷遺民所組成之軍隊。傅斯年認爲「然則周公東征的部隊中當不少有范文虎、留夢炎、洪承疇、吳三桂一流的漢奸。周人以這樣一個『臣妾之』之政策固速其王業，而殷民藉此亦可延其不尊榮之生存。」〔註183〕金文之記載足徵文獻記載之「余一人惟聽用德，肆予敢求爾于天邑商。」〔註184〕、「我有周惟其大介賚爾，迪簡在王庭，尚爾事，有服在大僚。」〔註185〕並非虛語。商湯、武王、成王之滅夏、滅商之軍事處置完全是《尉繚子·武議》之「故兵者，所以誅暴亂，禁不義也。」之張本。

四、獨出獨入以迅雷不及掩耳之動員速度亡國取城

《尉繚子·攻權》云：

> 故凡集兵，千里者旬日，百里者一日，必集敵境。卒聚將至，深入其地，錯覺其道，棲其大城大邑，使之登城逼危，男女數重，各逼地形，而攻要塞。據一城邑而數道絕，從而攻之。敵將帥不能信，吏卒不能和，刑有所不從者，則我敗之矣。敵救未至，而一城已降，津梁未發，要塞未修，城險未設，渠答未張，則雖有城無守矣；遠堡未入，戍客未歸，則雖有人無人矣。夫城邑空虛而資盡者，我因其虛而攻之。法曰：「獨出獨入，敵不接刃而致之。」此之謂也。

《尉繚子·攻權》此段敘述主張以迅速而準確之全國總動員方式，趁敵不備，發動空國之師奇襲，以求給予敵國「智者不及謀，勇者不及怒」的毀滅性打擊。此種戰法在戰國早期以前不是理論，而是不斷上演的歷史事實。這種以迅雷不及掩耳之奇襲亡人之國之軍事行動，在《左傳》中即多至顧棟高列表討論之地步。顧棟高在《春秋大事表卷四十六·春秋左傳兵謀表》中，歸納分析春秋兵謀爲十二類，其中一類即是「乘敵不備」。顧棟高一共列舉了二十件這種獨出獨入亡人之國之戰事。〔註186〕

年出版），頁 240～243。

〔註183〕傅斯年，〈周東封與殷遺民〉，《中央研究院歷史語言研究所集刊》第四本第三分，（民國23年出版），頁285。

〔註184〕《書經·多士》（蔡沈《集傳》本），頁103。

〔註185〕《書經·多方》（蔡沈《集傳》本），頁115。

〔註186〕顧棟高，《春秋大事表·春秋左傳兵謀表卷四十六》（山東尚志堂板）（臺北：廣學社印書館，民國64年9月初版），頁1上～9上。

發動奇襲而未竟全功者，顧表完全付之闕如。此類奇襲見之於《左傳》者有：秦穆公命孟明襲鄭之舉〔註187〕、齊莊公助欒盈襲晉之舉〔註188〕、晉人與楚太子襲鄭之舉〔註189〕等。

除《左傳》外，此等史例在《韓非子》中亦屬見不鮮，韓非子敘及此等以奇襲手段亡人之君、滅人之國之行徑，實已至驚心動魄之地步。如敘及鄭武公之滅胡：

> 昔者鄭武公欲伐胡，故先以其女妻胡君，以娛其意。因問於群臣：「吾欲用兵，誰可伐者？」大臣關其思對曰：「胡可伐。」武公怒而戮之曰：「胡，兄弟之國也，子言伐之，何也？」胡君聞之，以鄭為親己，遂不備鄭。鄭人襲胡，取之。〔註190〕

秦穆公之滅戎：

> 由余遂去，之秦。秦穆公迎而拜之上卿，問其兵勢與地形。既已得之，舉兵而伐，兼國十二，開地千里。〔註191〕

鄭桓公襲鄶：

> 鄭桓公欲將襲鄶，先問鄶之豪傑良臣辯智果敢之士，盡與姓名，擇鄶之良田賂之，為官爵之名而書之，為設壇郭門之外而埋之，釁之以雞豭若盟狀。鄶君以為內難也。而盡殺其良臣，桓公襲鄶，遂取之。〔註192〕

春秋時代國君以奇襲手段族誅大臣，或大臣之自相奇襲等事例實已多至無法細數之地步。〔註193〕

至少春秋時代以來，國無大小，無不對此種獨出獨入迅雷不及掩耳之軍事行動深懷戒心，以致設計出種種應付之方，或則以農田之壟畝，阻斷戎車之利，以避免鄰國（或強國）直造城下。晉文公攻陷衛國之後，強迫衛國「東

〔註187〕《左傳·僖公三十二年》、《左傳·僖公三十三年》。
〔註188〕《左傳·襄公二十三年》。
〔註189〕《左傳·哀公十六年》。
〔註190〕《韓非子集解·說難第十二》（王先慎《集解》本），頁64。
〔註191〕《韓非子·十過第十》（王先慎《集解》本），頁50。
〔註192〕《韓非子·內儲說下·六微第三十一》（王先慎《集解》本），頁193～194。
〔註193〕如晉獻公之盡去群公子，晉厲公之一日而尸三卿、欒卻胥原降在皂隸。晉之幾十家世族自相屠戮至只剩三家之地步。此種現象並非晉國之特殊現象，而是各國之普遍現象。《韓非子·外儲說右上第三十四》（王先慎《集解》本），頁234，云：「子夏曰：春秋之記，臣殺君者，以十數數之矣。皆非一日之積也。」

其畝」，〔註194〕至此衛國對晉而言是不設防之國家。晉、齊鞍之戰，齊軍大敗，齊人以紀甗、玉磬與地向晉求和，晉人要求「必以蕭同叔子爲質，而使齊之封內盡東其畝。」〔註195〕蔣百里認爲：

> 井田不是講均產（在當時也不是一件奇事），是一種又可種田吃飯又可出兵打仗（在當時就是全國總動員）的國防制度。懂得這個道理的創制的是周公——繼承的是管仲（左傳，「齊之境內，盡東其畝」），就可證明田制與軍制國防之關係。〔註196〕

在此，蔣百里完全誤解傳文文意，齊國如果眞的「盡東其畝」，齊國即已藩籬盡撤，毫無國防可言。或則派遣間諜、商旅做全面機動之監視防範，有名的弦高犒師故事，使秦人襲鄭之舉頓成畫餅。〔註197〕或則派遣侯望防守邊疆，設守要害。顧棟高云：

> 春秋時列國用兵相鬥，天下騷然，然其時禁防疏闊，凡一切關隘阨塞之處，多不遣兵設守，敵國之兵平行往來，如入空虛之境，其見于左傳者，斑斑可考也。〔註198〕

但亦不可一概而論。如：

> 冬，吳伐楚，入棘、櫟、麻，以報朱方之役，楚沈尹射奔命于夏汭，箴尹宜咎城鐘離，遠啓疆城巢，然丹城州來。〔註199〕

> （齊桓公）築葵茲、晏、負夏、領釜丘，以禦戎狄之地，所以禁暴於諸侯也；築五鹿、中牟、蓋與、牡丘，以衛諸夏之地，所以示權於中國也。〔註200〕

春秋時代周有侯，晉有侯正、侯奄，楚有侯人，其職實以伺望侯敵爲主。〔註201〕或則加強守備，如申公巫臣勸莒子將城崩壞之處加以整治，莒子以爲處在辟陋，不會引起他國之覬覦。申公則認爲：「夫狡焉思啓封疆以利社稷者，何國蔑有？

〔註194〕《韓非子·外儲說右上第三十四》（王先愼《集解》本），頁247。

〔註195〕《左傳·成公三年》。

〔註196〕蔣百里，《國防論·第三篇第三章第一節：從中國歷史上解釋》（臺北：中華書局，民國51年5月1版），頁58～59。

〔註197〕《左傳·僖公三十三年》。

〔註198〕顧棟高，《春秋大事表·卷九·列國地形險要表·春秋列國不守關塞論》（山東尚志堂板），頁11上～13上。

〔註199〕《左傳·昭公四年》。

〔註200〕《國語·齊語》。

〔註201〕顧棟高，《春秋大事表·卷十·官制·侯》（山東尚志堂板），頁31上～32上。

唯然，故多大國矣。唯或思或縱也。勇夫重閉，況國乎！」第二年，楚國即襲滅莒國，君子曰：「恃陋而不備，罪之大者也；備豫不虞，善之大者也。莒恃其陋，而不修城郭，浹辰之間，而楚克其三都，無備也夫！……」〔註202〕子產之作法與莒截然相反，絕不讓大國有任何可乘之機：「子產曰：『小國忘守則危，況有災乎？國不可小，有備故也。』」〔註203〕或則擇險立國。管子云：

> 凡立國都非於太山之下，必於廣川之上，高毋近旱而水足用，下毋近水而溝防省，因天材，就地利，故城郭不必中規矩，道路不必中準繩。〔註204〕

又云：「故聖人之處國者，必於不傾之地。」〔註205〕

　　戰國時人對立國評估標準之一是「四塞以為固」，讓敵人無機可乘。此種思想實有長遠之歷史淵源。吳起云：

> 昔三苗之居，左彭蠡之澤，右有洞庭之水，文山在其南而衡山在其北。……夫夏桀之國，左天門之險，而右天溪之陽，盧澤在其北，伊洛出其南。……殷紂之國左孟門而右漳滏，前帶河，後背山。……
>
> 〔註206〕

王錯認為此等河山之險即晉國之所以強。〔註207〕晉文公與楚爭霸，對戰敗之後果，深以為憂，咎犯認為以晉之立國形勢，勝則稱霸諸侯，敗足自守，無足為慮。〔註208〕楚之沈尹戌論及預防奇襲之方則更見細密：

> 夫正其疆場，修其土田，險其走集，親其民人，明其伍候，信其鄰國，慎其官守，守其交禮，不僭不貪，不懦不耆，完其守備，以待不虞，又何畏矣！〔註209〕

　　從遠古至春秋時代，獨出獨入之戰法實為當時慣用戰法之一。尉繚子在〈攻權〉篇中將無數之歷史事實凝聚成精煉之理論。

　　其他如連坐、連保、令出不二、獄得其平始可言戰等思想亦可在歷史中找到淵源，但已列在「源出職官」部份詳加敘述，故此處從略。

〔註202〕《左傳·成公九年》。
〔註203〕《左傳·昭公十八年》。
〔註204〕《管子·乘馬第五》（顏昌嶢釋校本），頁40。
〔註205〕《管子·度地第五十七》（顏昌嶢釋校本），頁453。
〔註206〕劉向輯，《戰國策·魏一·魏武侯與諸侯浮於西河》，頁783。
〔註207〕劉向輯，《戰國策·魏一·魏武侯與諸侯浮於西河》，頁781。
〔註208〕《左傳·僖公二十八年》。
〔註209〕《左傳·昭公二十三年》。

第六節　尉繚思想源出吳起者

在本文第四節尉繚思想源出職官中，已論及尉繚籍隸魏人之可能性最高。在軍事思想之發展上，吳起不但爲尉繚之前輩，又因共屬同一地緣，尉繚深受吳起影響是再自然不過之事。在梁惠王以前之所有軍事人物中，尉繚敘及吳起之處最詳、最多，〔註210〕應不是出於偶然。尉繚整軍經武之方，受到吳起之影響極深，有些地方兩者不但思想一致，並且用字遣詞亦已至無殊之地步。

尉繚引述吳起行誼，至少有以下四事：

1. 〈武議〉篇云：

> 吳起與秦戰，舍不平隴畝，朴樕蓋之，以蔽霜露。如此者何也？不自高人故也。

2. 〈武議〉篇云：

> 吳起與秦戰，未合，一夫不勝其勇，前獲雙首而還。吳起立斬之。軍吏諫曰：「此材士也，不可斬。」起曰：「材士則是矣，非吾令也，斬之。」

3. 〈武議〉篇云：「吳起臨戰，左右進劍，起曰：『將專主旗鼓爾，臨難決疑，揮兵指斥，此將事也。一劍之任，非將事也。』」

4. 〈制談〉篇云：「有提七萬之眾而天下莫當者誰？曰吳起也。」尉繚思想明顯受到吳起影響者，歸納起來，約有以下五端：

一、兵將一體、同甘共苦

司馬遷敘及吳起能與士卒同其勞苦之具體事實是：

> 起之爲將，與士卒最下者同衣食。臥不設席，行不騎乘，親裹贏糧，與士卒分勞苦。卒有病疽者，起爲吮之。〔註211〕

表現在《尉繚子・戰威》中者則是理論：

> 夫勤勞之師，將必先己，暑不張蓋，寒不重衣，險必下步，軍井成而飲，軍食孰而飯，軍壘成而後舍，勞佚必以身同之。如此，師雖久而不勞不弊。

〔註210〕綜計尉繚所提及之人事次數，桓公、孫武、黃帝各一事，太公、武王二事，只有吳起有四事。

〔註211〕司馬遷，《史記・孫子吳起列傳》，頁737。

二、重人事、輕地利

在《戰國策·魏策》中，敘及吳起認為河山之險不足以保國，伯王之業，不靠地利。〔註212〕司馬遷《史記·孫子吳起列傳》亦敘及此事，內容大體無殊，惟用字遣詞略有差異，司馬遷將「為政不善」改為「修政不德」，明言「在德不在險」、「若君不修德，舟中之人盡為敵國也。」此一故事說明在立國之道上，吳起重人事，輕地利。

《尉繚子·武議》則云：「天時不如地利，地利不如人和，古之聖人，謹人事而已。」《尉繚子·天官》云：

> 按天官曰：「背水陣為絕紀，向阪陣為廢軍。」武王伐紂，背濟水向
> 山阪而陳，以萬貳千五百人，擊紂之億萬而滅商。紂豈不得《天官》
> 之陣哉？……

在重人事、輕地利上，尉繚與吳起之看法一致。但程度上卻存在著極大差異。《吳子》在《漢書·藝文志》之歸類上列入兵權謀家，兵權謀家包含了相當成份之兵陰陽家之思想，兵陰陽家特色之一是結合地利以克敵制勝。吳起固然重人事、輕地利，但吳起並未全然忽視地利對戰爭之重大影響。故吳起行軍佈陣仍主配合地利運作。如《吳子·料敵》云：「……涉水半渡，可擊；險道狹路，可擊。……」《吳起·論將》云：「二曰地機。……路狹道險，名山大塞，十夫所守，千夫不過，是謂地機。……」《吳子·應變》云：

> 以一擊十，莫善于阨；以十擊百，莫善于險；以千擊萬，莫善于阻。
> 今有少卒卒起，擊金鳴鼓于阨路，雖有大眾，莫不驚動。故曰：用眾
> 者務易，用少者務隘。……凡用車擊者，陰濕則停，陽燥則起，貴高
> 賤下。馳其強車；若進若止，必從道。……敵若絕水，半渡而薄之。

〔註212〕劉向輯，《戰國策·魏一·魏武侯與諸侯浮於西河》，頁781～782，云：「魏武侯與諸侯浮於西河，稱曰：『河山之險，不亦信固哉？』王錯侍王曰：『此晉國之所以強也。若善修之，則霸王之業具矣。』吳起對曰：『吾君之言，危國之道也，而子又附之，是重危也。』武侯忿然曰：『子之言有說乎？』吳起對曰：『河山之險，信不足保也。是伯王之業，不從此也。昔者三苗之居，左有彭蠡之波，右有洞庭之水，文山在其南，而衡山在其北；恃此險也，為政不善，而禹放逐之。夫夏桀之國，左天門之陰，而右天溪之陽，蘆澤在其北，伊洛出其南，有此險也，然為政不善，而湯伐之。殷紂之國，左孟門而右漳釜，前帶河，後背山，有此險也，然為政不善，而武王伐之。且君親從臣而勝降城，城非不高也，人民非不眾也，然而可得併者，政惡故也。從是觀之，地形險阻奚足以伯王矣！』武侯曰：『善。吾乃今日聞聖人之言也。西河之政，專委之子矣。』」

地形不利，必亟去勿留，如《吳子‧治兵》云：「無當天灶，無當龍頭。」《吳子‧應變》云：「遇諸丘陵、林谷、深山、大澤，疾行亟去，勿得從容。」

但《尉繚子‧兵談》則將地形之作用貶至不值一顧之地步：

> 兵之所及，羊腸亦勝，鋸齒亦勝，緣山亦勝，入谷亦勝。方亦勝，圓亦勝。重者，如山如林，如江如河；輕者，如炮如燔，如垣壓之，如雲覆之。令人聚不得以散，散不得以聚，左不得以右，右不得以左。兵如植木，弩如羊角，人人無不騰陵張膽，絕乎疑慮，堂堂決而去。

三、教戰法

梁惠王時，魏將公叔痤與韓、趙戰澮北，擒樂祚，梁惠王賞田百萬，公叔痤稱：「使士卒不崩，直而不倚，揀撓而不辟者，此吳起之餘教也，臣不能爲也。」〔註213〕吳起之餘教直至梁惠王時代，仍對戰爭勝負起著重要作用，其對魏國影響之大可謂至深且巨。由吳起之妻織組不中度被出、〔註214〕待客而食〔註215〕等故事可知吳起係一循名責實、重法之實行者，此種思想用之於軍事，一定求其形名一致，公叔痤稱吳起之餘教能使「士卒不崩，直而不倚，揀撓而不辟。」良有以也。《尉繚子》全書之〈重刑令〉至〈兵令下〉等十二篇實爲兵家之形名學，其中有多少部份是吳起之餘教，因《吳子》大量散失，現已不得而知，但在教戰法上，《吳子》與《尉繚子》大體一致，只是在文體上，《尉繚子》更見精簡。〔註216〕《吳子》與《尉繚子》都強調戰爭以治爲勝，在內容上，仍是《吳子》比較詳細。〔註217〕吳起以五色配

〔註213〕劉向輯，《戰國策‧魏策‧魏公叔痤爲魏將》，頁784。

〔註214〕《韓非子‧外儲說右上第三十四》（王先愼《集解》本），頁246。

〔註215〕《韓非子‧外儲說左上第三十二》（王先愼《集解》本），頁214。

〔註216〕《吳子‧卷上‧治兵》（《續古逸叢書》本），頁7下。云：「故用兵之法，教戒爲先。一人學戰，教成十人；十人學戰，教成百人；百人學戰，教成千人；千人學戰，教成萬人；萬人學戰，教成三軍，以近待遠，以飽待飢，圓而方之，坐而起之，行而止之，左而右之，前而後之，結而解之。每變皆習，乃授其兵，是謂將事。」《尉繚子‧勒卒令》則是：「百人而教戰，教成，合之千人；千人教成，合之萬人；萬人教成，合之於三軍。三軍之眾，有分有合，爲大戰之法，教成，試之以閱。」

〔註217〕《吳子‧卷上‧治兵》（《續古逸叢書》本），頁6～7上，云：「武侯問曰：『兵以何爲勝？』起對曰：『以治爲勝。』又問曰：『不在眾寡？』對曰：『若法令不明，賞罰不信，金之不止，鼓之不進，雖有百萬，何益於用。所謂治者，居則有禮，動則有威，進不可當，退不可追，前卻有節，左右應麾，雖絕成

合五方整飭部伍，五軍之方位是「左青龍，右白虎，前朱雀，後玄武，招搖在上，從事在下。」〔註218〕《尉繚子・經卒令》則有更細緻之整飭之方，其詳細內容可看《尉繚子・經卒令》之規定。《尉繚子》書中之三軍是「左軍蒼旗，卒戴蒼羽；右軍白旗，卒戴白羽；中軍黃旗，卒戴黃羽。」其所敘述雖只三軍，少了二軍，但左、右、中是依左蒼、右白、中黃之次序排列，絲毫不紊。

四、士　氣

作戰打的是士氣。吳起論氣，不過是：「凡兵有四機，一曰氣機。……三軍之眾，百萬之師，張設輕重，在于一人，是謂氣機。」〔註219〕實在過於簡略。《尉繚子・戰威》云：

> 夫將之所以戰者，民也；民之所以戰者，氣也。氣實則鬥，氣奪則走。刑未加，兵未接，而所以奪敵者五：一曰廟勝之論；二曰受命之論；三曰逾垠之論；四曰深溝高壘之論；五曰舉陣加刑之論。此五者，先料敵而後動，是以擊虛奪之也。善用兵者，能奪人而不奪于人。奪者，心之機也。

《尉繚子》對士氣之發揮，完全是吳起氣機之最佳解釋。單由此種關聯性，亦可看出兩者前承後繼之關係。

五、三軍爲一死賊

以死賊形容一人投命足懼千夫之現象。《尉繚子》在用字遣詞上與吳起幾乎完全一致。《吳起・卷下・勵士》云：

> 今使一死賊伏於曠野，千人追之，莫不梟視狼顧，何者？忌其暴起而害己。是以一人投命，足懼千夫，今臣以五萬之眾而爲一死賊，率以討之，固難敵矣。

《尉繚子・制談》則是：

> 陣，雖散成行，與之安，與之危。其眾可合而不可離，可用而不可疲，投之所往，天下莫當，名曰父子之兵。」《尉繚子・兵令下》則是：「百萬之眾不用命，不如萬人之鬥也；萬人之鬥不用命，不如百人之奮也。」

〔註218〕《吳子・卷上・治兵》（《續古逸叢書》本），頁8上。
〔註219〕《吳子・卷下・治兵》（《續古逸叢書》本），頁1上～1下。

一賊仗劍擊於市，萬人無不避之者。臣謂非一人之獨勇，萬人皆不肖也。何則？必死與必生，固不侔也。聽臣之術，足使三軍之眾爲一死賊，莫當其前，莫隨其後，而能獨出獨入焉。獨出獨入者，王霸之兵也。

其他如重兵、用兵以仁義爲本等方面，《尉繚子》與《吳子》亦相當類似。選卒練銳爲吳起思想核心理論之一。魏氏武卒在戰國初年名震天下，其影響一直延續至西漢。郭沫若在《青銅時代・述吳起》中認爲魏氏之武卒制度可能爲吳起之創制。但選卒練銳在《尉繚子》全書中卻不太強調，只在〈兵教下〉略微提到國君必勝之十二種方法之二種，一是死士，一是力士。其對死士、力士之解釋是：

十一日死士，謂眾軍之中有材力者，乘于戰車，前後縱橫，出奇制敵也；十二日力卒，謂經旗全曲，不麾不動。

第七節　尉繚思想源出司馬法者

戰國早期，「齊威王使大夫追論古者司馬兵法而附穰苴於其中，因號日司馬穰苴兵法。」〔註220〕《司馬穰苴兵法》之成書雖在戰國早期，但其所蘊涵之內容則屬春秋中期以前之軍政（典範令）。劉歆、任宏將其歸類爲兵家，《漢書・藝文志》則將之歸入禮類。今觀其內容，多談兵政、操典、法令。司馬法之主要內容實屬兵形勢家中之兵形家。《尉繚子》被列入兵形勢家中，而其內容亦多談「形」，少談「勢」。因此，《尉繚子》有許多內容與司馬法幾乎完全雷同，有些地方《司馬法》僅舉大綱，而《尉繚子》言之更加邃密，幾乎是司馬法之箋註。

一、介者不拜

《司馬法・天子之義》云：「國容不入軍，軍容不入國。介者不拜，兵車不式，城上不驅，危事不齒。」語義不明。劉寅《司馬法直解》對介者不拜之解釋是「不暇爲儀也」，對「危事不齒」之解釋是「危事不啓齒，恐惑眾也。」〔註221〕驗之《國語・吳語》王孫雒之說法，〔註222〕劉寅的解釋完全是望文生

〔註220〕司馬遷，《史記・司馬穰苴列傳》，頁734。
〔註221〕劉寅，《武經七書直解・司馬法直解》，頁521。

－178－

義，其「介者不拜」之解釋，同樣令人不知所云。《尉繚子》全書並未論及國容、軍容、兵車不式、城上不驅、危事不齒，但對介冑之士不拜之原因則有詳細之解說：

> 乞人之死不索尊，竭人之力不責禮。故古者甲冑之士不拜，示人無己煩也。夫煩人而欲乞其死，竭其力，自古及今，未嘗聞矣。〔註223〕

介者不拜實屬於兵形勢家「重兵」思想之主要內容。

二、將軍居軍以國事爲重

司馬遷敘述司馬穰苴斥殺莊賈：「將受命之日則忘其家，臨軍約束則忘其親，援枹鼓之急則忘其身。」〔註224〕此言不見今本《司馬法》，是否爲已佚失之司馬法序文、本事，雖不得而知，但頗有此種可能。先秦兵書慣例是先敘將之得君行道、用兵效驗如神之經過，然後再敘述其理論。如《吳子》首篇即敘述其以兵機見魏文侯；孫武演陣斬美姬之故事與臨沂出土之《孫子兵法》一併出現，可知此一故事爲《孫子兵法》之一部分——實係孫武之本事。做爲兵技巧家之代表人物墨翟，一般人習慣將〈備城門〉以下至雜守二十篇視爲一組材料。〔註225〕實際上墨子有關防守部份實應包括〈第五十公輸篇〉，〈公輸篇〉詳敘墨子守城之技巧能使「公輸般之九種攻法盡，而墨子之守禦有餘。」〔註226〕此篇實爲墨子守城技術之總綱與本事；臨沂出土之孫臏兵法亦包括〈擒龐涓〉、〈威王問〉、〈陳忌問壘〉等篇章，申明孫臏用兵之效用。即以《尉繚子》而論，篇首即是「梁惠王問尉繚子曰。」

《尉繚子・武議》有幾乎與《司馬法》完全一樣之字句：「將受命之日則

〔註222〕《國語・吳語》云：「吳晉爭長未成，邊遽乃至，以越亂告，吳王懼，乃合大夫而謀曰：『越爲無道，背其齊盟。今吾道路修遠，與會而歸，與會而先晉，孰利？』王孫雒曰：『夫危事不齒，雖敢先對。二者莫利。無會而歸，越聞章矣，民懼而走，遠無正就。齊、宋、徐夷曰：『吳既敗矣！』將夾溝而㐲我，我無生命矣。會而先晉，晉既執諸侯之柄以臨我，將成其志以見天子。吾須之不能，去之不忍。若越聞愈章，吾民恐叛。必會而先之。』……」由整段文意觀之，韋昭註「危事不齒」爲「不以年次對也」，應該是正確的解釋。
〔註223〕《尉繚子・武議》。
〔註224〕司馬遷，《史記・司馬穰苴列傳》，頁733。
〔註225〕如孫詒讓，《墨子閒詁・備城門第五十二》，篇題之註云：「自此至雜守凡二十篇，皆禽滑釐所受守城之法也。」岑仲勉《墨子城守》各篇簡注亦是起自〈備城門〉，終於〈雜守〉。
〔註226〕《墨子・公輸第五十》（孫詒讓《閒詁》本），頁295。

忘其家,張軍宿野忘其親,援枹而鼓忘其身。」〈兵教下〉則有類似之字句:
「爲將忘家,踰垠忘親,指敵忘身。」

三、作戰以仁爲本

《司馬法‧仁本》云:

> 冢宰與百官令于軍曰:「入罪人之地,無暴神祇,無行田獵,無毀土
> 功,無燔墻屋,無伐樹木,無取六畜、禾黍、器械,見其老幼,奉
> 歸勿傷。雖遇壯者,不校毋敵。敵若傷之,醫藥歸之。既誅有罪,
> 王及諸侯修正其國,舉賢立明,正復其職。」

此種理論與春秋戰國之戰爭實況大異其趣。宋襄公在泓之戰實行此種古制而
戰之結果,雖公羊傳稱其「雖文王之戰亦不過此也。」〔註227〕但飽受時人之
歸咎、譏嘲,足徵此種理想之式微。但《尉繚子‧武議》亦有類似之理論,《尉
繚子‧武議》云:

> 凡兵不攻無過之城,不殺無罪之人。夫殺人之父兄,利人之貨財,
> 臣妾人之子女,此皆盜也。故兵者,所以誅暴亂,禁不義也。兵之
> 所加,農不離其田業,賈不離其肆也,士大夫不離其官府,由其武
> 議,在于一人。故兵不血刃而天下親焉。

後人認爲此等議論實爲古制之遺,〔註228〕與孟子所述秦誓之辭完全合轍。

四、軍無二令

兵形勢家講求由名求行,名實合一。故將操其名(將主旗鼓),眾效其形。
軍隊之戰力表現在將士用命上;將士用命建立在令出不二之基礎上。將領之
命令若是繁瑣數變,多所更張,則部隊將手足無措。動物行爲學家康樂‧勞
倫斯對此種現象有極生動之敘述。〔註229〕春秋時代之士蔿亦有類似之看法:

〔註227〕《公羊傳‧僖公二十二年》(陳立《義疏》本)(臺北:鼎文書局,民國 62
年 5 月出版)。

〔註228〕閻若璩,《尚書古文疏證‧第六十四‧言胤征有玉石俱焚語爲出魏晉間》(臺
北:藝文印書館影印續皇清經解尚書類彙編冊一),云:「又按司馬法,漢
志百五十五篇,宋元豐間僅五篇,編入武經,傳至今。余嘗愛仁本、天子
之義二篇,真太史公所謂閎闊深遠,與所謂揖讓爲三代王師之遺言無疑。
頗怪小戴氏輯禮不採入列之爲經,頒之學官,置師弟子伏而讀之,惜哉!」

〔註229〕康樂‧勞倫斯著,游復熙、季光容譯,《所羅門王的指環‧四‧可憐的魚》(臺

變非聲章，弗能移也。聲章過數則有釁，有釁則敵入，敵入而凶，救敗不暇，誰能退敵。〔註230〕

這樣就無法達到以名求形、以名求實之目的，背離兵形勢家形名合一之精神，往往是亂軍引勝之張本。同一時間兩道相反的命令，往往會給部隊帶來毀滅性之打擊。肥水之戰苻堅同時下達撤退、進攻之命令，部隊亂至無法收拾之地步，自相蹐藉投水死者不可勝計，肥水爲之不流。〔註231〕湘軍王牌李續賓部在三河之戰亦是在同樣情形下遭到全殲之命運。〔註232〕在這方面，《司馬法・定爵》僅寥寥二句：「無誑其名，無變其旗。」《尉繚子・戰威》則有詳細之解說：

令者一戰心也。眾不審則數變，數變則號令雖出，眾不信矣。故令之法，小過無更，小疑無申。故上無疑令，則眾不二聽。動無疑事，則眾不二志，未有不信其心，而能得其力者：未有不得其力，而能致其死戰者也。

《尉繚子・攻權》則云：

戰不必勝，不可以言戰：攻不必拔，不可以言攻。不然，雖刑賞不

北：東方出版社，民國83年十三版），頁49～50、云：「有一次我看見一條寶石魚在把貪玩的孩子趕回窠裡睡覺時，做了一件使我大吃一驚的事：那天我很晚才到實驗室，天色已經全黑。有一些魚，一整天都沒有吃到東西，因此我急急地想餵飽他們，這裡面有一對正在養孩子的寶石魚，當我走近水缸的時候，我看到大半的幼魚都已入睡，他們的媽媽正在窠上徘徊照看，雖然我丟了幾段蚯蚓進缸，他也不來取食；那條父魚正興奮地前前後後追尋跑開的小魚，不過時而也偷空吞下一段蚯蚓的尾巴：這時他又游上來搶了一段蚯蚓，因爲太大了，一時吞不下，就在他細細咀爵的時候，忽然看到一條幼魚，正獨個兒在缸裏游來游去，一下子他幾乎呆了，按著我就看見他追著了那條幼魚，並且一口吞進了他已經塞滿了蚯蚓肉的嘴裏，這下可就精彩了，現在這魚的嘴裏有兩樣東西：一樣要進胃，一樣要進窠，他會怎麼辦呢？我承認那一刻實在很爲那條幼魚的小命擔心，不過後來發生的事才叫出人意外呢？這魚帶了滿嘴的東西，頓在那兒一動也不動，滿嘴的肉也顧不得吃了，就在這一刻，我總算看到魚怎樣擔心事、動腦筋了。妙的是碰到這麼爲難的一件事，魚的反應竟然跟人一樣一先是把一切行動都停頓下來，既不前進也不後退，這條做父親的寶石魚就這樣呆了有幾秒鐘，你幾乎可以看到他在那裡絞腦汁，做決定。」

〔註230〕《國語・晉語一》。

〔註231〕唐玄齡等撰，《晉書・列傳第四十九・謝玄傳》（臺北：鼎文書局，民國76年4月二版），頁2082。

〔註232〕王闓運，《湘軍志・湖北篇第三》（臺北：文苑出版社：民國53年8月初版），頁106～107，云：「寇來如牆，續賓歎曰：『今敗矣！』令軍中曰：『見月照地而走。』軍皆束載而待月出。續賓終恥於潰圍，謀復圖固守，軍已動，遂大奔。續賓馳督戰，軍不復成列，遂陷陣死。」

足信也。信在期前，事在未兆。故眾已聚不虛散，兵已出，不徒歸。
《尉繚子·十二陵》則曰：「威在于不變。」

五、嚴　位

兵形勢家對部伍的消極要求是「能立於不敗之地」，做到「徐如林」、「不動如山」；積極的能攻則必克，不失敵之敗，「侵略如火」，「如火烈烈，莫我敢遏」、「其疾如風」。要達到攻守如意，不能不有簡單易行、又行之有效之軍事基本動作與隊形。

藍永蔚認爲《司馬法·嚴位》是「世界第一部有文字記載的軍事條令。」「該篇嚴格規定了甲士和步卒在戰鬥中的單兵和列隊動作，以及在各種不同情況下應當採取的措施。它是一部簡明扼要的車兵、步兵戰鬥條令。」〔註233〕
《司馬法·嚴位》對部隊坐、行、起之規定是：

> 凡戰之道，等道義、立卒五、定行列、正縱橫、察名實、立進俯、坐進跪、畏則密、危則坐。遠者視之則不畏，邇者勿視則不散。位下，左右下，甲坐，誓徐行之。位建徒甲，籌以輕重，振馬躁徒甲，畏以密之。跪坐坐伏，則膝行而寬誓之。起躁鼓而進，則以鐸止之。銜枚誓糗，坐膝行而推之，執戮禁顧，躁以先之。若畏太甚，則勿戮殺，示以顏色，告之以所生，循省其職。……凡車以密固，徒以坐固，甲以重固，兵以輕勝。

《吳子·治兵》則云：

> 萬人學戰，教成三軍，以近待遠，以逸待勞，以飽待飢，圓而方之，坐而起之，行而止之，左而右之，前而後之，分而合之，結而解之，每變皆習，乃援其兵，是謂將事。

《尉繚子》對指揮部伍之進、趨、退、坐有更一步的說明。《尉繚子·兵教上》云：

> 擊鼓而進，低旗則趨，擊金而退，麾而左之，麾而右之，金鼓俱擊而坐。……陣於中野，置大表三，百步而一，既陣去表，百步而決，百步而趨，習戰以成其節，乃爲之賞法。

《尉繚子·兵令上》云：

〔註233〕藍永蔚，《春秋時代的步兵》，頁303～304。

陣以密則固，鋒以疏則達。卒畏將甚於敵者勝，卒畏敵甚於將者敗。
所以知勝敗者，稱將於敵也。……出卒陳兵有常令，行伍疏數有常
法，先後之次有適宜。常令者，非適北襲邑攸用也。前後不次則失
也。亂先後斬之。常陳者皆向敵。有內向、有外向，有立陣，有坐
陳。夫內向所以顧中也。外向所以備外也。立陣所以行也，坐陳所
以止也。立坐之陣，相參進之。將在其中，坐之兵劍斧；立之兵戟
弩，將亦居中。善禦敵者，正兵先合而後扼之，此必勝之術也。陳
之斧鉞，飾之旗章，有功必賞，犯令必死，存亡死生在枹之端。雖
天下有善兵者莫能禦此矣。

《周禮・夏官・大司馬》對起、坐、進、趨之敘述，比之《尉繚子》更加細
密，可補《司馬法》、《尉繚子》敘述之不足：

以教坐、作、進、退、疾、徐、疏、數之節，遂以蒐田。……中冬
教大閱，前期群吏戒眾庶，修戰法，虞人萊所田之野，為表，百步
則一，為三表，又五步為一表。四之日，司馬建旗于後表之中，群
吏以旗物、鼓、鐸、鐲、鐃，各帥其民而致，質明，弊旗，誅後至
者，乃陳車徒，如戰之陳，皆坐。群吏聽誓於陣前，斬牲。以左右
徇陣，曰：「不用命者斬之。」中軍以鼙令鼓，鼓人皆三鼓，司馬振
鐸，群吏作旗，車徒皆作，鼓行鳴鐲，車徒皆行，及表乃止。三鼓
摝鐸，群吏弊旗，車徒皆作。又三鼓，振鐸作旗，車徒皆作，鼓進
鳴鐲，車驟徒趨，及表乃止，坐作如初。乃鼓，車馳徒走，及表乃
止。鼓戒三闋，車三發，徒三刺，乃鼓退，鳴鐃且卻，及表乃止，
坐作如初，遂以狩田。

整段敘述部隊訓練由靜止的跪坐，至起立，至進攻，至跪坐，至起立，至快
速前進，至跪坐，至慢跑前進，進攻，撤退，跪坐。藍永蔚認為「這種單調
的操演過程，其目的正在反復訓練部隊從立陣（方陣）變成坐陳（藍文之意
為圓陣），從進攻轉為防禦的作戰能力。」〔註234〕但詳稽《周禮》原文文意其
中毫無由方變圓、由圓變方之變陣動作。吳起所謂之「圓而方之，坐而起之，
行而止之，左而右之，前而後之，分而合之，結而離之。」各種動作，並列
敘述，絲毫未見立陣即為方陳、坐陣即為圓陣之跡象。《司馬法》、《尉繚子》、
《吳子》、《周禮》之原文文意只是由準備前進、前進（此二種動作分屬立陣、

〔註234〕藍永蔚，《春秋時代的步兵》，頁240。

行陣）變爲休息待命（坐陣），由休息變爲準備前進、前進、方向變換之動作不斷變換而已。

此種看似簡單、機械之動作（陣形），其中實蘊含無窮妙用。坐陣可以維持體力與敵相持，遇有危險、紊亂、不穩、騷動狀況，只有坐陣能達到「止如山」、「不動如山」之目的。〔註235〕維持充足體力之後，由坐陣可迅速變爲立陣，化守爲攻，因敵制宜而採取行、趨、走之攻擊速度。坐立二陣實互爲表裡。

六、戰合之表

《漢書・藝文志》對兵形勢家之形容是：「形勢者，雷動風舉，後發而先至，離合背鄉，變化無常，以輕疾制敵者也。」說明兵形勢家行軍作戰講求能分能合。兵形勢家之分、合而戰，實與戰表有密切之關係。《司馬法》並未提及立表，但《史記・司馬穰苴列傳》記述司馬穰苴立表下漏待莊賈，日中不至，「穰苴則仆表決漏」。《史記・索引》對立表之解釋是「謂立木以表視日景。」歷來注《史記》之各家如瀧川資言等對司馬貞的解釋均無異辭，表爲合軍聚眾之計時工具。

但先秦所有古書對表之解釋均是標明方位的依據。即便是立皋表以測日影的表，在春秋戰國時代亦是用之測方位，而非正時間。〔註236〕《晏子春秋》

〔註235〕脫脫，《宋史・卷三百六十六・吳璘傳》，頁 11416，云：「紹興十一年，與金統軍胡盏戰劉家灣，敗之。復秦州及陝右諸郡。初胡盏與習不祝合軍五萬，屯劉家圍，璘請討之，胡世將問策安出。璘曰：『有立疊陣法。每戰以長槍居前，坐不得起，次最強弩，次強弩，跪膝以俟，次神臂弩，約賊相持至百步內，則神臂先發，七十步強弓併發，次陣如之。凡陣以拒馬爲限，鐵鉤相連，俟其傷，則更代之。遇更代，則以鼓爲節，騎兩翼以蔽于前，陣成而騎退謂疊陣。諸將始竊議曰：『吾軍殲於此乎？』璘曰：『此古束伍令也，軍法有之，諸君不識耳。得車戰餘意，無出于此。戰士心定，則能持滿，敵雖銳，不能當也。』」陳壽，《三國志・張樂于張徐傳第十七》，頁518，云：「時荊州未定，復遣遼屯長社。臨發，軍中有謀反者，夜驚亂火起，一軍盡擾。遼謂左右曰：『勿動。是不一營盡反，必有造變者，欲以動亂人耳。』乃令軍中，其不安者安坐。遼將親兵數十人，中陣而立，有頃定，即得首謀者殺之。」

〔註236〕王振鐸，〈司南、指南針與羅經盤〉，云：「《周禮・考工記・匠人》云：『置槷以縣，眂以景爲規，識日出之景，與日入之景，晝參諸日中之景，夜考之極星，以正朝夕。』鄭玄注：『古文皋，假借字，於所平之地，中樹八尺之皋，以縣正之，眂之以其景，將以正四方也。』周官匠人營國，職在建築營造，置眂影，以測日之出影入影，釐正日中之影，以定子午，而正四向。」見《中

敘及酤酒者置表甚長，希冀以廣招徠；〔註237〕《管子・君臣篇》云：「猶揭表而令之止也。」尹知章注云：「表以木爲標，有所告示也。」〔註238〕《公羊傳・定公四年》之「而不相迿」，徐彥疏云：「表者，謂其戰時旅進旅退之約限。」〔註239〕已指明戰表在軍隊進止上之作用。《漢書・藝文志》兵形勢家有景子十三篇，沈欽韓認爲景子即楚將景陽，〔註240〕景陽之事蹟唯一見之於記載者，即是植表舍營。〔註241〕《尉繚子・將令》云：「出國門之外，期日中，設營表、置轅門，期之，如過時，則坐法。」《周禮・大司馬》敘及中秋教治兵，如振旅之戰：

> 爲表，百步則一，爲三表，又五十步爲一表，田之日，司馬建旗于後表之中，群吏以旗物鼓鐸鐲鐃，各帥其民而致，質明弊旗，誅後至者。

此二段敘述足以說明司馬穰苴立表期以日中以俟莊賈，立表是標明軍將士卒聚合之確定地點，而非計時工具。此處之表，其作用主在聚合部隊。《周禮・大司馬》其後之敘述：

> 中軍以鼙鼓令，鼓人皆三鼓。司馬振鐸，群吏作旗，車徒皆作，鼓行鳴鐲，車徒皆行，及表乃止。三鼓摝鐸，群吏弊旗，車徒皆作。

國考古學報》第三冊（民國37年5月出版），頁184。

〔註237〕《晏子春秋・内篇問上》（張純一校註本）（臺北：世界書局，民國63年7月新二版），頁78～79，云：「宋人有酤酒者，爲器甚精潔，置表甚長，而酒酸不售。問之里人其故，里人曰：『公之狗猛，人挈器而入，狗迎而齧之，此酒所以酸而不售也。』」

〔註238〕尹知章，戴望校正，《管子校正・君臣上第三十》（臺北：世界書局，民國63年7月新二版），頁162。

〔註239〕《公羊注疏・卷二十五・定公四年》（十三經注疏本）（臺北：藝文印書館，民國86年8月十三刷），頁322。

〔註240〕王先謙補註，《漢書補註・藝文志・兵書略兵形勢家・景子》頁904，云：「沈欽韓曰：『楚策楚王使景陽將救燕，暮舍使左司馬各營壁地，已植表，景陽怒……軍吏乃服。淮南汜論景陽淫酒，被髮，而御於婦人，威服諸侯。』」

〔註241〕劉向輯《戰國策・卷五・齊韓魏共攻燕》（橫田惟孝解正解本）（臺北：河洛圖書出版社，民國65年3月初版），頁57，云：「齊、韓、魏共攻燕。燕使太子請救於楚。楚王使景陽將救之。暮舍使左右司馬各營壁地，已植表。景陽怒曰：『女所營者，水至，皆滅表，此焉可以舍。』乃令徙，明日大雨，山水大出，所營者，水皆滅表，軍吏乃服。於是遂不救燕而攻魏雝丘，取之以與宋。三國懼，乃罷兵。魏軍其西，齊軍其東，楚軍欲還，不可得也。景陽乃開西和門，晝以車騎，暮以燭，見通使於魏，齊師怪之，以爲楚燕與魏謀之，乃引兵而去。齊兵已去，魏失其與國，無與共擊楚，乃夜遁，楚師乃還。」

> 又三鼓，振鐸作旗，車徒皆作，鼓進鳴鐲，車驟徒趨，及表乃止，
> 坐作如初。乃鼓，車馳徒走，及表乃止。鼓戒三闋，車三發，徒三
> 刺。乃鼓退，鳴鐃且卻，及表乃止，坐作如初。遂以狩田。

生動具體描繪出軍隊行、趨、走、退之整然有序。而能令部伍前進後退，發則中節，實有賴於表的作用。

《尉繚子・兵教上》立三表以訓練部隊之決、趨、驚，與《周禮・大司馬》有類似之記述，嚴位一節已詳爲引用，此處無須贅述。

兵形勢家之合軍聚眾，以分合爲變另有所謂之戰合之表。《尉繚子・踵軍令》云：

> 所謂踵軍者，去大軍百里，期于會地，爲三日熟食，前軍而行。爲戰
> 合之表，合表乃起。踵軍饗士，使爲之戰勢，是謂趨戰者也。興軍者，
> 前踵軍而行，合表乃起。去大軍一倍其道，去踵軍百里，期于會地。
> 爲六日熟食，使爲戰備。分卒據守要害，戰利則追北，按兵而趨之。
> 踵軍遇有還者，誅之。所謂諸將之兵在四奇之內者，勝也。兵有什伍，
> 有分有合，豫爲之職，守要害關梁而分居之。戰合表起，即皆會也。
> 大軍爲計日之食起，戰具無不及也，令行而起，不如令有誅。凡稱分
> 塞者，四境之內，當興軍、踵軍既行，則四境之民無得行者。奉王之
> 命，授持符節，名爲順職之吏。非順職之吏而行者，誅之。戰合表起，
> 順職之吏乃行，用以相參。故欲戰先安內也。

《踵軍令》全篇是敘述在合戰位置上之大軍與相距百里之踵軍、相距二百里之興軍在同一天之時期內各就適當之戰鬥位置。此段文字，句意不甚明顯，尤其是合戰之表究爲何物，更是令人莫測高深。施子美之《尉繚子講義》對此缺而未註。朱鏞引述《直解》之說法是：「約立合戰之表記於所表之地。合表乃起者，踵軍之表與大軍之表兩相合，然後起而相應也。」〔註242〕引述《纂序》之說法是：「爲戰陳會合之表記。」〔註243〕鄧澤宗等之《武經七書註釋》對此之解釋是：

> ②表，標記，事先約定的信號標志。合表乃起，據《滙解・直解》：
> 「合表乃起者，踵軍之表與大軍之表兩相合，然後起而相應也。」
> 即是說大軍統帥與踵軍將領，事先表示踵軍發出信號的表（就像符

〔註242〕朱鏞，《尉繚子・滙解・直解》，頁260。
〔註243〕朱鏞，《尉繚子・滙解・纂序》，頁260。

節一樣，各持一半），當大軍統帥命令踵軍出發時，就將自己持有的
一半，派人送給踵軍將領，踵軍將領接到後，把它與自己所持的一
半相對，查驗符合，即率軍起程。〔註244〕

李解民、劉春生對戰合之表之看法與鄧澤宗等的看法相同。劉仲平之《尉繚
子・今註今譯》對此段之標點略有不同：「爲戰合之表。合表，乃起踵軍。」
對戰合之表的解釋是：「作戰會合增援令的表柱，以標示調後軍增援前方的主
力軍。」合表的解釋是：「增援令到。」〔註245〕但會合增援令的表柱，與合表
（增援令）在其翻譯文字中完全付之闕如。劉春生、李解民對合表乃起的翻
譯是：「驗合戰表無誤就開始行動。」、「成表驗合，就開始行動。」〔註246〕

　　在先秦兵書中，表之作用均是識正行列、指示軍隊位置所在之標竿。從
未見以表爲「符節」的記錄。

　　《踵軍令》之合戰之表乃是標明踵軍、興軍同時到達合戰之地，與大軍
各依表就位。所以要立合戰之表是爲防止大軍、興軍、踵軍在合戰位置上之
紛亂，以求達到部隊合軍聚眾之部伍嚴整之要求。春秋邲之戰，晉軍退至河
邊，未立表區分部伍，以致中軍、下軍雜混在一起，登船之際，中軍、下軍
爭舟，舟中之指可掬；秩序亂了一夜，都無法整頓。〔註247〕

　　三國時代，用兵彷彿孫吳之曹操其合軍聚眾、整兵布陣作戰之方，亦是
引兵就表，以達部伍嚴整之要求：

　　步戰令：嚴鼓一通，步騎悉裝；再通；騎上馬，步結屯；三通，以
　　次出之，隨幡所指。住者結屯住幡後，聞急鼓音，整陣；斥候者視
　　地形廣狹，從四角立表，制戰陣之宜；諸部曲各自按部陳兵疏數，
　　兵曹舉白，不如令者斬。兵若欲作陣對敵營，先白表乃引兵就表而
　　陣；臨陣皆無讙譁，明聽鼓音，旗幡麾前則前，麾後則後，麾左則
　　左，麾右則右，不聞令而擅前、後、左、右皆斬。〔註248〕

長於治戎之諸葛亮亦以戰表整飭部伍。其兵要云：

〔註244〕鄧澤宗，《武經七書譯註，尉繚子譯註》，頁215。
〔註245〕劉仲平，《尉繚今註今譯》（臺北：商務印書館，民國73年3月修訂初版），
　　　　頁221。
〔註246〕劉春生，《尉繚子全譯》，頁87；李解民，《尉繚子譯註》，頁115～116。
〔註247〕《左傳・宣公十二年》。
〔註248〕楊晨，《三國會要・卷一七・兵・魏軍制》（臺北：世界書局，民國64年3
　　　　月三版），頁299。

> 凡軍行營壘，先使腹心及鄉道，前覘審知，各令候吏先行定得營地，
> 擘五軍分數，立四表候視，然後移營。……前止處，游騎精銳四向
> 散列而立，各依本方下營，一人一步，隨師多少，咸表十二辰，豎
> 六旗，長二丈八尺，審子、午、卯、酉，地勿邪僻，以朱雀旗豎午
> 地，白獸旗豎酉地，玄武旗豎子地，青龍旗豎卯地，招搖旗豎中央。
> 其樵采牧飲，不得出表外。〔註249〕

爲求踵軍、興軍之迅速到達合戰地點，達到「趨戰」之要求，第一是按
里計食，踵軍百里爲三日路程，故爲三日熟食，興軍二百里爲六日路程，故
爲六日熟食。由此可知「趨戰」之際，部隊爲了行軍效率，並不埋鍋造飯。
此點與另一兵形勢家項羽之作風完全一致。〔註250〕在這方面最能得古人遺意
者，其爲共軍。〔註251〕與共軍作法有異曲同工之妙者爲美國南北戰爭時之天
才型名將薛爾曼之軍事行動。〔註252〕

第二是確保踵軍、興軍道路之暢通無阻，百姓阻道者，殺無赦。《尉繚子·
踵軍令》稱：

> 凡稱分塞者，四境之內，當興軍、踵軍既行，則四境之民，無得行
> 者。奉王之命，授持符節，名爲順職之吏。非順職之吏而行者誅之。
> 戰合表起，順職之吏乃行，用以相參。故欲戰先安內。

〔註249〕楊晨，《三國會要》，頁303～304。

〔註250〕司馬遷，《史記·項羽本紀》，頁110，云：「……項羽乃遣當陽君、蒲將軍將
卒二萬渡河救鉅鹿，戰少利，陳餘復請兵。項羽乃悉引兵渡河，皆沈船，破
釜甑，燒廬舍，持三日糧，以示士卒，必死，無一還心。」既破釜甑，則項
羽部隊所持三日糧，必皆爲熟食。

〔註251〕共軍在進行運動戰、游擊戰之際，北方共軍攜帶一周用炒麵，南方共軍攜帶
一周用炒米，絕不埋鍋造飯。完全擺脫龐大尾巴（後勤補給）之拖累，使敵
人完全無法捉摸，以致在速度上，共軍幾乎是「速而不可及」，國軍要捉住共
軍全無可能，共軍要全殲國軍，國軍卻逃不脫。

〔註252〕李德哈達著，紐先鐘譯，《戰略論·第九章1854～1914》（臺北：軍事譯粹社，
民國74年8月五版），頁153，云：「爲了重新獲得適當的戰略機動力量，並
且不怕敵人的突擊會使他陷於癱瘓起見，他認清了他必須擺脫一條固定補給
線的束縛。這就是說他在運動中，應能自給自足，進一步說也就是把他的物
質要求減少，以絕對必需者爲限。換言之，唯一避免人家捉住了尾巴的辦法，
就是把尾巴捲了起來夾在脅下，然後再做長距離的跳躍。所以，當他把自己
的包袱縮小到了最低限度之後，他就可以擺脫鐵路線的束縛，而一直衝進了
南方的『後門』，進一步切斷南軍的鐵路線，破壞他們的補給制度和來源。這
個效力所具有的決定性，可以說是十分的驚人。」

《尉繚子‧兵令下》云：

> 諸去大軍爲前禦之備者，邊縣列侯，各相去三五里，聞大軍爲前禦
> 之備，戰則皆禁行，所以安內。

此二段敘述看似平淡，其中實蘊含甚深之戰理。其所以要定如此嚴厲之規定，一方面是爲達〈分塞令〉所謂之摘奸發伏之作用：「踰分干地者誅之。故內無干令犯禁，則外無不獲之奸。」一方面爲了使部隊之輜重器械、所有戰鬥人員得以在預定時間、毫髮無損、順暢無阻的到達就戰位置。《尉繚子‧踵軍令》之「戰合表起，四境之民，無得行者。」應該不是出自尉繚之推理，而是大量事實歸納而得出之正確行動方案。由以後幾千年來之戰史來看（直至今日），不管部隊前進或撤退，平民與部隊一起爭道而行，不但拖累部隊之行動，造成軍械物資之大量遺棄，而且往往是覆亡之張本。劉備之當陽撤退是最鮮明之例證。〔註253〕《尉繚子》控制道路以利部隊行止之措施即使是在最現代化之戰爭，仍不失其優越性。反其道者，鮮有不遭覆軍殺將之慘禍。〔註254〕順其道者，部隊往往可安抵目的地，保留完整之戰力。〔註255〕

〔註253〕陳壽，《三國志‧卷三十二‧先主傳第二》，頁 877～878，云：「琮左右及荊州人多歸先主。比到當陽，眾十餘萬，輜重數千兩，日行十餘里，別遣關羽乘船數百艘，使會江陵。或謂先主曰：『宜速行保江陵，今雖擁大眾，被甲者少，若曹公兵至，何以拒之？』先主曰：『夫濟大事必以人爲本，今人歸吾，吾何忍棄去！』曹公以江陵有軍實，恐先主據之，乃釋輜重，輕軍到襄陽。聞先主已過，曹公將精騎五千急追之，一日一夜行三百餘里，及於當場之長阪。先主棄妻子，與諸葛亮、張飛、趙雲等數十騎走，曹公大獲其眾輜重。」

〔註254〕如國軍三十七年底之徐州大撤退，軍民相擁而行，重裝備無法行動，丟棄無遺，未經任何廝殺，國軍三個集團軍實力已損毀殆盡。五十二軍之上海撤退，秩序全盤混亂，未曾留一條順暢無阻之道路，港口雖備有船隻，但絕大多數之部隊自相推擠，根本上不了船。其詳可看看劉玉章《戎馬五十年‧上海轉進》（臺北：作者自行出版，民國66年10月再版），頁237～239。

〔註255〕韓戰期間，中共發動第三次大規模之攻勢，直撲漢城，聯軍總司令李奇威下令撤出漢城。此次後撤之步驟與《尉繚子‧踵軍令》之規劃完全無殊，以致聯軍在撤過漢江之後，尚保留完整軍力，還堪再戰。其詳可見葉雨濛，《漢江血》（北京：經濟日報出版社，1992年3月3刷），頁68～69，云：「李奇微吩咐把第一騎兵師長助理帕爾默准將叫來，命令他親自趕赴漢江大橋一帶全權負責交通管制。『……你要以我的名義採取一切必要的手段，保證第八集團軍源源不斷地通過……從下午三時起，禁止非軍方以外的一切車輛和行人通過，以免堵塞交通……我最擔心的是，漢城的數十萬難民湧上大橋，那他媽的可就給中共軍隊幫了大忙啦！』『將軍，如果成千上萬的難民拒絕離開漢江大橋呢？』帕爾默准將想得到上司賦予的最高權力。『那就讓你的憲兵向他們頭上鳴槍示警；如果還不能阻止，那麼就直接向人群開槍！』事實證明，李

合軍聚眾，訓練部伍行走趨退，作戰之際部隊就表列陣，戰表都發揮了意想不到的功效。但在實戰之際，部隊之分合爲變，究竟是不是也像訓練一樣，依據戰表，而變換各種之行軍、攻擊速度，變換不同的陣勢。中國過去戰史記錄過於簡略，〔註256〕不易看出，但不無此種可能。最明顯的是項羽垓下之圍。《漢書·藝文志》兵形勢家有項王一篇，史記所有本紀、列傳之中，《項羽本紀》最見精采，項羽垓下之圍，以二十八騎面對數千漢軍騎兵，項羽潰圍、斬將、刈旗，三勝漢軍，〔註257〕完全是《漢書·藝文志》兵形勢家所謂之「形勢者，雷動風舉，後發而先至，離合背鄉，變化無常，以輕疾制敵者也。」之具體表現。項羽騎兵之分合爲變，因事出倉促，雖無人爲之戰表，但是仍然依自然之景觀做爲標示（如期山東以爲三處，再聚合爲一處亦應有所指示，只是史文不再重覆而予以省略。）爲離散、聚合之處。何去非

奇微的擔心是不必要的。在美國憲兵的攔阻下，數十萬南朝鮮的老百姓默默地等候在漢江北岸，忍受著寒風的侵襲，並不敢與軍方爭過那些臨時架設的浮橋以及漢江主橋。忍耐不住的性急者，便攜兒帶女，背負著包裹，趕著牛車、馬車，絡繹不絕地從結冰的江面上走過。李奇微親自在場督陣。一小時又一小時，成群結隊的士兵以及由卡車、坦克、火炮和各種運輸工具組成的漫長隊伍緩緩通過一座座浮橋。暮色降臨前，龐大的八英吋榴砲和重型『百人隊長』式坦克轟隆隆地馳上浮橋，浮橋被超負荷的重量壓得深深地陷入冰層下的漢江。那時候李奇微的心提到了嗓子眼兒，擔心浮橋受不住這些火炮和坦克的重量。尤其是，從北面的偏東方向不時傳來的沈重爆炸聲預示著中共追擊部隊的迫近。一旦中共的炮兵部隊強行推進到附近，利用遠程炮火向漢江橋轟擊，那麼這次撤退就將釀成大的混亂，損失必將非常慘重。……幸運的是，他擔心的事情並沒有發生。天黑以後，最後一輛坦克，總算順利地開到漢江南岸，李奇微立刻坐上他的吉普車，向設在永登浦的臨時指揮所進發。而在他背後，耐心等候了幾個小時的南朝鮮人，便黑壓壓地蠕動著，湧向了漢江岸邊。」

〔註256〕如曹操之作戰依表佈陣，所謂之正史對此即完全付之闕如。
〔註257〕司馬遷，《史記·項羽本紀》，頁 121～122，云：「至東城，乃有二十八騎，漢騎追者數千人。項王自度不得脫，謂其騎曰：『吾起兵至今八歲矣，身七十餘戰，所當者破，所擊者服，未嘗敗北，遂霸有天下，然今卒困於此，此天之亡我，非戰之罪也。今日固決死，願爲諸君快戰，必三勝之，爲諸君潰圍、斬將、刈旗，令諸君知天亡我，非戰之罪也。』乃分其騎以爲四隊，四嚮。漢軍圍之數重，項王謂其騎曰：『吾爲公取彼一將。』令四面騎馳下，期山東爲三處。於是項王大呼馳下，漢軍皆披靡，遂斬漢一將。是時赤泉侯爲騎將，追項王，項王瞋目而叱之，赤泉侯人馬俱驚，辟易數里，與其騎會爲三處，漢軍不知項王所在，乃分軍爲三，復圍之。項王乃馳，復斬漢一都尉，殺數十百人，復聚其騎，亡其兩騎耳。乃謂其騎曰：『何如？』騎皆伏曰：『如大王言。』於是項王乃欲東渡烏江。」

曾論及項羽分兵而戰之妙處：

> 然而知其妙者，雖少猶將分之，以兵必出于奇，而奇常在于分故也。

> 項羽二十八騎而分之爲四，會之爲三是也。〔註258〕

分合爲變、變化無常之陣勢自然能夠輕易克制墨守成規、不知權變的呆板陣勢。〔註259〕但其前提是不管如何分合變化，都不能陷入混亂，這就有賴於用戰表標示正確之聚散離合之位置。

魏晉以後，整軍經武似乎即與戰合之表絕緣，以致當時人對其作用已不明瞭，如司馬貞對司馬穰苴之「立表下漏待賈」即做了錯誤之註解：「按立表，謂立木爲表以視日景，下漏謂下漏水以知刻數也。」〔註260〕李靖認爲作戰根本沒有臨敵立表之事。〔註261〕但直至明代，紀律嚴明、威震天下之戚家軍臨敵作戰，仍用立表方式整軍經武：

> 一遇賊報，正行間，中軍聞報，放起火一枝，砲響一聲，五方大旗內，黃旗即隨主將，踏定戰地，豎起前後旗號，俱攢來黃旗下，四方分出立表，每方門旗，以下旗招護兵等役，俱隨各旗列方。其本方旗，居門旗之中，招居方旗之後，招高於方旗，方旗高於門旗。金甲旗并金鼓旗，領金鼓居將之左右，列前兵一隊，居將前，令字招旗居將後，專聽指麾。督兵戰殺。後親兵一隊，兩分列於金鼓之外。〔註262〕

在防守上，設置侯表（或烽燧、或日桯、桯表），不斷監視敵軍之一舉一動，以舉烽、表的方式指示最新軍情，讓己方部隊有迅速應變的準備時間。〔註263〕

〔註258〕《何博士備論・符堅上》（《指海叢書》本），收錄於《百部叢書集成》中（臺北：藝文印書館影印），頁54下。

〔註259〕司馬遷《史記・吳王鼻列傳》，頁 1011，云：「田祿伯曰：『兵屯聚而西，無佗奇道，難以就功。……』」

〔註260〕《史記・司馬穰苴列傳》：「立表下漏待賈。」司馬貞《索引》所言。

〔註261〕李靖（一說爲阮逸僞作），《李衛公問對中》（臺北：商務印書館影印宋本武經七書），頁4下，云：「太宗曰：『曹公新書云，作陣對敵，必先立表，引兵就表而陳，一部受敵，餘部不進救者斬，此何術乎？』靖曰：『臨敵立表，非也。此但教戰時法爾。古人善用兵者，教正不教奇。驅眾若驅群羊，與之進，與之退，不知所之也。曹公驕而好勝，當時諸將奉新書者，莫敢攻其短，且臨敵立表，無乃晚乎？……』」

〔註262〕戚繼光，《紀效新書》，頁121。

〔註263〕《墨子・號令第七十》（孫詒讓《閒詁》本），頁361～362，云：「出侯無過十

　　《尉繚子》與《司馬法》思想多有雷同，彷彿有前承後繼之關連性（當然兩者亦有同出一更古以來來源之可能性）。兩者除了上述各項之外，如飾卒以章、稱眾以地、重將、重兵、整飾營壘之方等兩者亦極其類似，但其他各節已有詳細之分析，此處無庸重複。

第八節　尉繚思想源出管子者

　　《尉繚子·制談》提及桓公之兵：「獨出獨入者，王霸之兵也。有提十萬之眾而天下莫當者誰？曰：『桓公也。』……」桓公之得以九合諸侯、一匡天下，其功多出管仲。其影響深遠至戰國初年之人「（齊人）知管子晏子而已矣。」〔註264〕戰國晚年，《韓非子》言及「藏管商之法者，家有之」〔註265〕之地步。《尉繚子》之軍事思想有不少可與《管子》相應。

一、兵制必先定

　　《尉繚子·制談》云：

　　凡兵，制必先定，制先定則士不亂；士不亂，則刑乃明。金鼓所指，

里。居高便所樹表，表，三人守之，比至城者三表，與城上烽燧相望，晝則舉燧，夜則舉火，聞寇所從來，審知寇形必攻。……望見寇，舉一垂（孫詒讓註云：『垂當爲表。』岑仲勉《墨子城守各篇簡注·號令第七十》云：『《雜守》言桱表，近年發現之漢簡又有"權桱昕呼"及"口逢干桱口毋益"之文，桱從垂得聲，與燧音甚近，舉一垂即舉一燧也。』王國維《觀堂集林·卷十七·敦煌漢簡跋第十三》云：『表即說文所謂烽燧侯表也，然不云舉烽而云舉表者，意漢時塞上告警，烽燧之外，然有不然之烽。晉灼漢書音義云，烽，如覆米薁懸著桔橰頭，有寇則舉之，但言舉而不言然，蓋渾言之。則烽表爲一物，析言之，則然而舉之謂之烽，不然而舉之謂之表。……明烽即表也。』）：入境，舉二垂，狙郭，舉三垂，入郭，舉四垂；狙城，舉五垂；夜以火，皆如此。」《墨子·雜守七十一》（孫詒讓閒詁本），頁367～368，云：「望見寇，舉一烽；入境，舉二烽：射妻，舉三烽一藍：郭陰，舉四烽，二藍：城會，舉五烽，三藍：夜以火，如此數。」侯表、烽燧傳遞消息之速度，在漢代可達每小時四十八里。李正宇，〈敦煌的邊塞長城及烽警系統〉，云：「根據研究所得，漢代烽火一漢時約行九九漢里。陳夢家推算一漢里約爲三二五米，折算爲今制（晝夜二十四小時，一里五百米），則一晝夜當行一一五八里，每小時行四八里。在沒有飛機、電話、電報的西漢時代，其傳遞速度之快，是無與倫比的。」見《長城國際學術研討會論文集》（吉林，吉林人民出版社，1995年12月1版），頁187。
〔註264〕《孟子·公孫丑上》（焦循《正義》本），頁102。
〔註265〕《韓非子·五蠹第四十九》（王先慎《集解》本），頁347。

　　則百人盡鬥；覆軍殺將，則萬人齊刃，天下莫能當其戰矣。

其句法、思想與《管子・參患》幾乎一致，只是用詞略有差異，《管子》所用之詞為「計」，而《尉繚子》為「制」。《管子・參患》云：「故計必先定，而兵出於境，計未定，而兵出於境，則戰之自敗，攻之自毀者也。」

二、以名責實

　　《三國演義》在戰爭之敘述上有二點令讀者留下最深刻之印象，一是鬥智不鬥力，一是軍令狀制。小時，讀《三國演義》時，一直認為軍令狀制雖是良法美意，能有效以名責實督責將領竭盡全力完成戰鬥任務，其能加強軍將以死負責之效幾乎等同日本武士道之切腹自殺。但因過於嚴苛，非人情所能堪，實際上甚少見之行事。就我所閱讀到之資料，僅見曲端與張浚爭吵之辭出現過「可責（軍令）狀否」，但即此一事亦未見之實行。〔註266〕但在春秋戰國時代之軍事上，這種軍令狀制不是空言，而是實事，此即先秦制度上有名的以名責實制度。後起之法家人物無不深喜刑名之術，將以名督實制度改用在提高行政效率上，成為重法、重術派之最主要理論依據，商鞅力主「刑名」，申不害重術主要方法之一即為「循名求實」，〔註267〕韓非子則是「以言觀效。」〔註268〕諸葛亮治蜀，「庶事精煉，物理其本，循名責實，虛偽不齒。」〔註269〕在先入為主觀念作祟下，許多人（如胡適博士、錢穆先生等）即認為此種以名求實制度為後期法家之專利，前此之書有論及形名者，即為偽書或書籍晚出之確證。不知名之所從來，已有久遠之歷史。《易繫辭》直接溯源至「結繩而治」之未有文字時代。有關名實、形名方面在孫武之形名思想淵源

〔註266〕畢沅，《續資治通鑑》（點校本）（臺北：世界書局，民國63年1月再版），頁2850～2851，云：「（高宗建炎四年・《考異》）：『趙牲之《遺史》：……浚發秦亭，見兵馬俱集，大喜，謂當自此以後可以逕入幽燕，問端如何？端曰：『必敗。』浚曰：『若不敗，如何？』端曰：『若宣撫之兵不敗，端伏劍而死。』浚曰：『可責狀否？』端即索紙筆，責軍令狀曰：『如不敗，當伏軍法。』浚曰：『若不勝，當復以頭與將軍。』遂大不協。」

〔註267〕《韓非子・定法》論及公孫鞅是「賞厚而信，刑重而必。」此即刑名合一之術；論及申不害則是：「今申不害之術……因任而授官，循名而責實，操殺生之柄，課群臣之能者也。」

〔註268〕《韓非子・二柄第七》（王先慎《集解》本），頁27～28，云：「人主將欲禁姦，則審合刑名者，言與事也。為人臣者陳而言，君以其言授之事，專以其事責其功。功當其事，事當其言則賞。功不當其事，事不當其言則罰。」

〔註269〕陳壽，《三國志・卷三十五・諸葛亮傳第五》（點校本），頁934。

已有詳盡之分析，可參看。君將爲了能秉本執要以督戰事、提高戰鬥效能，《管子》至少有三處敍及此等以名督實之制度。如《管子‧揆度》云：「輕重之法曰：「自言能爲司馬，不能爲司馬者，殺其身以釁鼓。……」《管子‧明法解》云：

> 譽人者，試之以其官，言而無實者誅。吏而亂官者誅。是故虛言不敢進，不肖者不敢授官。

又云：

> 明主操術任臣下，使群臣效其智能，進其長技，故智者效其技，能者進其功。以前言，督後事。所效當，則賞之。不當，則誅之。

《管子》所言不只限於軍事。《尉繚子》以名督實，只限於軍事，言簡意賅，《尉繚子‧制談》云：「民言有可以勝敵者，毋許其空言，必視其能戰也。……」《尉繚子‧兵令下》云：

> 君之利害在國之名實。今名在官，而實在家，官不得其實，家不得其名，聚卒爲軍有空名而無實，外不足以禦敵，內不足以守國，此軍之所以不給，將之所以奪威也。

三、藏富於民

《管子》、《尉繚子》都主藏富於民，反對官府大事聚斂。《管子‧山至數》云：「王者藏富於民，霸者藏于士，口口藏于大夫，殘國亡家藏于篋。」《尉繚子‧戰威》則是：「王國富民，霸國富士，僅存之國富大夫，亡國富倉府。是謂上滿下漏，患無所求。」

四、重　令

法令、軍令能否發揮其效用，在於法令、軍令之威嚴、勿縱勿枉、當場效驗。對於虧令、益令、二令、留令、失令、逾分上請之有損法令威嚴之舉，《管子》、《尉繚子》都力主嚴懲不赦。《管子》所言不限於軍事。《管子‧重令》云：

> 虧令者死，益令者死，不行令者死，留令者死，不從令者死。五者，死而無赦。

《管子‧法禁》云：「故莫敢超第逾官。」《尉繚子》思想與《管子》一致，但只言及軍事。《尉繚子‧將令》云：

若逾分而上請者死。軍無二令，二令者誅，留令者誅，失令者誅。……
將軍入營，及閉門清道。有敢行者誅，有敢高言者誅，有敢不從令
者誅。

五、什伍組織

　　爲了加強軍隊的團結性、認同感，什伍組織是行之有效之方法。對此管
子倡之於前，而尉繚承之於後，但在手段上略有出入。管子是「作內政而寄
軍令」，從政治組織不著痕跡的達到軍事組織的目的。管子以地域觀念、禍福
共之、生死相恤融合部伍。《國語・齊語》云：

　　管子於是制國：「五家爲軌，軌爲之長；十軌爲里，里有司；四里爲
　　連，連爲之長；十連爲鄉，鄉有良人焉。以爲軍令：五家爲軌，故
　　五人爲伍，軌長帥之；十軌爲里，故五十人爲小戎，里有司帥之；
　　四里爲連，故二百人爲卒，連長率之；十里爲鄉，故二千人爲旅，
　　鄉良人帥之；五鄉爲一帥，故萬人爲一軍，五鄉之帥帥之。三軍，
　　故有中軍之鼓，有國子之鼓，有高子之鼓。春以蒐振旅，秋以治兵。
　　是故卒伍整於里，軍旅整於郊。內教既成，勿使遷徙。伍人之祭祀
　　同福，死喪同恤，禍災共之。人與人相疇，家與家相疇，世同居，
　　少同遊。故夜戰聲相聞，足以不乖；晝戰目相見，足以相識。其歡
　　欣足以相死。居同樂，行同和，死同哀。是故守則同固，戰則同強。
　　君有此士也三萬人，以方行於天下，以誅無道，以屏周室，天下大
　　國之君，莫之能禦。」〔註270〕

《尉繚子》並未敘及以地域徵集部伍；而徵集而來之部伍，尉繚主張以連保
法之〈伍制令〉、〈束伍令〉以及〈兵令〉、徽幟之〈經卒令〉整飭部伍，加強
部隊組織之嚴密性。

　　荀子曾言：

　　齊之技擊，不可以遇魏氏之武卒；魏氏之武卒，不可以遇秦之銳士；
　　秦之銳士，不可以當桓文之節制；桓文之節制，不可以敵湯武之仁
　　義。〔註271〕

〔註270〕《國語・齊語》。
〔註271〕《荀子・第十卷・議兵》（楊倞注，王先謙《集解》本）（臺北：世界書局，
　　　　民國63年7月新二版），頁181。

荀子敍及齊桓之兵是節制之師，其戰力僅下王天下之商湯、周武王一等。管仲以重令、重法、以名責實、什伍相連達到節制之目的。而兵形勢家尉繚所講求者亦是部伍嚴整，士能死節，止如堵墻，動如風雨，車不結轍，士不旋踵。管子節制之方對尉繚實有相當程度之影響。

第九節　尉繚思想源出孫武者

　　鄭良樹〈論孫子的作成時代〉〔註272〕一文下篇之標目爲「尉繚引述孫子」。在該章節中，鄭良樹認爲《尉繚》的作者必定讀過《孫子十三篇》，《尉繚子》引述《孫子》計有暗用、明引、襲用《孫子》理論、襲用《孫子》語彙、句型及觀念等四類。

　　　一、暗用《孫子》者，如〈兵談〉之「閉關辭交而廷中之故口」、〈兵談〉
　　　　　之「重者如山林、如江如河；輕者如炮如幡，如垣壓之，如雲覆之。」
　　　二、明引《孫子》者，如〈將理〉之「兵法：『十萬之師出，日費千金』。」
　　　三、襲用《孫子》理論者，如〈戰威〉之「井成而飲，食熟而飯。」「將
　　　　　卒所以戰者氣，氣實則鬥，氣奪則走。」〈攻權〉之「挑戰者無全氣。」
　　　　　〈武議〉、〈治本〉、〈兵令〉之以文武爲治兵理論。〈勒卒令〉之「正
　　　　　兵貴先，奇兵貴後。」
　　　四、襲用《孫子》語彙、句型及觀念者，如〈戰威〉之「廟算」、「善用
　　　　　兵者，先奪人而不奪於人。」〈天官〉之「黃帝百戰百勝」，以黃帝爲
　　　　　「兵家之始祖。」〈兵談〉之「治兵者若秘於地，若邃於天。」〈武議〉
　　　　　之「勝兵似水，水至柔弱者也。」

　　鄭文所論大體無誤，但有兩點不足。一是鄭良樹認爲《尉繚子》不但承襲黃帝百戰百勝之觀念，而且也以黃帝爲兵家之始祖，論斷完全錯誤；一是敍述範圍不夠周全。

　　在論斷錯誤方面，鄭良樹云：

　　　《孫子・行軍篇》云：「凡此四軍之利，黃帝之所以勝四帝也。」《尉
　　　繚子・天官篇》云：「黃帝有刑德，可以百戰百勝。」「百戰百勝」
　　　即勝四帝，《尉繚子》不但承襲黃帝百戰百勝的觀念，而且也以黃帝

　　

〔註272〕鄭良樹，〈論《孫子》的作成時代〉，《竹簡帛書論文集》（臺北：源流文化事
　　　　業有限公司影印，民國71年12月），頁47～86。

為兵家之始祖。〔註273〕

按孫武以地利克敵制勝之思想部份或大部分確實襲自黃帝，在〈孫武思想淵源之探討〉一章中已有詳細之解說，可參看。但《尉繚子·天官》全篇主旨完全以反天官思想立說。中國傳統「天官」思想主張行軍用兵須配合天象地理行事，但《尉繚子·天官》卻完全從人事立說：

> 刑以伐之，德以守之，非所謂天官、時日、陰陽、向背也。黃帝者，人事而已矣。何者？今有城，東西攻，不能取，南北攻，不能取，四方豈無順時乘之邪？然不能取者，城高池深，兵器備具，財穀多積，豪士一謀者也。若城下池淺守弱，則取之矣。由是觀之，天官時日，不若人事也。

陰陽家談天象必及地理，鄒衍號稱「談天衍」，但其所以名聞後世者為「大九州說」，屈原〈天問〉談及地理之處遠超過天象。同理，兵陰陽家之代表人物黃帝《天官》思想亦包含以地利克敵制勝之思想。《尉繚子·天官》云：「按天官曰：背水陣為絕紀，向阪陣為廢軍。」但《尉繚子·天官》引武王伐紂為例，說明武王違反黃帝之《天官》原則亦可以克敵制勝，《尉繚子·天官》云：

> 武王伐紂，背濟水，向山阪而陣，以二萬二千五百人擊紂之億萬而滅商，豈紂不得天官之陣哉？

《尉繚子》強調人事，若號令嚴明、部伍嚴整，則可以制天制地。《尉繚子·制談》云：

> 夫將能禁此四者，則高山陵之，深水絕之，堅陣犯之。……兵之所及，羊腸亦勝，鋸齒亦勝，緣山亦勝，入谷亦勝，方亦勝，圓亦勝。

《尉繚子·武議》云：

> 今世將考孤虛，占城池，合龜兆，視吉凶，觀星辰風雲之變，欲以成勝立功，臣以為難。夫將者上不制於天，下不制於地，中不制於人。

尉繚所持之意見恰巧與黃帝之天官思想完全相反。

鄭文所敘不夠周全者，計有：

一、受命之論

孫武為兵權謀家，兵權謀家為兵家之集大成者，其思想實包含兵形勢家

〔註273〕鄭良樹，〈論《孫子》的作成時代〉，《竹簡帛書論文集》，頁61～62。

之內容，重將亦爲孫武主要思想之一。孫武重將，反對御將，如〈謀攻〉之：

> 故君之所以患於軍者三，不知軍之不可以進，而謂之進，不知軍之
> 不可以退，而謂之退，是謂縻軍；不知三軍之事，而同三軍之政，
> 則軍士惑矣。不知三軍之權，而同三軍之任，則軍事疑矣。三軍既
> 疑且惑，則諸侯之難至矣。是謂亂軍引勝。故知勝有五：知可戰與
> 不可戰者勝；識眾寡之用者勝；上下同欲者勝，以虞待不虞者勝，
> 將能而君不御者勝。

〈九變〉之「君命有所不受」〈地形〉之：

> 故戰道必勝，主曰：無戰，必戰可也；戰道不勝，主曰：必戰，無
> 戰可也。故進不求名，退不避罪，唯民是保，而利於主，國之寶也。

但孫武對重將理論之敘述並不周全，只是片段、部份涉及，不像尉繚之全面
探討。有關尉繚之重將思想，請參看〈第四節尉繚思想源出職官者・參治兵・
一、重將〉，此處不再複述。

二、背水陣

　　黃帝反對背水爲陣。《尉繚子・天官篇》云：「案天官曰：背水陣爲絕紀，
向阪陣爲廢軍。」但尉繚子認爲周武王佈陣不但背水爲陣，而且向阪發動攻
擊，結果居然「擊紂之億萬而滅商。」《孫子・九變》則是：「圍地則謀，死
地則戰。」《孫子・九地》云：「圍地吾將塞其闕，死地吾將示之以不活。」「投
之亡地然後存，陷之死地然後生。夫眾陷於害，然後能爲勝敗。」

　　孫武與尉繚一樣，認爲可以背水而戰。但兩者之觀點卻並不相同。尉繚
強調人事，看輕地利，認爲嚴整之紀律可以輕易克服地形上之障礙。但孫武
則是利用死地之特性，將散漫之軍心凝鑄爲一。韓信對《孫子・九地》之「投
之亡地然後存，陷之死地然後生。」有最生動、具體之解說。〔註274〕

三、全生、重生與捨生而戰

　　《孫武十三篇》主題之一即是全生、重生，尤其〈謀攻〉篇純就全生立
說。而《尉繚子・制談》則是：

> 鳴鼓旗麾，先登者未嘗非多力國士也；先死者未嘗非多力國士。損

────────────────

〔註274〕司馬遷，《史記・淮陰侯列傳》，頁923。

敵一人而損我百人，此資敵而傷我甚焉，世將不能禁。

〈兵談〉則云：「兵起，非可以忿也。見勝則興，不見勝則止。」

樂生惡死為人之常情。但戰爭之勝利往往須要士卒捨生忘死之爭戰才能取得，部隊不能壓住對死亡之恐懼，部隊即一事無成。孫武主張以恩威並濟、迫於形勢之方式達到部隊捨生忘死而戰之目的。《孫武·九地》云：

吾士卒無餘財，非惡貨也；無餘命，非惡壽也。令發之日，士卒坐者涕霑襟，偃臥者涕交頤，投之無所往，諸劌之勇也。

《孫子·地形》云：「視卒如嬰兒，故可與之赴深谿，視卒如愛子，故可與之俱死。」

尉繚子則以嚴刑峻法為主。《尉繚子·制談》云：

民非樂死而惡生也，號令明，法制審，故能使之前；明賞於前，絕罰於後，是以發能中利，動則有功。

《尉繚子·兵教下》云：

指敵忘身，必死則生，急勝為下。百人被刃，陷行亂陣。千人被刃，擒敵殺將。萬人被刃，橫行天下。

《尉繚子·攻權》云：

夫民無兩畏也。畏我侮敵，畏敵侮我。見侮者敗，立威者勝。凡將能其道者，吏畏其將也；吏畏其將者，民畏其吏也；民畏其吏者，敵畏其民也。

四、畫地而守

《孫子·虛實》云：

故我欲戰，敵雖高壘深溝，不得不與我戰者，攻其所必救也。我不欲戰，雖畫地而守之，敵不得與我戰者，乖其所之者。

李零〈讀孫子箚記十三·釋畫地〉云：

……李荃好以數術談兵，其注說「據境自守也。若入敵境，則用《天一遁甲》真人閉六戊之法，以刀畫地為營地也。」則是以遁甲術、閉氣和「畫地」之法為說。李荃注所說畫地之法，學者多以為荒誕無稽，但這種巫術正是一種不假城池的防身之法。如馬王堆帛書〈養生方〉有以〈走〉為題的九個方子，其中第七和第八也都提到「畫地」之法，可揭之如下：「〔一曰〕：行宿，自謼：『大山之陽，天□

□□，□□先□，城郭不完，閉以金關。』即禹步三，曰以產荊長
二寸周畫中。〔一曰〕東鄉譁：『敢告東君明星，□來敢到畫所者，
席彼裂瓦，何人？』有即周中。」這兩個方子都屬於古代的祝由方
（即用咒語和巫術治病的方子）。第一個方子是講趕路夜宿時的防身
法，是以咒語祝之，並行禹步，然後用牡荊條畫地，宿於畫界之方。
第二個方子與之類似。……這裡《孫子》所說的「畫地而守」仍保
持著「畫地」的基本含義，即不假城池溝壘爲守，但含義又有變化，
更準確的說是假陣法爲守，而不用溝壘爲防。古人以「畫地」指陣
法，見於《李衛公問對》卷中。但書中有「太公畫地之法」（屬《太
公·兵》或《六韜》的逸文），內容與《通典》卷一四八引《司馬穰
苴兵法》相似，就是講陣法。〔註275〕

詳味《孫子》原文，「高壘深溝」亟言敵之嚴不可犯，堅不欲戰；「畫地而守」
則極言己之簡易無備。其中無一絲一毫畫地整陣那樣嚴肅、隨時欲戰之態勢。
孫武「畫地而守」之眞正含義應該只是所有部隊畫分防區，各自防守，防止
奸細潛入，以明責任的一種最簡易無繁的防守方式而已。《尉繚子》有二段文
字可與《孫子》之「畫地而守」遙相呼應。《尉繚子·分塞令》之

中軍、左、右、前、後軍，皆有分地，方之以行垣，而無通其交往。
將有分地，帥有分地，伯有分地，皆營其溝域，而明其塞令，使非
百人無通。非其百人而入者，伯誅之。伯不誅，與之同罪。軍中縱
橫之道，百有二十步立一府柱，量人與地，柱道相望，禁行清道，
非其將吏之符節，不得通行。吏屬無節，士無伍者，橫門誅之，踰
分干地者誅之。故內無干令犯禁，則外無不獲之奸。

《尉繚子·兵教下》之「……四曰開塞，謂分地以限，各死其職而堅守也。」

五、殺之貴大

《孫子》雖主重法，但並無殺之貴大之言、事具文。《史記》所敘孫子本
事有演陣斬美姬之事實，但未見言論。《銀雀山漢墓竹簡·孫子兵法·見吳王》
則言、事俱見：

三告而五申之者三矣，而令猶不行，孫子乃召其司馬與輿司空而告

〔註275〕李零，〈讀《孫子》記〉，《孫子古本研究》，頁313～314。

之曰：「兵法曰：弗令弗聞，君將之罪也。已令已申，卒長之罪也。
兵法曰：賞善始賤，罰……請謝之。」

其下文雖殘，但由其事實、上下文意來看所缺之文字必與「殺之貴大」相近。
《尉繚子・武議》則有殺之貴大之具文及其解釋：

凡誅者，所以明武也。殺一人而三軍震者，殺之；殺一人而萬人喜
者，殺之。殺之貴大，賞之貴小。當殺而雖貴重，必殺之，是刑上
究也。賞及牛童馬圉者，是賞下流也。夫能刑上究賞下流，此將之
武也。故人主重將。

第十節　尉繚思想源出兵技巧家者

《尉繚子》在《漢書・藝文志》之分類上，被列入兵形勢家。但《尉繚
子》與兵技巧家、兵陰陽家卻並非一無關係，只是這兩種色彩比較淡而已。
此處先論尉繚與兵技巧家之關係。《漢書・藝文志》對兵技巧家所下之定義為：
「習手足，便器械，積機關以立攻守之勝者也。」尉繚思想中之兵技巧成份
歸納起來約有以下三端：

一、便器械

《尉繚子・戰威》之「審法制、明賞罰、便器用，使民有必戰之心，此
威勝也。」〈制談〉之「故曰：便吾器用，養吾武勇，發之如鳥擊，如赴千仞
之谿。」〈兵令下〉之「坐之兵劍斧，立之兵戟弩。」〈守權〉之

故為城郭者，非妄費于民聚土壤也，誠為守也。千丈之城則萬人之
守，池深而廣，城堅而厚，士民備，薪食給，弩堅矢強，矛戟稱之。
此守法也。

藍永蔚云：

所以《司馬法》在分析兵戰的戰術性能時說：「兵惟雜」，「兵不雜則
不利」，「凡五兵五當，長以衛短，短以救長，迭戰則久，皆戰則強。」
值得注意的是，所有這些精彩的論述，都不是從單兵，而是從陣戰
的角度提出來的。根據這一觀點，可以看出，步兵的五種兵器構成
了一個戰鬥性整體，這五種殺傷方式和殺傷距離都不同的兵器。必
需「強弱長短雜用」，才能夠發揚威力，克敵制勝。步兵的基本編制

單位也只有符合這個要求，才能夠實現它的戰術目的。〔註276〕司馬法所謂之「兵不雜則不利」此言當歸入兵技巧家之範疇。兵技巧家之墨翟敍及守城之複雜兵器組合，更是到了令人眼花撩亂之地步，如守城之際，「二步之內，連梃、長斧、長椎各一物，槍二十枚。」〔註277〕等。《尉繚子・兵令上》之「坐之兵劍斧，立之兵戟弩。」即明顯爲「兵不雜則不利」之具體表現。

二、蒙衝而攻、渠答而守

《尉繚子・武議》云：「古人曰：『無蒙衝而攻，無渠答而守，是爲無善之軍。』」明言此語出自古人，足徵蒙衝、渠答這種攻守器械之使用已有相當久遠之歷史。蒙衝、渠答亦與兵技巧家之墨翟有極深之關係。

蒙衝、渠答爲攻城、守城之器械，各家均無異說。但若欲實指蒙衝、渠答爲何物，則人言言殊。先就蒙衝而論。此屬兵技巧家之攻城之具是毫無疑問。遠在殷末，周人就用臨衝攻城。《詩經・皇矣》：

帝謂文王，詢爾仇方，同爾兄弟，以爾鈎援，以伐崇墉。臨衝閑閑，

崇墉言言。……臨衝弗弗，崇墉仡仡。〔註278〕

朱熹註「鈎援」爲「鈎梯」，註「臨衝」則爲「臨，臨車，在上臨下者也；衝，衝車也，從旁衝突者也。」〔註279〕鈎援既爲一物，臨衝依例不得分之爲兩。《六韜・軍略》云：

凡三軍有大事，莫不習用器械。攻城圍邑則有轒轀臨衝；視城中則

有雲梯飛樓，三軍行止，則有武衝大櫓。……

轒轀、雲梯、飛樓、武衝、大櫓均爲兩字一詞，臨衝爲一物當無疑義。雖然《墨子・備城門》攻城之法臨與衝分別敍述，但《墨子》之臨非攻城器械，而是積土爲高的攻城法，與《詩經・大雅，皇矣》之說法有異。詳味〈皇矣〉之詩，閑閑、弗弗均指臨衝「強盛」之貌，〔註280〕臨衝攻城毫無後世撞車攻

〔註276〕藍永蔚，《春秋時代的步兵》，頁165。

〔註277〕《墨子・備城門》（孫詒讓《閒詁》本），頁308。

〔註278〕《詩經・卷十六・大雅，皇矣》（宋版朱熹《集傳》本）（臺北：藝文印書館，民國63年4月三版）頁25上、25下。

〔註279〕見《詩經・卷十六・大雅，皇矣》（宋版朱熹《集傳》本），頁25下。

〔註280〕王引之，《經義述聞・毛詩下・臨衝閑閑》云：「家大人曰：『言言、仡仡，皆謂城之高大，則閑閑、弗弗亦皆謂車之強盛，弗弗或作勃勃，廣雅曰：閑閑、勃勃，盛也，其說閑閑與毛傳異義，蓋本於三家。』」收錄于《皇清經解諸經總義類彙編・冊一》中（臺北：藝文印書館影印）。

城之跡象，即衝不是撞車，應該可以肯定，杜正勝將衝視之爲「衝車，用以破門。」〔註281〕完全是望文生義。以衝車、撞車衝撞城牆、城門之方式攻城，完全不見戰國以前之歷史。《墨子‧備城門》以下二十篇言及春秋末、戰國初之攻守技術極其詳盡，但毫無敍及直衝城門、城牆之衝（撞）車。直衝城牆、城門之衝（撞）車見之歷史實爲東漢以後之事。如高誘註《淮南子‧覽冥》之「大衝車」云：「衝車，大鐵著其轅端，馬被甲，車被兵，所以衝于城也。」岑仲勉云：

> 乍觀之，似衝車之制與普通車制相同，但《戰國策‧齊策》説「百尺之衝」，如果形狀近於乘坐之車，何以謂之百尺，……綜合上項考察，知古代之衝，其制實與一般之車異。……古所謂衝，大約即對樓之類。……後檢明茅元儀《武備志》刻有臨衝呂公車圖，凡分五層，無疑即其遺制。〔註282〕

衝若是對樓，則蒙衝又是何物？除《尉繚子》外，戰國史籍未見蒙衝。但在《資治通鑑‧建安十三年》之敍事有蒙衝之記載：「劉表治水軍，蒙衝鬥艦，乃以千數。」胡三省註云：

> 杜佑曰：蒙衝，以生牛皮蒙船覆背，兩廂開掣櫂孔，左右有弩窗，矛穴，敵不得近，矢石不能敗。此不用大船，務於速疾，乘人之所不及，非戰之船也。〔註283〕

李解民認爲「（劉表之蒙衝）當由陸地戰車『蒙衝』演變而來。」〔註284〕同在建安十三年孫權麾下董襲、凌統攻破黃祖之蒙衝則與胡注所引杜佑之說法完全不同。黃祖橫江之蒙衝絕非輕快之小船，而是能夠搭載五百人以上之巨艦：

> 權遂西擊黃祖。祖衡兩蒙衝，挾守沔口，以拼閭紲繫大石爲矴，上有千人，以弩交射，飛矢雨下，軍不得前。〔註285〕

此處之蒙衝橫於江上，有如水城。黃祖曾在「蒙衝船上，大會賓客。」〔註286〕

〔註281〕杜正勝，《編戶齊民》，頁91。

〔註282〕岑仲勉，《墨子城守各篇簡注》，《墨子集成》（臺北：成文出版社，民國64年），頁18～19。

〔註283〕司馬光撰，胡三省注，《資治通鑑注‧漢紀五十七‧建安十三年》（點校本）（臺北：世界書局，民國68年5月八版），頁2089～2090。

〔註284〕李解民，《尉繚子譯註》，頁62。

〔註285〕司馬光，《資治通鑑》，頁62。

〔註286〕范曄，《後漢書‧卷八十下‧文苑傳》（點校本）（臺北：鼎文書局，民國72

　　竹簡本《六韜・發啓》有「無衝龍而攻，無渠答而守。」之句子，〔註287〕
宋版《六韜・發啓》作「無衝機而攻，無溝塹而守。」《銀雀山漢墓竹簡・六
韜》註釋曰：

> 　　《尉繚子・武議》：古人曰：「無蒙衝而攻，無渠答而守。」《尉繚子》
> 有時襲用《六韜》文（如《武議》「殺一人而三軍震者」一段與《龍
> 韜・將威》之文基本相同），此所謂古人語疑即引自六韜。〔註288〕

《淮南子・氾論》：「晚世之兵，隆衝以攻，渠幨以守。」句法、音韻與《尉
繚子・武議》之「無蒙衝而攻，無渠答而守。」完全相同。故劉春生認爲

> 　　今本「蒙衝」當讀作「籠衝」。「籠衝」即「衝籠」，古代攻城之器械。
> 〔註289〕

但籠衝、衝籠究爲何物，讀者仍是無法知悉。《墨子・備城門》有「櫳樅」：「益
求齊鐵矢，播以射衝及櫳樅。」又「百步一櫳樅，起地高五丈；三層，下廣前
面八尺，後十三尺，其上稱議衰殺之。」衝與櫳樅並舉，可見櫳樅亦是攻具之
一種，其性質與衝相近。岑仲勉以「衝梯」釋衝，實爲增字解經，義無可取。
而其釋「櫳樅」爲「用以窺伺之建築物」〔註290〕按之事實，亦不正確。照〈備
城門〉之敘述，櫳樅有三層，「下廣上銳，前狹後闊」。綜觀所有史料，蒙衝即
籠衝、衝櫳、櫳樅，其性質並非撞車，而是類似以高臨方式（高達三層之對樓）
之攻（守）城器械，《淮南子・氾論》所謂之「隆衝」之隆，實有增高之意。其
形狀是下廣上銳，前狹後闊。其後之攻城器械中惟臨衝呂公車（見圖四）與鉤
撞車（見圖五）與之大同小異。蒙衝與臨衝呂公車相同者爲以高臨方式攻城，
小異者爲臨衝呂公車上下一般廣，且有五層，比蒙衝多了兩層則異；蒙衝與鉤
撞車相同者爲上銳下廣，高二、三層，但蒙衝無鉤撞則異。劉仲平以「生牛皮
蒙裹的衝突車」爲蒙衝、劉春生以「古代攻城之器械」爲蒙衝、李解民之「蒙
衝」指「用質地堅韌的材料如獸皮築固起來的戰車」、劉寅所謂之「攻具也」、
施子美所謂之「蒙衝者，車蒙以皮，可以衝突者也。」等均嫌不夠具體。
　　再就「渠答」來看，渠答爲攻守之器械，各家無異議。但論及渠答之實

　　　年9月二版），頁2657。
〔註287〕銀雀山漢墓竹簡整理小組，《銀雀山漢墓竹簡〔壹〕》，頁114。
〔註288〕銀雀山漢墓竹簡整理小組，《銀雀山漢墓竹簡壹・釋文註釋・六韜》，頁115，
　　　　〔註22〕。
〔註289〕劉春生，《尉繚子全譯》，頁50，〔註17〕。
〔註290〕岑仲勉，《墨子城守各篇簡注》，頁2，頁10。

際，則眾說紛紜。渠答用之於防守，一直沿襲至西漢而未變。《漢書・爰盎晁錯傳》云：「具藺石，布渠答。」蘇林注「渠答，鐵蒺藜也。」〔註291〕劉寅之看法與之一致。金之施子美云：「渠答者，拒馬也。」〔註292〕劉仲平則採兼容並蓄之解釋：「防禦用陷阱、欄柵、拒馬、鐵蒺藜等物。」〔註293〕鄧澤宗、劉春生、李解民則缺而不註。〔註294〕《六韜・發啟》、《淮南子・氾論》均提及「渠詹」、「渠」及「渠答」。但《六韜》、《淮南子》對渠答並沒有近一步的說明。《墨子・備城門》以下十幾篇中既有蒺藜，又有渠答，足徵蒺藜與渠答不是一物。但應列兵技巧家之《墨子・備城門》對渠答則有詳細之敘述：

> 城上二步一渠，渠立程，長三丈，冠長十尺，臂長六尺。二尺一答，
>
> 答廣九尺，表十二尺。

《墨子・備高臨》又云：「城上以答羅矢。」岑仲勉對此二段文意之解釋是：渠是直立有頂有臂之杠，竹草所編之遮障物為答，答附於渠上，用以遮蔽矢石，收羅箭矢。〔註295〕孫中原對渠答之形制及防禦之作用有綜合而扼要之說

〔註291〕顏師古注，《漢書・爰盎晁錯傳》（點校本），顏注引蘇林之說法，頁2286。

〔註292〕施子美，《尉繚子講義》，頁74。

〔註293〕劉仲平，《尉繚子今註今譯》，頁115。

〔註294〕劉春生，《尉繚子全譯》，頁50；李解民，《尉繚子譯註》，頁62；鄧澤宗等，《武經七書譯註，尉繚子》，頁181；此三書對蒙衝皆有註釋，但獨缺渠答。

〔註295〕岑仲勉，《墨子城守各篇簡注》，頁9、頁16，云：「此言城上置渠答之法。《尉繚子》『無渠答而守』，則渠與答是守城之具。漢書注引蘇林『渠答，鐵蒺藜也。』但觀本文所記，渠和答尺度各異，蘇林的解釋顯然不適合。程者直立之杠，冠即渠頂，辟即臂者，觀此，知渠制有臂，但他書都無記載，其法必早已失傳，今依本書所示，尚可推知大概。……古以六尺為步，二步等於一丈二尺，言城上每隔一丈二尺便立一渠，以後類推。答為何物，舊解不詳，余案粵俗呼竹邊之遮障物為笪，與答甚近，據《字書》，笪答一曰答（即答），云覆舟笪，無疑是遮障矢石之物。……蘇林乃以為蒺藜，正是謬以千里。再換言之，渠像船上之桅，答就是帆。《通典》一五二：『布幔複布為之，以弱竿橫掛於女牆外，去牆七八尺，折拋石之勢，則矢石不復及牆。』殆即答之遺制（通典守具無答之名稱），《周書・三一・韋孝寬傳》：『城外又造攻車，……韋孝寬乃縫布為縵，隨其所向，則張設之，布既縣於空中，其車竟不能壞。』「答及笪，係用草編織之物，可遮障敵矢者。羅者，網羅也，以答羅矢，與三國演義諸葛亮用草人收矢之意相同。」岑仲勉此段考證極其精詳，但有小誤。岑仲勉以為「其法必早失傳，今依本書所示，尚可推知大概。」其實渠答之法，直至明代尚未失傳，只是名稱略有變異，稱之為懸戶懸簾，茅元儀曰：「懸戶懸簾，垛口第一切要之物，無此二者，賊萬弩齊發，城上不能存站。……今擬每垛口作木架一個，兩足在內，栽於城上，一轉軸匡檔在外，緊貼兩垛之邊，上用覆格，可搭氈毯，或用被褥，俱以水濕，直遮垛口，箭不能入。」見茅元儀，《武備志・卷一百

明：

> 墨者規定在城上每隔七尺或十二尺設一渠荅。渠荅的結構類似船上
> 的桅杆和船帆。即深埋一立柱（渠），地上部份十尺或十三尺。柱上
> 鑿孔，安裝橫桿，其上張以草帘（荅），草帘寬九尺，長十二尺。（見
> 《備城門》），渠荅的作用之一是收羅敵矢。《備高臨篇》說：「城上
> 以荅羅矢。」這是一種很聰明的辦法。既起了遮掩的防護的作用，
> 使敵方射來的箭少傷到到人，並且又變害爲利，將敵箭收羅起來，
> 以爲我用。……墨者設計的渠荅，還有一種作用，即在敵人以密集
> 隊形衝城時，可將草帘解下點燃，覆蓋在爬城敵人的頭上，這叫燒
> 荅覆之。……（以荅）變爲火攻之具，以破敵「蟻附」攻城的作用。
> 〔註296〕

渠荅實爲攻守最有效之器械，茅元儀《武備志》稱渠荅（明時名稱已改爲懸
簾：與之類似者爲懸戶。懸簾、懸戶之實物形象見圖四、圖五）爲「垛口第
一切要之物」；戰國時論及攻城，屢言「百尺之衝」；《尉繚子・武議》論及攻
守單舉渠荅、蒙衝，不是偶然的。

三、地小人眾、則築大堙以臨之

　　《尉繚子・兵教下》云：「地狹而人眾者，則築大堙以臨之。」「乘闉發
機，潰眾奪地。」守城、攻城之方法，《漢書・藝文志》均將之列入兵技巧家
之範疇。以築堙（城）之方式圍殲、逼降敵人在尉繚子之前已有久遠之歷史。
見之春秋歷史者即有宋殺楚使申舟，楚莊王築堙圍宋，〔註297〕連圍九個月，
宋國陷入「易子而食，析骸以爨」之慘狀，最後宋人以除城下之盟外，「唯命
是聽」向楚表示屈服。〔註298〕齊之晏弱即以築堙方式滅萊。〔註299〕春秋末，
《孫子・謀攻》敘及攻城用「距闉」。曹操注「距闉」爲「踊土稍高而前以附
其城也。」〔註300〕《墨子・備城門》所言攻城之方中即有「堙」之方。春秋

一十一・軍資乘・守二》（臺北：宗青圖書公司，民國85年5月出版），頁4519。

〔註296〕孫中原，《墨學通論・八以荅羅矢和燒荅覆之——渠荅的一物多用》（瀋陽，遼寧教育出版社，1993年9月第1版），頁298～299。

〔註297〕《公羊傳・宣公十五年》。

〔註298〕《左傳・宣公十五年》。

〔註299〕《左傳・襄公六年》。

〔註300〕曹操，《魏武帝註孫子》，《孫子集成・1》，頁156。

戰國時代，築堙不只用於圍城，有時還用以圍殲敵人之龐大野戰部隊。長平之戰為秦國定鼎之戰，秦即以築城堙方式徹底遮絕趙救及糧食，完全圍殲將近百萬之趙、韓聯軍。〔註301〕

四、水決敵軍

遠在五帝時代，傳說共工即以水戰。〔註302〕《左傳・昭公三十年》：「冬十二月，吳子執鍾吾子，遂伐徐，防山水以灌徐。」楊伯峻認為此是「利用堤防以山水攻城最早記載。」〔註303〕春秋晚期，智氏、韓氏、魏氏「決晉水而灌之，圍晉陽三年。」其後趙氏聯合韓氏、魏氏，反攻智氏，「決堤以灌智伯軍，智伯軍救水而亂。」〔註304〕

《尉繚子・武議》之「勝兵似水。夫水至柔弱者也，然所觸，丘陵必為之崩。無異也，性專而觸誠也。」《尉繚子・戰權》之「水潰雷擊，三軍亂矣。」實非形容，而是當時不斷上演之事實。戰國晚期，楚之鄢郢，〔註305〕魏之大梁〔註306〕均毀在敵人水決攻勢之下。

五、度地建城立邑

《管子度地》已論及處國立邑，必須顧及土地肥饒之條件。〔註307〕
春秋時代與戰國時代最大不同之點是戰爭規模不斷擴大，機動性愈來愈

〔註301〕其詳可見羅獨修，〈白起戰功考下〉，《簡牘學報》第12期（臺北：簡牘學會，民國76年9月），頁154～156。
〔註302〕《淮南子・兵略訓》。
〔註303〕楊伯峻，《春秋左傳注・昭公三十年》：「防山以水之」之注解，頁1580。
〔註304〕劉向輯，《戰國策・趙一・智伯帥韓趙魏而伐范中行氏篇》，頁590、592。
〔註305〕酈道元，《水經注・沔水》（臺北：世界書局，民國63年5月4版），頁364，云：「昔白起攻楚，引西山長谷水，即是水也。舊堨去城百許里，水從西灌城東，入注為淵，今竭斗陂是也。水潰城東北角，百姓隨水，流死城東者數十萬，城東皆臭。」
〔註306〕司馬遷，《史記・魏世家》，頁613，云：「太史公曰：吾適大梁之墟，墟中人曰：『秦之破梁，引河溝而灌大梁，三月城壞，王請降，秦滅魏。』……」
〔註307〕《管子・度地第五十七》（顏昌嶢校釋本），頁453～454，云：「寡人請問度地形而為國者，其何如而可？」管子對曰：『夷吾之所聞，能為霸王者，蓋天子聖人也。故聖人之處國者，必於不傾之地，而擇地形之肥饒者。鄉山左右，經水若澤，內為落渠之寫，因大川而注焉，乃以其天材之所生，利養其人，以育六畜，天下之人皆歸其德而惠其義。……此謂因天之固，歸地之利，內為之城，城外為之郭。……』」

強，戰爭時間越來越久。春秋早、中期之代表戰爭韓之戰、殽之戰、城濮之戰、邲之戰都是一日而決。比較特殊者爲楚莊王圍宋之役，宋國戰至「易子而食、析骸以爨」之地步，其時間亦不過數月。春秋戰國之交，晉陽之圍，一圍三年。持久作戰之際，戰爭之勝負取決於糧食之多寡。《呂氏春秋·不苟論·第四貴當》曾言：「霸王有不先耕而成霸王者？古今無有。」糧食生產（足食）爲立國之主要條件，但雙方一至長期交戰，軍隊你來我往之際，一定導至「入其國家邊境，芟刈其禾稼，斬其樹木，墮其城郭，以堙其溝域，攘殺其犧牲，燔潰其祖廟，勁殺其萬民，覆其老弱，遷其重器。」〔註308〕國家步入此等境地，已是國已不國。因此，春秋時代，以圍人爲主要目的之城保（一有危難，以保障人民生命爲主要目的之城堡）已無法適應時代之需要。一入戰國時代，以圍地爲主的軍事設施紛紛出現，各國競築大都、外郭與長城，大都、外郭與長城像一條長龍一樣將糧食生產區（最肥沃土地）圍住，在國家面臨敵人入侵之際，長城、大都、外郭能如中流砥柱一樣，且耕且戰，屹立不搖，做到「苦撐待變」。其性質完全符合毛所謂「建立根據地」之要求。〔註309〕在最爲艱苦而持久之戰爭中，「做眼自活」。最先對此種狀況有深刻體認而筆之於書者應爲屬於兵技巧家之墨子。墨子已見及城守與糧食之密切關連。墨子云：

> 不守者有五：城大人少，一不守也；城小人眾，二不守也；人眾食寡，三不守也；市去城遠，四不守也；蓄積在外，富人在虛，五不守也。率萬家而城方三里。〔註310〕

尉繚繼之於後。孫詒讓註墨子此篇文字，即引述尉繚之言論：

> 《尉繚子·兵談》云：「量土地肥饒而立邑，建城稱地，以城稱人，以人稱粟，三相稱，則內可以固守，外可以戰勝。」畢（沅）云：「言大率萬家而城方三里則可守。」詒讓案：「方三里，積九里，爲地八千一百畝，可以萬家分居之，蓋每宅不及一畝，貧富相輔，足以容之矣。」〔註311〕

長城、大都、外郭是城、人、粟三相稱之具體表現。戰國時代之外郭實際面積爲二十五里、四十九里，較之孫詒讓的說法大了三、五倍，長城所圍之地，

〔註308〕《墨子·非攻下第十九》（孫詒讓《閒詁》本），頁89。
〔註309〕毛澤東，《毛澤東選集第二卷，抗日游擊戰爭的戰略問題，第六章建立根據地》，頁387～396。
〔註310〕《墨子·雜守第七十一》（孫詒讓《閒詁》本），頁374。
〔註311〕孫詒讓，《墨子閒詁·雜守第七十一》，頁374。

更不止此數，因此而益見鞏固。《尉繚子》此處所述之理論最具時代之特性。其後，「四塞之國」殆已成爲游說之士之口頭禪，爲國力興衰之衡量標準。齊在梁惠王二十年，「築防以爲長城」；「十二年，（魏）龍賈率師築長城于西邊。」「十五年，鄭築長城，自亥谷以南。」〔註312〕除長城之外，齊國另有五都，即墨即爲齊之五都之一。戰國時代，即墨即以豐饒聞名於世，田單稱即墨是「五里之城，七里之郭。」因有此條件，故齊在臨淄被燕軍攻破，齊民向心集中於此，在燕國傾國之師五年圍困之下，仍是糧食無缺，且能出千牛反攻。〔註313〕

我在〈長城在戰國時代之作用試探〉一文中，總結這種「三相稱」之城防設施（長城、大都、外郭）之作用是：

> 幾十年的戰爭消耗，往往可以導至哀鴻遍野、一片蒼涼之慘局。漢武帝三、四十年大舉撻伐匈奴的戰爭造成百姓物故者半（夏侯勝語）。賈捐之言及其慘況是「當此之時，寇賊並起，軍旅數發，父戰死於前，子鬥傷於後，女子乘亭障，孤兒號於道，老母寡婦飲泣巷哭，遙設虛祭，想魂乎萬里之外。」東漢末之黃巾之亂，軍閥割據，不過數十年，即已導致人民死喪略盡。明末之流賊、建夷鬧了不過數十年，全國人民已十去其九。

> 戰國時代之戰爭卻是唯一例外。戰國征戰時間之久、戰爭規模之大、斬首數目之多、戰爭之酷烈頻繁，爲歷史所僅見。但其結果則令人有「人數愈戰愈多」之逆反效果。由戰國史料所敘及之歷次征戰人數來看，早期參戰雙方人數達二十萬已是空前大戰（如齊、魏馬陵之戰）；但至中期，勝方動輒斬首二、三十萬（如秦與韓、魏之伊闕之戰）；晚期之長平之戰、王翦滅楚之戰，雙方動員人數均在百萬以上。何以戰國七雄經歷兩百年之自相殘殺之戰禍卻能達到屢戰不傷之結果？我個人認爲答案即在長城。戰爭所能帶來最嚴重之毀滅性打擊在於破壞一切生產設施。戰國之前，戰國之後，一般戰況是：敵人入境後，井堙木刊、灌溉設施全毀、稼穡摧殘，導致大兵之後必有凶年之必然結果。這種凶年往往正是將百姓誅鋤殆盡之主因。但戰國時代之長城、外郭像一條巨龍一樣將主要糧食生產之區加以

〔註312〕見朱右曾，《汲冢紀年存眞》，頁 143、148、153。
〔註313〕司馬遷，《史記·田單列傳》，頁 856～857。

　　圍繞、保護，避免遭到敵人之蹂躪、毀壞。只要糧食生產不至短缺，戰禍即使再酷烈，人民死喪數目還是有限。

　　後人將長城之效用限定在「限馬足」、「前進基地」上，那眞是太小看了長城之儀態萬方。長城之效用在戰國時代之水工、軍事專家指導之下做了最多采多姿、淋漓盡致的發揮。〔註314〕

　　這種達到「生活與戰鬥合一」〔註315〕之軍政措施是統一國家的最大障礙。其後秦始皇統一天下之重要工作之一即是墮毀城郭：

　　　始皇二十二年……壞城郭，決通堤防。其辭曰：「……皇帝奮威，德并諸侯，初一泰平，墮壞城郭，決通川防，夷去險阻，地勢既定，黎庶無繇，天下咸撫，男樂其疇，女修其業，事各有序，惠被諸侯，久並來田，莫不安所，群臣誦烈，請刻此石，垂著儀矩。」〔註316〕

《史記・張守節正義》註墮壞城郭云：「……言始皇拆毀關東諸侯舊城郭也。」〔註317〕

　　從此這種三相稱之軍政措施逐漸湮沒無聞。後人對長城、大都、外郭的眞正作用亦是所知有限。但每隔若干時間總有一、二豪傑之士能發其覆，以這種三相稱之軍事設施做爲逃死之所，〔註318〕或能攻能守之軍事要塞，〔註319〕以求

〔註314〕羅獨修，〈長城在戰國時代之作用試探〉，《王恢教授九秩嵩壽論文集》（臺北：王恢教授九秩嵩壽論文集編委會，1997年5月），頁10。

〔註315〕蔣百里，《國防論》，頁58，云：「我於民族之興衰，自世界有史以來以迄於今日，發現一根本原則，曰：『生活條件與戰鬥條件一致則強，相離則弱，相反則亡。』」

〔註316〕司馬遷，《史記・秦始皇本紀》，頁89。

〔註317〕司馬遷，《史記・秦始皇本紀》，頁89。

〔註318〕陳壽，《三國志・卷十一・袁張涼國田邴王管列傳》，頁341，「（田疇）遂入徐無山中，營深險平敞地而居，躬耕以養父母。百姓歸之，數年間，至五千餘家。」陳寅恪，〈桃花源記旁證〉云：「西晉末年，戎狄盜賊並起，當時中原避難之人民其能遠離本土遷徙至他鄉者，北則託庇於慕容之政權，南則僑寄於孫吳之故域。不獨前燕東晉之建國中興與此中原流民有關，即後來南北朝之士族亦承其系統者也。史籍所載本末甚明。以非本篇範圍，可置不論。其不能遠離本土遷至他鄉者，則大抵糾合宗族鄉黨，屯聚堡塢據險自守，以避戎狄寇盜之難。茲略舉數例，藉資說明。」見《陳寅恪論文集》，臺北：（九思出版社，民國66年6月增訂三版），頁1169。陳寅恪所舉之例證計有蘇峻、張平、樊雅、陳川、郁鑒等。

〔註319〕如宋末余玠、冉璡、冉璞之築釣魚城，脫脫《宋史卷四一六・余玠》，頁12470～12471，云：「辛築青居、大獲、釣魚、雲頂、天生凡十餘城，皆因山爲壘，碁布星分，爲諸郡治所，屯兵聚糧爲必守計。……於是如臂使指，氣勢聯絡。」

避過在一般狀況下必死、必敗之局。

第十一節　尉繚思想源出兵陰陽家者

　　《尉繚子》重人不重天，書中許多篇章，完全是兵陰陽家思想之反動。如《尉繚子·天官》強調「天官時日，不若人事。」並舉武王伐紂違反背水、向阪之天官原則而滅紂；楚將公子心違反天象而克敵制勝之例證說明「謂之天時，人事而已。」如《尉繚子·武議》之「今世將考孤虛，占咸池，合龜兆，視吉凶，觀星辰風雲之變，欲以成勝立功，臣以為難。」認為徵兆天象與戰爭之勝負無關。按理《尉繚子》應不含任何兵陰陽家之色彩，但實際卻無法完全豁免。

　　兵陰陽家之思想有其迷信糟粕，亦有其科學合理部份。兵陰陽家論兵主配合天時、地利、陰陽、死生、方位。在方位上兵陰陽家重視部伍之整飭與營壘之設置。

　　在部伍之整飭上，兵陰陽家以五色分配組合，條理分明。平時如何做到兵將相識，兵不失將，將不失兵，一有狀況，可以迅速就列，戰時可以敵我分明，避免自相殘殺，直至今日，仍是指揮上難解之問題。管子強齊，以鄉兵組成軍隊，聞聲相知，見面相識。但在國家普遍徵兵之下，完全以同鄉之人合軍聚眾而戰，事實上不可能，這就有賴於旗幟、識別證之規定整飭。兵陰陽家特色之一即是以五行思想立說，以五色代表五方，以色彩排列戰士所占之方位。《尉繚子》全盤接受兵陰陽家綱舉目張、條理分明之整飭部伍之方，而其對徽幟之規定則更見細密。其詳可見《尉繚子·兵教上》、《經卒令》之內容。《尉繚子》以徽幟整飭部伍之思想淵源在本章〈第四節——經卒之法〉中敘之已詳，此處不再贅述。

明郤智評論釣魚城之作用，感嘆宋末無人，只能用之於防守，而未能用之於攻擊：「嚮使賈似道能用汪立信之策，陳宜中能用文天祥之策，上游與下游齊奮，內郡與外郡并力，天下事未可知也。天時不齊，人事好乖，令人有千古不平之憤！」見〈跋釣魚城志後〉，《全蜀藝文志卷五十九》(四庫全書本)，(臺灣，商務印書館，民國75年7月初版)，頁799。毛澤東在《抗日游擊戰爭的戰略問題·第六章建立根據地》，頁387、396，云：「抗日游擊戰略問題的第三個問題，是建立根據地的問題。……它是游擊戰爭賴以執行自己的戰略任務，達到保存和發展自己、消滅和驅逐敵人之目的的戰略基地。沒有這種戰略基地，一切戰略任務的執行和戰爭目的的實現就失掉了依託。……敵之據點和我之游擊根據地則好似做眼。在這個『做眼』的問題上，表示了敵後游擊戰爭根據地之戰略作用的重大性。」

在營壘之設置方面，兵陰陽家有黃帝李法以及《力牧十五篇》。西漢胡建計斬監御史曾引黃帝理法：「黃帝李法曰：『壁壘已定，穿窬不由路，是謂姦人，姦人者殺。』」〔註320〕黃帝李法是否屬兵陰陽家，沈欽韓對此存疑。〔註321〕但就《漢書・藝文志》、《抱朴子》、《太白陰經》等書之資料來看，黃帝李法實爲兵陰陽家主要理論之一，此種思想亦與另一名列兵陰陽家之力牧有相當關連。班固注《漢書・藝文志》《力牧》云：「黃帝臣，依託也。」但敦煌出土木簡，有二簡記述有力牧。其一簡曰：「（上缺）口已不聞者何也，力墨對曰官」；另一簡曰：「黃帝問口口口（羅振玉注：案文義當是『於力墨』三字）曰官毋門者，何也。口口（羅注：案文義當爲力墨二字。）……」〔註322〕李荃敘及「力牧亦創營圖。」〔註323〕不知何所據而言，但兵陰陽家內容中含有設置營壘之方，則似非無稽之談。葛洪云：「黃帝精推步，則訪山稽、力牧。」〔註324〕依抱朴子之說法，黃帝營壘方位之整飾，實深受力牧之影響。司馬穰苴將此一制度見之行事，威震諸侯。〔註325〕《尉繚子・分塞令》對壘壁間之通行有更加詳細之規定：

> 中軍左右前後軍皆有地分，方之以行垣，而無通其交往。將有分地，帥有分地，伯有分地。皆營其溝域而明其塞令。使非百人無得通，非其百人而入者，伯誅之。伯不誅，與之同罪。軍中縱橫之道，百有二十步立一府柱，量人與道，柱道相望，禁行溝道，非將吏之符節不得通行。吏屬無節，士無伍者，橫門誅之。踰分干地者，誅之。故內無干令犯禁則外無不獲之姦。

〔註320〕班固・《漢書・楊胡朱梅雲傳》，頁2910。

〔註321〕王先謙，《漢書補註・藝文志》，頁904，云：「黃帝十六篇，圖三卷。〔補註〕王應麟曰：『胡建傳，黃帝理法曰：壁壘已定，穿窬不由路，是謂姦人，姦人者殺』。沈欽韓曰：『王氏所引，非兵陰陽也。』」

〔註322〕羅振玉、王國維，《流沙墜簡考釋小學術數方技書考釋：術數類》（北京：中華書局，1993年9月北京第一次印刷），頁82。

〔註323〕李荃，《太白陰經・卷六・陣圖總序》，收錄於《守山閣叢書》中（臺北：藝文印書館影印《百部叢書集成》），頁127。

〔註324〕葛洪，《抱朴子內篇・極言第十三》（臺北：世界書局，民國63年7月新二版），頁57。

〔註325〕司馬遷・《史記・司馬穰苴列傳》，頁733：「於是遂斬莊賈，以徇三軍。三軍之士皆振慄。久之，景公遣使者持節赦賈，馳入軍中。穰苴曰：『將在外君令有所不受。』問軍正曰：『軍中不馳，今使者馳，云何？』正曰：『當斬。』使者懼。穰苴曰：『君之使，不可殺之。』乃斬其僕，車之左駙，馬之左驂，以徇三軍。遣使還報，然後行。……晉師聞之，爲之罷去，燕師聞之，度水而解。於是追擊之，遂取封內故境，而引兵歸。」

並認爲此種分塞處分是「人君十二種能威加天下之必勝之道。」〔註326〕又稱之爲地禁，其效用是「禁止行道，以網外姦。」〔註327〕

周亞夫以種方式治軍之結果是：

> 文帝曰：「嗟乎，此眞將軍矣，曩者霸上、棘門軍若兒戲耳。其將固可襲而虜也。至於亞夫可得而犯邪？」稱善者久之。孝文且崩時……
>
> 誡太子曰：「即有緩急……周亞夫眞可任將兵。」〔註328〕

洪邁大肆抨擊周亞夫之傲睨帝尊，而盛讚王猛潛謁苻堅之識大體。〔註329〕此種評論足徵洪邁對軍事特性認知之粗淺。周亞夫治軍嚴不可犯，卒平七國之亂；而單由王猛之軍前謁堅，證明前秦部伍之不夠嚴謹，淝水之戰之全軍盡潰，實非一朝一夕之故。

第十二節　本章小結

《尉繚子》屬雜家之可能性甚低，其學亦與商君之學不甚相干，劉向所謂「繚爲商君學」只是一句泛論，經不起事實之驗證。其內容實以兵形勢家之思想爲其核心，但以形爲主，勢爲輔。尉繚兵形思想與晉之職官密不可分，竊疑尉繚之姓來自「以官命氏」，出自晉之職官「尉」。書中所透露出的訊息指明尉繚爲魏人，施子美所謂「尉繚，齊人也。」實係無稽之談。歷史爲軍事思想之無盡寶藏，尉繚不少思想即取資於此。因地緣關係，尉繚對吳起極盡仰慕之情，其部份思想爲吳起行軍用師之反映。司馬法中包含不少古之兵

〔註326〕《尉繚子・兵教下》。

〔註327〕《尉繚子・兵教下》。

〔註328〕司馬遷，《史記・絳侯世家》，頁699。

〔註329〕洪邁，《容齋續筆・卷六・周亞夫》，頁225，云：「漢景即位三年，七國同日反，吳王至稱東帝，天下震動。周亞夫一出即平之，功亦不細矣，而訖死于非罪。景帝雖未爲仁君，然亦非好殺卿大夫者，何獨至亞夫而忍爲之？竊嘗原其說，亞夫之爲人，班、馬雖不明言，然必悻直行行者。方其將屯細柳，祇以備胡，且近在長安數十里間，非若出臨邊塞，與敵對壘，有呼吸不可測之事。今天子勞軍至，不得入，乃遣使持節詔之，始開壁門；又使不得驅馳，以軍禮見，自言介冑之士不拜。天子改容稱謝，然後去。是乃王旅萬騎，乘輿黃屋，顧制命于將帥，豈人臣之禮哉！則其傲睨帝尊，習與性成，故賜食不設箸，有不平之意。鞅鞅非少主臣，必已見于辭氣之間，以是殞命，甚可惜也！秦王猛伐燕圍鄴，苻堅自長安赴之。至安陽，猛潛謁堅，堅曰：『昔周亞夫不迎漢文帝，今將軍臨敵而棄軍，何也？』猛曰：『亞夫前卻人主以求名，臣竊少之。』猛之識慮，視亞夫有間矣。」

法，極其精粹，尉繚不少思想與之相同，或受司馬兵法影響，或兩者同出一源。管仲爲齊桓公取威定霸之主要輔佐，戰國時代，「藏管商之法，家有之。」可見其流行，尉繚之名實、重令、什伍組織可能受到管子相當程度之影響。尉繚雖然名列兵形勢家，但其思想亦非全然不雜兵陰陽家、兵技巧家之思想。

附圖三　臨衝呂公車圖

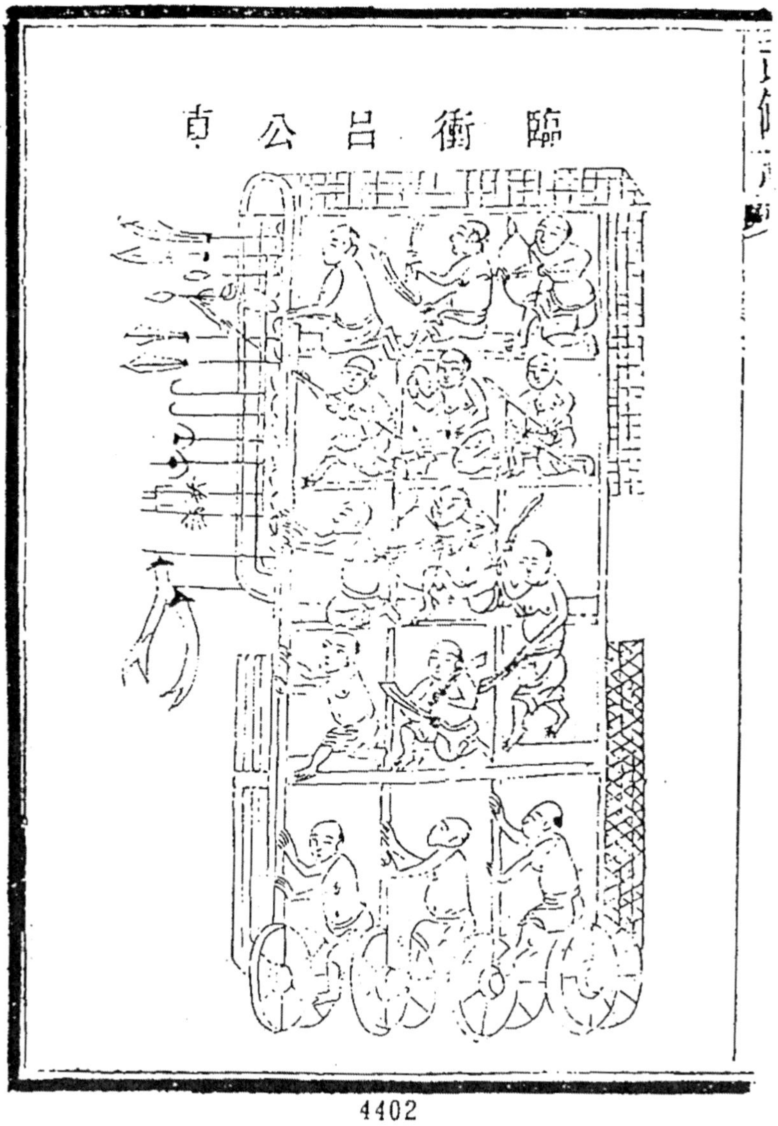

4402

見茅元儀，《武備志・卷一百九・軍資乘・攻二》，頁24上。

附圖四　鈎撞車圖

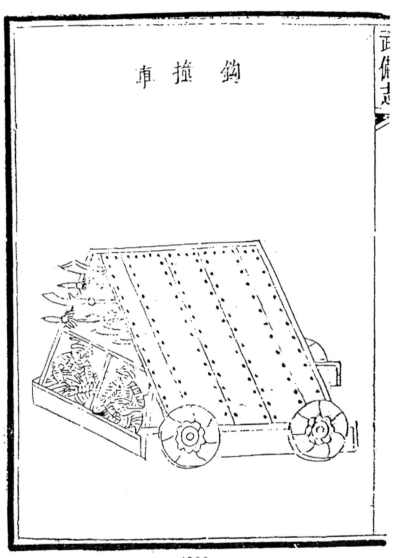

4398

見茅元儀，《武備志・卷一百九・軍資乘・攻二》，頁 25 下。

附圖五　懸簾圖

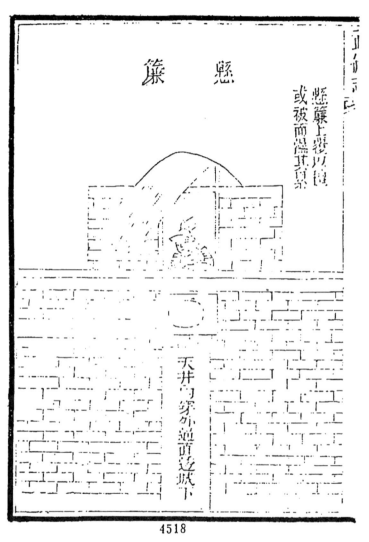

4518

見茅元儀，《武備志・卷一百一十一・守二》，頁20下。

附圖六　懸戶圖

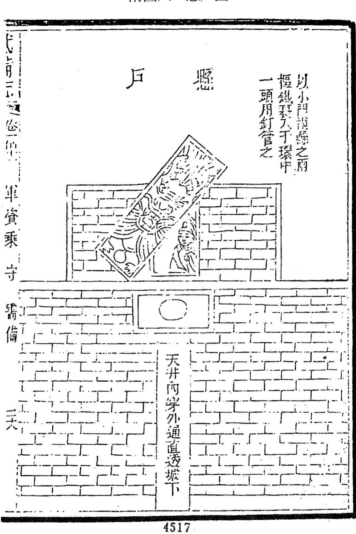

4517

見茅元儀，《武備志‧卷一百一十一‧軍資乘‧攻二》，頁28上。

第五章　結　論

　　宋代以來，疑古之風大熾，疑古過甚之學人往往相信《淮南子‧修務訓》所謂「世俗之人，多尊古而賤今。故爲道者必託之於神農黃帝而後能入說。」之片面之辭，並將此言範圍擴及全面，而不信先秦諸子之夫子自道，造成後代學者對先秦學術認知上之極大偏差。實際之絕大部份情況恰與《淮南子‧修務訓》之說法恰好相反。（一）、是黃帝、神農之作品在《漢書‧藝文志》中少到屈指可數之地步，嚴可均《全上古三代文》所輯有關黃帝之言不過二十條，〔註1〕實在少得可憐。（二）、是署名神農、黃帝或黃帝臣之著作，未必全僞，至少與劉安時代相近之班固對此就不是採全面抹殺之態度。〔註2〕章學誠對此問題有開鑿鴻濛之分析：

> 兵家之有《太公陰符》，醫家之有《黃帝素問》，農家之《神農》、《野老》，先儒以謂後人僞撰，而依託乎古人，其言似是，而推究其旨，則亦有所未盡也。蓋末數小技，造端皆始於聖人，苟無微言要旨之授受，則不能以利用千古也。三代盛時，各守人官物曲之世氏，是以相傳以口耳，而孔孟以前，未嘗得見其書也。至戰國而官守師傳之道廢，通其學者，述舊聞而著於竹帛焉。中或不能無得失，要其

〔註1〕　嚴可均校輯，《全上古三代秦漢三國六朝文‧卷一‧黃帝》（北京：中華書局，1995 年 11 月 6 刷），頁 10～11。

〔註2〕　如在兵陰陽家十六家中，班固僅在黃帝臣《封胡五篇》、《風后十三篇》、《力牧十五篇》、《鬼容區》之下註明依託，而《神農兵法一篇》、《黃帝十六篇》、《地典六篇》（地典爲黃帝臣）班固均信以爲眞，並未註明依託。《地典》殘簡在銀雀山漢墓中與《孫子兵法》、《孫臏兵法》等一起出土，其爲先秦古籍可信無疑。

－219－

　　　　所自，不容遽昧也。以戰國之人，而述黃、農之說，是以先儒辨之
　　　　文辭，而斷其僞託也；不知古初無著述，而戰國始以竹帛代口耳，
　　　　實非有所僞託也。〔註3〕

（三）、即使託古改制或救時之弊之學術內容亦有大量先秦學術思想爲其立論之
依據，只是法術之士加以增損選擇，使之更能適應時代之需而已，創新之處實
在無多，襲舊之處實則甚夥，即使是反法古之商鞅，其變法之具體內容幾乎可
在三代之中一一找到其淵源，遑論其他各家。（四）、是古人著書往往不嫌剽竊，
故其絕大部份襲舊之處，後人反而無法一眼窺知，這是古代學術思想淵源後人
難以明瞭之最主要原因，如《呂氏春秋・決勝》、《淮南子・兵略訓》大量抄襲
《孫子》，但絕不註明出處。（五）、是先秦學術思想之淵源即或古人一再明言，
一再申說，但因時代久遠，後人或受先入爲主之觀念影響，或缺乏心理準備，
或因自己爲學立說行事別有體會，以致有眼如盲，視而不見。

　　先秦諸子與魏晉作品判然有別，身當其時之劉勰對此之看法是：

　　　　夫六國以前，去聖未遠，故能越世高談，自開戶牖；兩漢以後，體
　　　　勢浸弱，雖明乎坦途，而類多依采，此遠近之漸變也。〔註4〕

呂思勉亦有類似之說法：

　　　　書之精者，訖於西漢。東漢後人作者，即覺淺薄。然西漢子書之精
　　　　者，仍多祖述先秦之說：則雖謂子書之作，訖于先秦可也。〔註5〕

　　先秦作品淳厚之原因實在其承襲三代以及其前最豐富之文化遺產。此中
景況實與嚴復、胡適在近代輕易可以自成一子頗有異曲同工之妙。胡適、嚴
復留學西方，承襲西方近兩百年來天才學者之遺緒，將西方這些精粹之思想
反映回國內，時人以爲可以自成一子。及至西方這些精粹思想已爲國人常識
之際，嚴、胡身上之光環即黯然失色。先秦諸子其所承襲部份後人幾無所知，

〔註3〕　章學誠，《章學誠遺書・卷一・文史通義・詩教上》，頁6。葉瑛註〈詩教上〉
　　　　之篇題云：「據年譜，乾隆四十八年癸卯，實齋在永平主講敬勝書院，有〈再
　　　　答周筤谷論課蒙書〉云：『近且……撰《言公》上中下三篇，《詩教》上下二
　　　　篇，其言實有開鑿鴻濛之功，立言家於是必將有取。』意頗自負，《詩教》二
　　　　篇，乃實齋論文之大綱。……」葉瑛，《文史通義校注》（北京：中華書局，
　　　　1994年3月1版），頁63。

〔註4〕　劉勰，《文心雕龍・諸子第十七》（王利器《校箋》本）（臺北：明文書局，民
　　　　國71年4月初版），頁120。

〔註5〕　呂思勉，《經子解題・論讀諸子之法》（上海：華東師範大學出版社，1995年
　　　　12月1版），頁88。

則一切發明之功，往往由述而不作者所獨攬。本文研究範圍限於軍事，諸子之學絕非無源之水，就兵家而言，其理論愈是高明深邃者，就愈有久遠之歷史淵源，愈經長時間之千錘百鍊，若重將、重生、形名、以徽幟整陣而戰、居生擊死、重勢等思想，均可溯源至三代，而且有些確有實際之物證。

　　班固、荀子、莊子、章太炎、呂思勉均認爲諸子之學出自古代學術，莊子認爲各家各得一端，荀子認爲出自官守，班固認爲出自職官。古人引經據典立說，不注出處，其引用前人成說，實際上還是有一定規則可尋。先秦古書凡「書曰、故曰、故、凡」等連接辭之後，往往均爲引證前人之語，或所欲解之「經文」，故引文與正文，依然有別。這在《韓非子・解老》、《韓非子・喻老》之引《老子》；《孫子》之引《司馬法》；《淮南・兵略訓》之引《孫子》等事例中可看的一清二楚。但若其前之文獻大量散佚，即使諸子書中之正文、引文，可判然分別，但其出自何書、何典，還是無法指實，不像《水經注》明其體例之後，何者爲桑欽本文，何者爲酈道元之附註，即可一目瞭然。就兵家而言，先秦兵家之主要思想出自古之職官，確是信而有徵。《孫子》確有不少部份爲古之《司馬法》之疏證；《尉繚》之學確以出自職官爲其主要內容，孫臏之學確屬父子相傳之家學。先秦兵家之主幹思想確是襲自古之官守，與古者《司馬法》有密切之關連，但其學術有時卻並不全限於官守。《孫子》另一主要源流則爲兵陰陽家之思想，如《黃帝》、《地典》之類，龐樸認爲《孫子》之中不含兵陰陽家之思想，實爲臆說。但《孫子》大量採用兵陰陽家之理論，亦非照單全收，有時亦間加己意，如「置之死地然後生，投之亡地然後存」則與黃帝之「居生擊死」思想大相逕庭。而《孫臏兵法》之多談爲陣；《尉繚子》敘及「三相稱」之防守法、反對外國助卒等，都深受其時代之激盪影響。司馬遷、任宏、劉歆、班固等敘及先秦兵書之源流如此深切著明，他們確實看過許多我們現在已無法目睹之資料，其所留下之隻字片語，有時是我們意圖解開先秦學術謎團之關鍵。《淮南子・要略訓》、《淮南子・修務訓》之說法，只顯示了極少部份之情況。康有爲、曹耀湘、胡適之說法，若驗之兵學範疇，多係無稽之談。相形之下，章太炎、章學誠、呂思勉之說法比較周全，但對於細目，卻大有商榷之餘地。如章學誠、呂思勉認爲《孫子》中不含兵陰陽、兵技巧之思想，即純係誤解所致。兵權謀家所謂之「形」、「勢」實與地理形勢無關，地形實屬兵陰陽家之範疇，這些地方任宏、班固能夠深切瞭解，但近人多一無所知。孫武之「形名」實承襲自三代，形名之說實非

後起。錢穆先生、齊思和等之錯誤推論，清代毛奇齡即針對類似情況有開玩笑之批評：

> 古書不言事始，今人但以書之所見，便以爲權輿於此，此最不通者。人第見《易》、《詩》、《書》無騎字，祇《曲禮》有前有車騎語，遂謂騎字是戰國以後字，古人不騎馬。若然，則六經俱無髭鬚字，將謂漢後人始生髭鬚，此笑話矣。〔註6〕

先秦之思想因子如果是集合因子，以單獨姿態出現者，後人往往不易看出其本來面目。如孫武之〈九地〉、〈地形〉、〈九變〉、〈行軍〉等篇，後人幾乎很難想像此種思想因子源自五行，齊思和即認爲春秋以前之五行：

> 亦不過以五行與人生關係最密切之五種實務而已，非有玄妙之哲理，存乎其中也。〔註7〕

單獨之思想因子與其他因子結合成化合物，一般人不易看出其本來面目。此等狀況頗爲類似兩種以上之元素組合成化合物後，非有大力，即無從分析出其本來成份一樣。如孫武將〈全生〉思想因子融入戰爭之中，造出「全軍」、「全爭」之思想，很少人會想到孫武之「全爭」、「全軍」思想源自「全生」。孫武、孫臏將兵技巧家之「決積水於千仞之谿者」、「滾圓石於千仞之山」、「勢如曠弩，節如發機」、「欲知兵之情，弩矢其法也」、「黃帝作劍，以陣象之」、「錐行之陣，卑之如劍」等，融入兵形勢之中，讀者只見其形勢，而不見其技巧，遂謂兵權謀家之《孫子》中兵技巧家之內容已逸，《孫子》十三篇中沒有兵技巧之內容。

先秦兵書有自註、他註、互註、互補之特性，《孫子》由十三篇演續而爲八十二篇，出之於自註或他人註解之可能性極高。《孫子》、《孫臏兵法》之間存在著互註之關係。宋之葉適即已發現《六韜》幾乎是《孫子》之疏證。司馬遷認爲《孫子》即爲申明《司馬法》之著作。先秦兵書統合而觀，彼此間往往存在著甚深之默契，彼詳則此略，彼略則此詳。有王廖之「貴前」，則有兒良之「貴後」；有《孫子》之重地利，則有范蠡之重天時；有孫武之重權謀，則有伍子胥之重技巧等。

孫武之兵學思想，齊地色彩最濃，故其籍隸齊人之可能性最高。形名、

〔註6〕 毛奇齡，〈毛檢討經問〉，《皇清經解·一百六十三～一百六十七》，收錄於《諸經總義類彙編·冊二》（臺北：藝文印書館），頁1875。
〔註7〕 齊思和，〈五行說起源〉，《中國史探研》，頁194。

帶甲十萬、連年用兵、「君、主」之稱均非劃分時代之確證，完全不足以證明
《孫子》爲戰國時代之作品。在《孫子》之前，中國已有大量兵書問世，惜
多失傳，但仍有少部份斷簡殘篇留在人間，可窺知《孫子》之前中國兵書之
雛形，如兵陰陽家有關以地利克敵制勝之思想，有銀雀山出土之《地典》可
供參考；欲瞭解憑天官以戰之兵學思想，可參看《史記・天官書》及張家山
出土之《蓋廬》；有關教戰法可參看《司馬法》及後人所輯之佚文。故《孫子》
絕非中國現存最古之兵書。在諸子、兵書之中，《孫子》篇題、內容最爲井然
有序，同時或稍後之《老子》、《論語》、《孟子》等遠爲不及。但其中亦不是
全無問題，其中問題最大之〈火攻〉篇結尾，實係全書結論，傳統之編次不
及銀雀山木牘所列之次序合理。但平山潛所謂之「每篇文法始終不相配」之
言辭枝蔓、未能扣緊主題之情形，確實亦有數處。這僅是小疵，在先秦子書
中若論結構，《孫子》還是最爲嚴謹。《孫子》思想雖有數處與《管子》符同，
但這只占全書極少部份，新井白石所列《孫子》源出管仲之諸多證據，許多
出於附會，故《孫子》之主要或多數思想並非源自管子。《孫子》之重勢、以
地利克敵制勝之思想均與黃帝有密切之關連，故《孫子》一書至少有近三分
之一之篇幅是紹述祖德之作。《孫子》之思想與《老子》有許多地方極其類似，
但《孫子》思想絕不可能源出《老子》，其理由簡單而確鑿，時間是絕對因素，
《孫子》成書之時間比《老子》要早得多。兩者同出一源（同出於黃帝）之
可能性絕對要高得多。顧實、李浴日、鄭良樹之論點不但完全站不腳，而且
跡近荒謬。鄭良樹認爲《孫子》之反道而行的詭詐思想是襲自老子，但遠在
老子之前之鄧析就曾大規模以文亂法。辯證立論之思想在孫武之前已有長時
間之演變，並且一直綿延至戰國晚期，韓非即一再以難一、難二、難三、難
四、難勢之辯證法做行文講話之演練。〔註8〕傳說《孫子算經》、《五曹算經》
均爲孫武手著。然否雖難一言而決，但在先秦所有著作中，只有孫武、孫臏、
墨翟大規模以數據立論，行文最具數學之精確性。《墨子》本身即有不少討論
數學之文字。在張家山 M247 西漢墓葬同時出土《蓋廬》、《脈書》、《算數書》，
〔註9〕《蓋廬》爲兵陰陽家之作品，兵書、算術書同出一墓，說明兵學與數學
之密切關係，益增《孫子算經》等書出自孫武之可能性。

〔註 8〕 分見《韓非子》卷十五～十七。
〔註 9〕 張家山漢墓整理小組，〈張家山漢簡概述〉，《文物》1985 年第 1 期，頁 12～
　　　 14。

綜觀《孫臏兵法》之內容及其與《孫子》之類似性、互註性，且其不具楚地思想之特色，孫臏籍隸齊人之可能性最高。後人對於《史記》所述孫武吳宮練兵、孫臏之籌策龐涓太富傳奇色彩而疑及其敘事之眞實性，殊不知兵學爲司馬遷之家學，〔註10〕故《史記》敘述戰爭最見精彩且正確。文人多不知兵，資兼文、武之曾國藩即云：

軍事是極質之事。二十三史，除班馬而外，皆文人以意爲之，不知甲仗爲何物，戰陣爲何事。浮詞僞語，隨意編造，斷不可信。〔註11〕

孫臏之計算龐涓精妙絕倫實不只見之《史記》，出土之《孫臏兵法》即對孫臏之軍事佈局發出由衷之讚歎：「故曰：孫子之所以爲者盡矣。」〔註12〕由《孫臏兵法》敘及孫臏行事至齊宣王，足徵孫臏得享高壽，凶死之事實係附會。在銀雀山漢墓整理小組所謂之確鑿證據「三號木牘」上，〈將敗〉、〈兵之恆失〉等爲一組材料，而其他各篇均未寫在木牘上，但仍不能排除與其他各篇同屬一書之可能性，因三號木牘已殘毀過半，則所謂之確鑿證據實在不確鑿。孫臏與孫武在兵學思想上存在著前承後繼、互注互補之特性。經由《孫臏兵法》對陣勢之論述，並與先秦其它相關資料，詳加比較，古之「八陣」除「輪陣」之外，其他七陣之大概內容已能知其梗概。由出土之《孫臏兵法》和兵家四派印證，孫臏確屬兵權謀家，重勢思想實爲其核心理論，透過孫臏，我們可以對先秦之勢治理論有深一層之認識。從文獻與出土資料對勘，孫臏之時已有騎戰，當時之騎戰即或是最原始的以馬匹爲運輸工具式之騎戰，此等騎戰方式可將時、空對軍隊行動之限制降至最低限度，其與杜佑及《孫臏兵法》

〔註10〕《史記·太史公自序》云：「當周宣王時失其守，而爲司馬氏。司馬氏世典周史，惠襄之間，司馬氏去周仕晉。晉中軍隨會奔秦，而司馬氏少入梁。自司馬氏去周適晉分散，或在衛，或在趙，或在秦。其在衛者相中山，在趙者以傳劍論顯，（其〈自序〉敘及《史記·孫子吳起列傳》撰作之由是『非信廉仁勇，不能傳兵論劍，與道同符。』）蒯聵其後也。在秦者名錯……會王使錯將伐蜀，遂拔，因而守之。錯孫靳，事武安君白起，而少梁更名夏陽，靳與武安君阮趙長平軍，還而與之賜死杜郵。……靳孫昌爲秦主鐵官，當始皇之時蒯聵玄孫卬爲武信君將而徇朝歌，諸侯之相王，王卬於殷，漢之伐楚，歸漢，以其地爲河內郡。昌無生澤，……無澤生喜爲五大夫，……喜生談，談爲太史公。太史公學天官於唐都，受易於楊何，習道論於老子。」司馬氏與兵學之關係實可謂淵遠流長。

〔註11〕蔡鍔編，《曾胡治兵語錄·第四章·誠實》，見毛注青等編，《蔡鍔集》（長沙：湖南人民出版社，1983 年 1 月 1 版），頁 63。

〔註12〕銀雀山漢墓竹簡整理小組，《銀雀山漢墓竹簡〔壹〕》，頁 45。

本文之敘述仍毫無抵觸。錢穆先生所揣測之「孫臏之世尚不能有騎戰」之說，實難成立。

　　就《尉繚子》之內容來看，《尉繚子》確是兵學著作，而非雜家之學。在《漢書・藝文志》之分類上兵家、雜家混淆不清，實肇因於分人校書之結果。《尉繚子》之內容多談形，少談勢，而《漢書・藝文志》對兵形勢之形容專就勢立說，以致《尉繚子》全書內容不類《漢書・藝文志》對兵形勢家所下之定義。《尉繚子》雖屬兵形勢家，但其內容間一涉及兵技巧、兵陰陽之內容。《尉繚子》前十二篇與後十二篇之間因存在著互註、互補之特性，故其爲一部兵書而非前後兩期之著作可以斷言。《尉繚子》與〈兵令〉及〈守法〉、〈守令〉之間有著極爲密切之關連，〈守法〉、〈守令〉是否爲《尉繚子》之佚篇有進一步探索之必要。「繚爲商君學」，只是劉向一句泛論，經不起事實之批駁。就《尉繚子》本書所透露出之訊息來看，在思想上，尉繚與晉、魏有最密切之關係，尉繚本人對魏國有最深摯之感情，其兵法之齊地色彩又極淡，故尉繚籍屬魏人可以毋庸置疑。尉繚實以官爲氏，其核心思想實來自晉之尉、司馬之職掌。尉繚所處之時代爲戰國早、中期之梁惠王時代。徐勇所謂尉繚活躍於梁惠王晚年至秦王政十年，除非尉繚享壽在一百一十年以上，否則絕無此種可能。驗之史實，《尉繚子》實深具三代之遺風，特別是在重將、重令、以徽幟整軍經武方面，施子美之評論可謂一語中的。以殺垂教實有久遠之歷史淵源，非尉繚之發明，故近人有關「殺」字之解釋往往不得其正解。

附錄一　先秦重將制度表解

資料來源　項目		《六韜‧立將》	《淮南‧兵略》	《吳子‧圖國》	《史記‧淮陰侯傳》	《尉繚》	《史記‧馮唐列傳》	《史記‧周本紀》
榮寵專征大將之具體措施	齋戒	將既受命，乃命太史上齋三日，之太廟，鑽炙龜，卜吉日。	與《六韜‧立將》同		王欲召信拜之，何曰：「王素慢無禮，今拜大將，如召小兒，此乃信之所之所以去也，王必欲拜之，擇良日，齋戒。	將軍受命，君必先謀於廟		
	築壇			文侯身自布席，夫人捧觴，醮吳起於廟。	設壇場，具禮乃可耳。」王許之。			
	賜鉞	以授斧鉞。君入廟門，西面而立，將入廟門，北面而立。君親操鉞持首，授將其柄，曰……復操斧持柄，授將其刃，曰：……	與《六韜‧立將》同			行令於廷，君身以斧鉞授將。		（紂）乃赦西伯，賜之弓矢斧鉞，使西伯得征伐。
	推轂						臣聞上古王者之遣將也，跪而推轂。	

授權	（君命）曰：「從此而上至天者，將軍制之；……從此而下至淵者，將軍制之。……」將已受命，拜而報君曰：「臣聞國不可以從外制，君不可以從中御。……願君亦垂一言之命於臣，君不許臣，臣不敢將。君許之，乃辭而行。軍中之事，不聞君命，皆由將軍。臨敵決戰，無有二心。若此，則無天於上，無地於下，無敵於前，無君於後。是故智者爲之謀，勇者爲之鬥，氣屬青雲，疾如馳騖，兵不接刃而敵降服。」	與《六韜·立將》幾全同	立爲大將，守西河。	信拜，禮畢，上座。……遂聽信計，部屬諸將所擊。	曰：「左、右、中軍皆有分職，若踰分而上請者死。君無二令，二令者誅。將軍告曰：「出國門之外，期日中，設營表，置轅門，期之如過時，則坐法，將軍入營，即閉門清道，有敢行者誅，有敢高言者誅，有敢不從令者誅。」	曰：「閫以內者，寡人制之，閫以外者，將軍制之。軍功爵賞，皆決於外，歸而奏之。」	
收回專征大權		故反于國，放旗以入斧鉞，報畢于君曰：「君無後治。」乃縞素辟舍，請罪于君，君曰：「赦之。」退齋服。（牽王師征伐四方，回軍之際，繳回斧鉞，釋放兵權，此爲應有之禮儀。文獻中只有《淮南·兵略》有繳回斧鉞、收回軍權之記述。）					此種授權，權力只放不收，斧鉞未見有收回之跡象。

附　錄　二

「兒良貴後」釋義

　　《漢書‧藝文志》兵權謀家有《兒良》一篇。《呂氏春秋‧不二》敘及「老耽貴柔，孔子貴仁，墨翟貴廉，關尹貴清，子列子貴虛，陳駢貴齊，陽生貴己，孫臏貴勢，王廖貴先，兒良貴後。」賈誼〈過秦上〉云：「吳起、孫臏、帶佗、兒良、王廖、田忌、廉頗、趙奢之朋制其兵。」兒良之思想可與孔、老、列、陽等並駕齊驅，在用兵上可與戰國著名兵家吳起、孫臏等相提並論。足徵其兵學思想有獨到之處。

　　但若細論兒良之兵學思想爲何？則東漢以後之人已是一無所知，連其籍隸何國都已無法說清。高誘注《呂氏春秋‧不二》之「王廖貴先，兒良貴後。」云「王廖謀兵事，貴先建策也。兒良作兵謀，貴後。」有註等於無註。洪邁《容齋四筆‧王廖兒良》云：「此八人者，帶佗、兒良、王廖不知其何國人。」「雖僅見二人之名，然亦莫能詳也。」陳奇猷釋「王廖貴先，兒良貴後」云：

　　　《漢書‧藝文志》兵權謀家序云：「權謀者，先計而後戰，兼形勢，
　　　包陰陽，用技巧者也。」正是指王廖輩言也。貴後之義不詳。漢志
　　　所言「先計而後戰」是貴先，然則「用技巧」爲貴後歟？〔註1〕

錢穆先生《先秦諸子繫年一六三‧諸子攟逸‧兒良一篇》下引述王念孫的一段話云：

―――――――――――――

〔註1〕陳奇猷，《呂氏春秋校釋‧不二》（上海：學林出版社，1995 年 10 月三刷），
　　　　頁 1129～1130。

《易林》益之臨云，帶季兒良明知兵權，將師合戰，敵不能當，趙

魏以強。帶季蓋即帶佗，二人為趙魏將，故云趙魏以強。但未知孰

趙孰魏也。

但錢穆先生以帶佗即宮佗，其按語云：

孔叢子亦有宮佗，其人與周最孔穿同時，蓋當秦昭王之世。若孔叢

可信，則宮佗當為魏將，而兒良則趙將也。

但宮佗與帶佗差異極大，其為二人，當無疑義。由《易林》敘事之先後秩序

來看，兒良似以為魏將之可能性較高。

「王廖貴前」好講，由其名稱可大概知其內容，或是搶佔先機，或是先

行占據有利地方，或是事前做充分之準備，或是先行廟算（見其敵對之國有

無可亡之徵兆）等。但兵權謀家之「貴後」思想當作何解？先秦兵書完全付

之闕如。

但先秦兵學理論往往有互註互補之特性，以長救短，使整個兵學理論更

見圓融。以整個整爭過程來看，從衝突開始，擬定計劃，尋間抵隙，選兵選

將，廟謨勝敗，上觀天象，下察地理，準備戰具，操兵演練，以分合為變，

捕捉戰機，直至克敵制勝，傳統兵法均言之極詳，其中惟一不到之處是戰後

之處置。此獨缺部份，卻極可能正是兵權謀家兒良「貴後」之主要思想。有

關戰後之善後處置有二，一是戰勝後之擴張戰果，兼併已拓土地，降伏敵之

人民，使自己勝強而益強；一是救敗，所謂「善敗者不亡。」〔註2〕即使戰敗，

但有效迅速之善後處置能使自己的損失減至最低，不至於一敗即亡。

這兩種之善後處置在現存兵書中從缺，沒有專章之討論。但恰好在行文

敘及兒良之賈誼、呂不韋之書中，有整篇之討論。《呂氏春秋‧孟秋記‧寵懷》

全篇敘述如何安撫敗國之民，使「義兵至，則鄰國之民歸之若流水。」而賈

誼之《過秦論》第三篇是指斥子嬰之失，全篇之主旨是子嬰不懂救敗之道，

以至造成秦國之徹底滅亡。呂不韋之善後處置及賈誼之救敗觀點可能受到兒

良之影響。

鄭樵論書有「書有名亡實不亡論一篇」，〔註3〕章學誠《校讎通義‧鄭樵

〔註2〕 李荃，《神經制敵太白陰經‧卷二》，《守山閣叢書》（臺北：藝文印書館影《百

部叢書》）。

〔註3〕 鄭樵，《通志二十略‧校讎略一》（臺北：世界書局，民國73年10月八版），

頁722。

第六》評之爲「其見甚卓」。先秦諸子中此種現象尤其普遍。古人著書不嫌剽竊，不注出處。其採別家理論以立說，被剽竊者因精華已失，其書往往不傳，但其思想有時反賴剽竊者傳之千古。

　兒良之「貴後」思想應該不是論及擴張戰果，就是救敗，甚至兩者兼而有之。

參考書目

一、文獻與考古資料（大體依時代先後爲序）

1. 《書經》（蔡沈集傳本），六卷序一卷篇目一卷，臺北：世界書局，民國 70 年 11 月五版。

2. 《逸周書集訓校釋》（皇清經解本），朱右曾集訓校釋，十卷，臺北：世界書局，民國 69 年 11 月初版。

3. 《周禮》（永懷堂本），鄭玄注，四十二卷，臺北：新興書局，民國 82 年 6 月。

4. 《周易正義》（阮刻十三經注疏本），王弼注，孔穎達疏，九卷，臺北：藝文印書館，民國 86 年 8 月初版十三刷。

5. 《禮記》（相台岳氏本），鄭玄注，二十卷，臺北：新興書局，民國 80 年 10 月。

6. 《詩經》（宋刻朱熹集傳本），朱熹集傳，二十卷，臺北：藝文印書館，民國 63 年 4 月三版。

7. 《孫子》（靖嘉堂藏宋本武經七書，續古逸叢書之三十八），三卷，臺北：商務印書館，民國 60 年。

8. 《左傳》（杜預集解本），三十卷，臺北：中華書局，民國 59 年 4 月二版。

9. 《左傳》（竹添光鴻會箋本），三十卷，臺北：天工書局，民國 85 年出版。

10. 《司馬法》（靖嘉堂藏宋本武經七書，續古逸叢書之三十八），三卷，臺北：商務印書館，民國 60 年。

11. 《汲冢紀年存眞》（歸硯齋本），朱右曾輯，二卷，臺北：新興書局，民國 48 年 12 月初版。

12. 《竹書紀年統箋》（丹徒徐氏本校刻），徐文靖箋注，十二卷，臺北：藝

文印書館，民國 55 年 1 月初版。

13. 《管子》（凌汝亨輯評，明萬曆庚申吳興凌氏刊本），二十四卷，中國子學名著集成編印基金會印行，民國 76 年 12 月初版。

14. 《管子》（日人安井衡纂詁本），二十四卷，河洛圖書出版社，民國 65 年 3 月影印初版。

15. 《管子》（顏昌嶢校釋本），二十四卷，長沙：岳麓書社，1996 年 2 月一版。

16. 《墨子》（孫詒讓閒詁本），十五卷目錄一卷附錄一卷後語二卷，臺北：世界書局，民國 63 年 7 月二版。

17. 《吳子》（靖嘉堂藏宋本武經七書，續古逸叢書之三十八），二卷，臺北：商務印書館，民國 60 年。

18. 《南華眞經》（郭象注宋刻本，卷一至六，南宋本，卷七至十，北宋本），十卷，臺北：商務印書館，民國 60 年。

19. 《孟子》（焦循、焦琥正義本），十四卷，臺北：世界書局，民國 63 年 7 月二版。

20. 《尉繚子》（靖嘉堂藏宋本武經七書，續古逸叢書之三十八），五卷，臺北：商務印書館，民國 60 年。

21. 《商君書》（嚴萬里校正），臺北：世界書局，民國 63 年 7 月新二版，46 頁。

22. 《鶡冠子》（人人文庫本），陸佃注，一卷，臺北：商務印書館，民國 67 年 11 月一版。

23. 《荀子》（王先謙集解本），二十卷，臺北：世界書局，民國 63 年 7 月二版。

24. 《六韜》（靖嘉堂藏宋本武經七書，續古逸叢書之三十八），六卷，臺北：商務印書館，民國 60 年。

25. 《韓非子》（王先愼集解本），二十卷考證一卷佚文一卷，臺北：世界書局，民國 63 年 7 月二版。

26. 《新書》（程榮校本），賈誼著，十卷，臺北：世界書局，民國 78 年 10 月四版。

27. 《春秋繁露》（皇清經解本），董仲舒撰，凌曙注，十七卷，臺北：世界書局，民國 78 年 10 月四版。

28. 《淮南子》（高誘注本），二十一卷，臺北：世界書局，民國 80 年 3 月五版。

29. 《史記》（宋黃善夫刊本），司馬遷撰，一百三十卷，臺北：商務印書館，1994 年 4 月台一版七刷。

30. 《說苑》（程榮校本），劉向輯錄，二十卷，臺北：世界書局，民國 59 年 1 月再版。

31. 《新序》（程榮校本），劉向輯錄，十卷，臺北：世界書局，民國 59 年 1 月再版。

32. 《劉向別錄》（經典集林本），一卷，收錄於《百部叢書集成》，臺北：藝文印書館影印。

33. 《戰國策》（點校本），劉向輯錄，三十三卷，臺北：河洛圖書出版社，民國 69 年 8 月初版。

34. 《戰國策》（橫田惟孝正解本），劉向輯錄，橫田惟孝正解，十卷札記三卷，臺北：河洛圖書出版社，民國 65 年 3 月。

35. 《劉向‧七略》（經典集林本），洪頤煊輯錄，一卷，收錄於《百部叢書集成》，臺北：藝文印書館影印。

36. 《劉向‧別錄》（經典集林本），洪頤煊輯錄，一卷，收錄於《百部叢書集成》，臺北：藝文印書館影印。

37. 《公羊注疏》（阮刻十三經注疏本），何休注，徐彥疏，二十八卷，臺北：藝文印書館，民國 86 年 8 月初版十三刷。

38. 《越絕書》（校注校稿本），袁康、吳平撰，十五卷，卷首一卷附錄一卷，臺北：世界書局，70 年 5 月再版。

39. 《吳越春秋》（明弘治覆元大德本），趙曄撰，十卷卷首一卷補注一卷，臺北：世界書局，69 年 3 月再版。

40. 《潛夫論》（汪繼培箋注本），王符撰，三十六卷，臺北：世界書局，民國 63 年 7 月新二版。

41. 《漢書》（點校本），班固撰，顏師古注，臺北：世界書局，民國 74 年 4 月初版。

42. 《魏武帝注孫子》（清平津館刊顧千里摹本），三卷，收錄於《孫子集成‧冊 1》，山東：齊魯書社，1993 年 4 月初版。

43. 《諸葛亮集》（點校本）張澍編輯，共七卷，臺北：天山出版社，民國 74 年 6 月初版。

44. 《抱朴子》葛洪撰，五十卷，臺北：世界書局，民國 63 年 5 月四版。

45. 《水經注》（戴震校本），酈道元撰，四十卷，臺北：世界書局，民國 63 年 7 月三版。

46. 《文心雕龍》（王利器校箋本），劉勰著，十卷，臺北：明文書局，民國 74 年 10 月二版。

47. 《晉書》（點校本），房玄齡等撰，一百三十卷，臺北：鼎文書局，民國 76 年 4 月二版。

48. 《隋書》（點校本），房玄齡等撰，八十五卷，臺北：鼎文書局，民國 69 年 3 月初版。

49. 《群書治要》（宛委別藏本），魏徵等撰，五十卷，臺北：商務印書館，民國 70 年 10 月初版。

50. 《神機制敵太白陰經》（守山閣叢書本），李筌撰，十卷，收錄於《百部叢書集成》，臺北：藝文印書館影印。

51. 《唐太宗李衛公問對》（靖嘉堂藏宋本武經七書，續古逸叢書之三十八），三卷，臺北：商務印書館，民國 60 年。

52. 《舊唐書》（點校本），劉昫等撰，二百卷，臺北：鼎文書局，民國 68 年 12 月初版。

53. 《虎鈐經》（粵雅堂叢書本），許洞撰，二十卷，臺北：藝文印書館影印《百部叢書集成》。

54. 《郡齋讀書志》（宋刻袁本），晁公武撰，六卷，臺北：商務印書館，民國 60 年。

55. 《何博士備論》（指海本），何去非撰，一卷，收錄於《百部叢書集成》，臺北：藝文印書館影印。

56. 《廣韻》（校正宋本，澤存堂藏板），陳彭年等重修，五卷，臺北：藝文印書館，民國 75 年 12 月六版。

57. 《漢書藝文志考證》（慶元路儒學刊本），王應麟撰，收錄於《玉海》冊八《玉海別附十三篇》，十卷，臺北：華文書店，民國 56 年 3 月再版。

58. 《衛公兵法輯本》（漸西村舍叢刊本），汪宗沂撰，三卷，收錄於《百部叢書集成》，臺北：藝文印書館影印。

59. 《資治通鑑注》（點校本），司馬光撰，胡三省注，二百九十四卷，臺北：世界書局，民國 68 年 5 月 8 版。

60. 《通志二十略》（明陳宗夔校本），鄭樵撰，臺北：世界書局，民國 73 年 10 月八版。

61. 《直齋書錄題解》（人人文庫本），陳振孫撰，二十二卷，臺北：商務印書館，民國 67 年 5 月一版。

62. 《學習記言》（萃古齋精鈔本），葉適撰，四十六卷，收錄於《中國子學名著集成》，中國子學名著編印基金會，民國 67 年 5 月一版。

63. 《容齋隨筆》（點校本），洪邁著，七十四卷，長春，吉林文史出版社，1995 年 2 月一版二刷。

64. 《四書集註》（吳志忠校刊本），朱熹撰，二十六卷，臺北：藝文印書館，民國 69 年 5 月五版。

65. 《文獻通考·經籍考》（點校本），馬端臨撰，七十六卷，臺北：新文豐出版社，民國 75 年 9 月台一版。

66. 《宋史》（點校本），脫脫等撰，四百九十六卷，臺北：鼎文書局，民國69年元月初版。

67. 《金史》（點校本），脫脫等撰，一百三十五卷，臺北：鼎文書局，民國69年3月初版。

68. 《宋學士全集》（金華叢書本），宋濂撰，三十三卷，收錄於《百部叢書集成》，臺北：藝文印書館影印。

69. 《遜志齋集》（聚珍仿宋版），方孝儒撰，二十四卷，臺北：中華書局，56年6月台二版。

70. 《草木子》（清藍格精抄本），葉子奇撰，四卷，收錄於《中國子學名著集成》中，中國子學名著基金會，民國67年5月。

71. 《國史經籍志》（粵雅堂叢書本），焦竑撰，五卷附錄一卷，收錄於《百部叢書集成》，臺北：藝文印書館影印。

72. 《七國考》（點校本），董說撰，十四卷，臺北：世界書局，民國62年4月三版。

73. 《四部正譌》，胡應麟撰，三卷，臺北：開明書店，民國72年12月二版。

74. 《紀效新書》（人人文庫本），戚繼光著，十八卷，臺灣：商務印書館影印，民國67年5月再版。

75. 《全蜀藝文志》（四庫全書本），周復俊輯，六十四卷，臺灣：商務印書館，民國75年7月再版。

76. 《陽明先生批武經七書》（王守仁手批本），七卷，陸軍指揮參謀大學，民國50年5月印行。

77. 《孫子參同》（明吳興閔氏刻本），李贄撰，五卷，收錄於《孫子集成·冊18》中，濟南：齊魯書社，1993年4月一刷。

78. 《武備志》，茅元儀撰，二百四十卷，臺北：宗青華世出版社，民國85年5月出版。

79. 《孫子集註》，鄧廷羅撰，一卷，《孫子集成·冊12》，濟南：齊魯書社，1993年4第一次印刷。

80. 《日知錄》（黃季剛、張溥泉校記本），顧炎武著，三十二卷附錄二卷，臺北：明倫出版社，民國60年10月初版。

81. 《戎政典》，《古今圖書集成·冊73、74》，陳夢雷等編撰，三百卷，臺北：鼎文書局，民國74年4月再版。

82. 《經籍典》，《古今圖書集成·冊55、56、57、58》，陳夢雷等編撰，五百卷，臺北：鼎文書局，民國74年4月再版。

83. 《史記評語》（二十五史三編本），方苞著，一卷，收錄於《二十五史三編·冊一》中，長沙：岳麓書社，1994年12月一版。

84. 《經問》，毛奇齡著，十五卷，收錄於《皇清經解本‧諸經總義類彙編‧冊二》，臺北：藝文印書館，民國75年9月初版。

85. 《鮚埼亭集》，全祖望著，三十八卷，華世出版社，民國66年3月初版。

86. 《繹史》，馬驌撰，一百六十卷，臺北：商務印書館，民國57年12月台一版。

87. 《古文尚書疏證》，閻若璩撰，九卷，《續皇清經解‧尚書類彙編‧冊一》，臺北：藝文印書館，民國75年9月初版。

88. 《禮說》，惠士奇撰，十四卷，《皇清經解‧三禮類彙編‧冊一》，臺北：藝文印書館，民國75年9月初版。

89. 《大戴禮記解詁》（王文錦點校本），王聘珍撰，十三卷，臺北：文史哲出版社，民國75年4月初版。

90. 《四庫全書總目提要》，永瑢等編撰，二百卷，臺灣：商務印書館，民國74年5月增訂三版。

91. 《續資治通鑑》（點校本），畢沅撰，二百二十卷，臺北：世界書局，民國63年1月再版。

92. 《章學誠遺書》（吳興劉氏嘉業堂刊本），章學誠著，三十卷，北京：文物出版社，1985年8月1版。

93. 《文史通義》（鉛本彙印本），章學誠著，九卷，臺北：國史研究室，民國61年4月初版。

94. 《經籍纂詁》（琅環仙館刻本），阮元等編撰，一百六卷，北京：中華書局，1982年4月1版。

95. 《史記志疑》，梁玉繩著，三十六卷，收錄於《二十五史三編‧冊一》，長沙：岳麓書社，1994年12月一版。

96. 《春秋大事表》（尚志堂板），顧棟高撰，五十卷，臺北：廣學社印書館，民國64年9月。

97. 《孫子折衷》，日人平山潛撰，十三卷，收錄於《孫子集成‧冊15》中，濟南：齊魯書社，1993年4月一版。

98. 《十一家注孫子》（道藏校刊本），曹操等十家注，正文十三卷，附《孫子續錄》一卷《孫子遺說》一卷，收錄於《孫子集成‧冊15》中，濟南：齊魯書社，1993年4月一版。

99. 《求古錄禮說》，金鶚撰，十五卷，收錄於《續皇清經解‧三禮類彙編‧冊一》，臺北：藝文印書館，民國75年9月初版。

100. 《經義述聞》，王引之撰，二十八卷，收錄於《皇清經解‧諸經總義類彙編‧冊一》，臺北：藝文印書館，民國75年9月初版。

101. 《經傳釋詞》，王引之撰，十卷，收錄於《皇清經解‧諸經總義類彙編‧冊三》，臺北：藝文印書館，民國75年9月初版。

102. 《香草續校書》（點校本），于鬯撰，臺北：崧高書社，民國 74 年 5 月初版，562 頁。

103. 《說文解字注》（經韵樓藏本），段玉裁注，三十二卷，臺北：藝文印書館，民國 55 年 10 月十一版。

104. 《二十二史考異》（點校本），錢大昕撰，一百卷，京都：中文出版社，1976 年 8 月初版。

105. 《史記評註》，牛運震，十二卷，收錄於《二十五史三編·冊一》，長沙：岳麓書社，1994 年 12 月一版。

106. 《左氏春秋考證》，劉逢祿撰，二卷，收錄於《皇清經解·春秋類彙編冊二》，臺北：藝文印書館，民國 75 年 9 月初版。

107. 《漢書藝文志條理》，姚振宗撰，六卷，收錄於《二十五史補編·冊二》，臺北：開明書店，民國 48 年 6 月台一版。

108. 《史記辨證》，尚鎔撰，十卷，《二十五史三編本·冊一》，長沙：岳麓書社，1994 年 12 月一版。

109. 《古今偽書考》（知不足齋叢書），姚際恆撰，一卷，收錄於《百部叢書集成》，臺北：藝文印書館影印。

110. 《五禮通考》，秦蕙田撰，二百四十五卷，臺北：聖環圖書公司，民國 85 年 5 月一版一刷。

111. 《全上古三代秦漢三國六朝文》，嚴可均輯校，七百四十六卷，北京：中華書局，1995 年 11 月北京六刷。

112. 《龔定庵全集》，龔自珍著，十八卷，臺北：世界書局，民國 62 年 5 月再版。

113. 《春秋左氏傳舊注疏證》，劉文淇等撰，隱公元年至襄公五年，臺北：平平出版社，民國 63 年元月初版。

114. 《老子本義》，魏源撰，二卷，臺北：世界書局，民國 63 年 7 月二版。

115. 《魏源集》，魏源著，北京：中華書局，1976 年 3 月初版，862 頁。

116. 《莊子集釋》（點校本），郭慶藩撰，三十三卷，北京：中華書局，1995 年 4 月七刷。

117. 《輶軒語》，張之洞撰，一卷，收錄於《書目答問二種》，香港：三聯書店（香港）有限公司，1998 年 7 月一版一刷。

118. 《莊子集解》，王先謙撰，二十卷，臺北：世界書局，民國 63 年 2 月二版。

119. 《周禮斠補》（籀廎署檢本），孫詒讓撰，臺北：藝文印書館，民國 63 年 1 月再版。

120. 《周禮正義》，孫詒讓撰，八十六卷，京都：中文出版社，1980 年 12 月

一版。

121. 《論語正義》，劉寶楠、劉恭冕撰，二十四卷，臺北：世界書局，民國63年7月二版。

122. 《湘軍志》，王闓運著，十六篇，臺北：文苑出版社，民國53年8月初版。

123. 《三國會要》（點校本），楊晨撰，二十二卷，臺北：世界書局，民國64年3月三版。

124. 《三代吉金文存》，羅振玉編，二十卷，北京：中華書局，1983年12月一版（據羅氏1937年版影印）。

125. 《諸子平議補錄》，俞樾撰，李天根輯，二十卷，臺北：世界書局，民國73年3月二版。

126. 〈山東益都蘇埠屯第一號奴隸殉葬墓〉，山東博物館撰，《文物》1972年第8期，頁17～30。

127. 〈長沙馬王堆漢墓出土《老子》乙本卷前古佚書釋文〉，馬王堆漢墓帛書整理小組，《文物》1974年10期，30～42頁。

128. 〈馬王堆漢墓出土《老子》釋文〉，馬王堆漢墓帛書整理小組編撰，《文物》1974年11期，8～20頁。

129. 〈臨沂銀雀山漢墓出土《孫子兵法》殘簡釋文〉，銀雀山漢墓整理小組編撰，《文物》1974年12期，11～12頁。

130. 〈臨沂銀雀山漢墓出土《孫臏兵法》釋文〉，銀雀山漢墓整理小組編撰，《文物》1975年1期，1～11頁。

131. 《孫臏兵法》，銀雀山漢墓竹簡整理小組，北京：文物出版社，1975年2月初版，154頁。

132. 《侯馬盟書》，山西省文物工作委員會編撰，北京：文物出版社，1976年12月初版，429頁。

133. 《帛書竹簡》，嚴一萍，臺北：藝文印書館，民國65年3月三版，168頁。

134. 《漢拓》，Claude Roy原著，臺北：雄獅圖書公司，民國65年4月，171頁。

135. 〈臨沂銀雀山漢墓出土《王兵》篇釋文〉，銀雀山漢墓整理小組編撰，《文物》1976年12期，頁36～43。

136. 〈銀雀山簡本《尉繚子》釋文〉，銀雀山漢墓整理小組編撰，《文物》1977年2、3期，頁21～25；30～35。

137. 《中華歷史文物》，袁德星編著，臺北：河洛圖書出版社，民國67年1月台三版，628頁。

138. 《殷墟婦好墓》，中國社會科學院考古研究所編撰，北京：文物出版社，1980 年 12 月 1 版。

139. 《商周青銅器文飾》，上海博物館編，北京：文物出版社，1984 年 5 月一版，354 頁。

140. 〈銀雀山竹書《守法》、《守令》等十二篇〉，《文物》1985 年 4 期，頁 27～38。

141. 《徐州漢畫象石》，江蘇美術出版社編，南京：江蘇省新華書店，1985 年 6 月一版，282 頁。

142. 《銀雀山漢墓竹簡〔壹〕》，銀雀山漢墓竹簡整理小組編撰，北京：文物出版社，1985 年 9 月 1 版，160 頁。

143. 《銀雀山漢簡釋文》，吳九龍釋，北京：文物出版社，1985 年 12 月第一版，246 頁。

144. 《武氏祠漢畫象石》，朱錫祿編著，濟南：山東美術出版社，1986 年 12 月一版，133 頁。

145. 《南陽漢畫象石》，王儒林、李陳廣編著，河南：河南美術館，1989 年 6 月一版，214 頁。

146. 《南陽兩漢畫象石》，王建中、閃修山編著，北京：文物出版社，1990 年 6 月一版，297 圖。

147. 《嘉祥漢畫象石》，朱錫祿編著，濟南：山東美術出版社，1992 年 6 月一版，145 頁。

148. 《河南新鄭漢代畫象磚》，薛文璨、劉松根編，上海：上海書畫出版社，1993 年 10 月一版，181 頁。

149. 《上孫家寨漢晉墓》，青海文物考古研究所編撰，北京：文物出版社，1993 年 12 月初版，264 頁。

150. 《殷周金文集成》1～18 冊，中國社會科學院考古研究所編，上海：中華書局，1994 年 12 月初版。

151. 《漢代農業畫象磚石》，中國農業博物館編，北京中國農業出版社，1996 年 5 月一版，148 頁。

152. 《郭店楚墓竹簡》，荊門市博物館編撰，北京：文物出版社，1998 年 5 月一版，230 頁。

二、一般論著

1. 于省吾，《易經新證》，臺北：藝文印書館，民國 64 年 9 月三版，202 頁。

2. 于省吾，《尚書新證》，臺北：崧高書社，民國 74 年 4 月初版，306 頁。

3. 于汝波，《孫子學文獻提要》，北京：軍事科學出版社，1994 年 10 月 1

版，638 頁。

4. 方克，《中國軍事辨證法史（先秦）》，北京：中華書局，1992 年 5 月 1
版，525 頁。

5. 方授楚，《墨學源流》，香港中華書局香港分局，1989 年 3 月初版，上卷
228 頁，下卷 109 頁。

6. 支偉成，《孫子兵法史證》，收錄於《孫子集成・冊 20》，齊南，齊魯書
社，1993 年 4 月一版，515 頁。

7. 毛注青等編，《蔡鍔集》，長沙：湖南人民出版社，1983 年 1 月 1 版，645
頁。

8. 王國維，《觀堂集林》，臺北：河洛出版社，民國 64 年 3 月初版，1234
頁。

9. 王學理，《秦俑專題研究》，西安：三秦出版社，1994 年 6 月 1 版，655
頁。

10. 王蘧常，《諸子學派要詮》，香港：中華書局香港分局，1987 年 12 月重
印版，318 頁。

11. 中國軍事史編寫組，《兵壘》，北京：解放軍出版社，1991 年 2 月 1 版，
495 頁。

12. 中國大百科全書總編輯委員會，軍事編輯委員會，《中國大百科全書・軍
事 I、II》，北京：中國大百科全書出版社，1989 年 5 月初版，1539 頁。

13. 白川靜（日）著，溫天和，蔡哲茂譯，《金文的世界》，臺北：聯經出版
社，民國 78 年初版，246 頁。

14. 古棣，《孫子兵法大辭典》，上海：上海科學普及出版社，1994 年 12 月 1
版，852 頁。

15. 田旭東，《司馬法淺說》，北京：解放軍出版社，1989 年 5 月 1 版 1 刷，
146 頁。

16. 朱軍，《孫子兵法釋義》，北京：海潮出版社，1994 年 1 月三次印刷，354
頁。

17. 朱紹侯，《軍功爵制研究》，上海：上海人民出版社，1990 年 1 月 1 版，
289 頁。

18. 朱寶慶，《左氏兵法》，西安：陝西人民出版社，1991 年 10 月 1 版，306
頁。

19. 米哈伊洛夫（俄）著，楊少華譯，《蘇沃洛夫》，北京：解放軍出版社，
1991 年 11 月 4 刷，588 頁。

20. 江地，《捻軍史論叢》，北京：人民出版社，1981 年 9 月 1 版，384 頁。

21. 李宗侗，《中國古代社會史》，臺北：華岡出版社，民國 66 年 9 月 3 版，

278 頁。

22. 李均民，《孫臏兵法譯註》，石家莊：河北人民出版社，1992 年 6 月 1 版，72 頁。

23. 李京，《齊孫子兵法解》，北京：中國書店，1990 年 8 月 1 版，240 頁。

24. 李零，《司馬法譯註》，石家莊：河北人民出版社，1995 年 4 月 2 刷，78 頁。

25. 李零，《孫子兵法譯注》，石家莊：河北人民出版社，1992 年 6 月 1 版，89 頁。

26. 李零，《吳孫子發微》，北京：中華書局，1997 年 6 月 1 版，245 頁。

27. 李零，《孫子古本研究》，北京：北京大學出版社，1995 年 7 月 1 版，327 頁。

28. 李零，《長沙子彈庫戰國楚帛書研究》，北京：中華書局，1985 年 7 月 1 版，157 頁。

29. 李解民，《尉繚子譯註》，石家莊：河北，人民出版社，1994 年 4 月初版，149 頁。

30. 李亞農，《西周與東周》，上海：上海人民出版社，1966 年 11 月，200 頁。

31. 李德哈達（英）著，紐先鍾譯，《戰略論》，臺北：軍事譯粹社，民國 74 年 8 月增訂五版，433 頁。

32. 阮廷焯，《先秦諸子考佚》，臺北：鼎文書局，民國 69 年 3 月初版，280 頁。

33. 宋開霞，邵斌，《孫武孫臏兵法試說》，濟南：齊魯書社，1996 年 3 月 1 版，304 頁。

34. 克勞塞維茨（德）著，紐先鍾譯，《戰爭論》，臺北：軍事譯粹社，民國 69 年 3 月，1182 頁。

35. 呂思勉，《先秦學術概論》，上海：東方出版中心，1985 年 6 月，162 頁。

36. 呂思勉，《先秦史》，臺北：台灣開明書店，民國 66 年 6 月台六版，472 頁。

37. 呂思勉，《經子解題》，上海：華東師範大學出版社，1995 年 12 月 1 版，210 頁。

38. 余嘉錫，《四庫提要辨證》，二十四卷，臺北：藝文印書館，民國 86 年 9 月初版七刷。

39. 杜正勝，《編戶齊民》，臺北：聯經出版事業公司，民國 79 年 3 月初版，489 頁。

40. 佐藤堅司（日）著，高殿芳等譯，《孫子研究在日本》，北京：軍事科學出版社，1993 年 2 月一版，172 頁。

41. 岑仲勉,《墨子城守各編簡注》,收錄於《墨子集成》中,據民國 37 年排印本影印,臺北:成文出版社,民國 64 年,155 頁。

42. 吳樹平等,《六韜譯注》,石家莊:河北人民出版社,1995 年 4 月 2 刷,256 頁。

43. 吳龍輝,《原始儒家考述》,北京:中國社會科學出版社,1996 年 2 月一版,260 頁。

44. 帕諾夫(蘇)主編,李靜、袁亞楠譯,《戰爭藝術史》,北京:軍事科學出版社,1990 年 6 月一版,575 頁。

45. 周亨祥,《孫子全譯》,貴陽:貴州人民出版社,1994 年 12 月第 2 刷,129 頁。

46. 周微,《周秦軍事思想史》,臺北:純文學出版社,民國 62 年 6 月初版,77 頁。

47. 周書德、歐家芳,《白話孫子兵法》,西安:三秦出版社,1996 年 1 月 6 刷,206 頁。

48. 林麗娥,《先秦齊學考》,臺北:商務印書館,民國 81 年 2 月初版,629 頁。

49. 屈萬里,《先秦文史資料考辨》,臺北:聯經出版社,民國 72 年 2 月初版,頁 507。

50. 屈萬里,《尚書釋義》,臺北:華岡出版部,民國 73 年 11 月,250 頁。

51. 胡適,《先秦名學史》,上海:學林出版社,1996 年 6 月 2 刷,155 頁。

52. 胡適,《中國古代哲學史》,臺北:遠流出版社,民國 75 年 5 月四版,347 頁。

53. 胡自逢,《周易鄭氏學》,臺北:文史哲出版社,民國 79 年 7 月一版,315 頁。

54. 胡厚宣,《甲骨學商史論叢初集》,臺北:大通書局,民國 61 年 10 月初版,782 頁。

55. 洛托茨基等著,江永澄等譯,《戰爭史和軍事學術史》。南京,戰士出版社,1980 年 12 月一版,627 頁,圖 66 頁。

56. 徐焰,《軍事家毛澤東》,北京:中央文獻社,1997 年 3 月 4 刷,242 頁。

57. 徐文助,《孫子研究》,臺北:漢文書局,民國 66 年 3 月初版,229 頁。

58. 徐培根、魏汝霖,《孫臏兵法註釋》,臺北:黎明文化事業公司,民國 66 年 9 月五版,248 頁。

59. 約米尼(瑞士)著,紐先鍾譯,《戰爭藝術》,臺北:軍事譯粹社,民國 67 年 6 月新三版,385 頁。

60. 亞丹思密(英)著,嚴復譯,《原富》,臺北:商務印書館,民國 66 年 8

月台一版，978 頁。

61. 馬非百，《秦集史》，臺北：弘文館出版社，民國 75 年 10 月初版，1043 頁。

62. 高銳，《中國上古軍事史》，北京：軍事科學出版社，1989 年 8 月初版，604 頁。

63. 高銳主編，《中國軍事史略（上）》，北京：軍事科學出版社，1992 年 3 月初版，455 頁。

64. 高大倫，《張家山漢簡引書研究》，成都，巴蜀書社，1995 年 5 月 1 版，206 頁。

65. 馬基維利（意）著，何欣譯，《君王論》，臺北：中華書局，民國 59 年 3 月三版，129 頁。

66. 拿破崙（法）著，陳太先譯，《拿破崙文選》（上）、（下），北京：新華書店，1995 年 9 月 4 刷，（上）446 頁，（下）407 頁。

67. 格里芬（英）著，黃秀慧譯，《荷馬》，臺北：聯經出版社，民國 72 年 5 月初版，90 頁。

68. 梁啟超，《中國學術思想變遷之大勢》，臺北：中華書局，民國 78 年 6 月十版，104 頁。

69. 孫中原，《墨學通論》，瀋陽，遼寧教育出版社，1993 年 9 月出版，354 頁。

70. 姜國柱，《兵學與哲學》，瀋陽，瀋陽出版社，1993 年 6 月初版，259 頁。

71. 袁仲一，《秦始皇陵兵馬俑研究》，北京：文物出版社，1990 年 12 月 1 版，385 頁。

72. 郭沫若，《青銅時代》，《郭沫若全集·歷史編 1》，北京：人民出版社，1982 年初版，315〜618 頁。

73. 郭沫若，《卜辭通纂》，臺北：大通書局，民國 65 年 5 月初版，627 頁。

74. 郭沫若，《甲骨文研究》，《郭沫若全集·考古 1》，北京：科學出版社，1982 年 9 月初版，5〜155 頁。

75. 郭沫若，《兩周金文辭大系圖錄考釋（三）》，臺北：大通書局，民國 60 年 3 月初版，252 頁。

76. 郭化若，《孫子譯註》，上海：上海古籍出版社，1995 年七刷，215 頁。

77. 許保村，《中國兵書知見錄》，北京：解放軍出版社，1988 年 9 月 1 版，446 頁。

78. 康有為，《孔子改制考》，北京：中華書局，1988 年 3 月 3 刷，495 頁。

79. 麥克夸爾、費正清（美）編，蘇亮生等譯，《劍橋中華人民共和國史》，北京：中國社會科學出版社，1990 年 8 月一版，793 頁。

80. 章太炎，《國學略説》，臺北：河洛圖書公司，民國 63 年 10 月初版，228 頁。

81. 章太炎，《章氏叢書》，臺北：世界書局，民國 71 年 4 月再版，1143 頁。

82. 陳奇猷，《呂氏春秋校釋》，上海：學林出版社，1995 年 10 月三刷，1892 頁。

83. 陳恩林，《中國春秋戰國軍事史》，北京：人民出版社，1994 年 4 月一刷，236 頁。

84. 陳啓天，《商鞅評傳》，臺北：商務印書館，民國 75 年 2 月六版，135 頁。

85. 陳夢家，《卜辭綜述》，臺北：大通書局影印，708 頁。

86. 陳麗桂，《戰國時期的黃老思想》，臺北：聯經出版事業公司，民國 80 年 4 月初版。

87. 陸達節，《孫子考》，《孫子集成‧冊 22》，濟南：齊魯書社，1993 年 4 月一版一刷，538 頁（頁 449～968）。

88. 盛瑞裕、李學興、汪超宏，《十家注孫子兵法譯註》，吉林，吉林文史出版社，1995 年 8 月 1 版，757 頁。

89. 紐國平、王福成，《孫子釋義》，蘭州，甘肅人民出版社，1991 年 5 月 1 版，223 頁。

90. 崔適，《史記探源》，《二十五史三編》，長沙：岳麓書社，1994 年 12 月 1 版，70 頁。

91. 崔統華，《草盧經略譯註》，北京：解放軍出版社，1992 年 6 月 1 版，332 頁。

92. 黃葵，《孫子兵法》，成都，巴蜀書社，1996 年 9 月 2 版，333 頁。

93. 黃鞏，《孫子集註》，《孫子集成‧冊 20》，濟南：齊魯書社，1993 年 4 月一版一刷，90 頁。

94. 解放軍編寫組，《武經七書注譯》，北京：解放軍出版社，1986 年 8 月 2 刷，609 頁。

95. 粟裕，《粟裕戰爭回憶錄》，北京：解放軍出版社，1995 年 3 月 1 刷，652 頁。

96. 凱撒著，崔意萍、鄭曉林合譯，《凱撒的高盧戰記》，臺北：帕米爾書店，民國 73 年 3 月初版，318 頁。

97. 彭曦，《戰國秦長城考察與研究》，西安：西北大學出版社，1990 年 11 月初版，298 頁。

98. 鄄城縣孫臏研究會編，《孫臏初探》，山東：黃河出版社，1993 年 3 月初版，225 頁。

99. 曾國垣，《先秦戰爭哲學》，臺北：商務印書館，民國 61 年 8 月初版，176

頁。

100. 曾傳輝，《黃帝四經今譯‧老子今譯》，北京：中國社會科學出版社，1996 年 12 月 1 版，240 頁。

101. 張文儒，《中國兵學文化》，北京：北京大學出版社，1997 年 3 月 1 版，337 頁。

102. 張文穆，《孫子解故》，北京：國防大學出版社，1995 年 1 月 1 版二刷，366 頁。

103. 張立文，《氣》，北京：中國人民大學，1990 年 12 月 1 版，306 頁。

104. 張心澂，《偽書通考》，上海：上海書店，1998 年 1 月 1 版，1142 頁。

105. 張其昀，《中國軍事史略》，臺北：中華文化事業委員會，民國 45 年 11 月一版，211 頁。

106. 張舜徽，《漢書‧藝文志通釋》，《二十五史三編‧第三冊》，長沙：嶽麓書社，1994 年 12 月 1 版，85 頁。

107. 張懷飛等，《逸周書彙校集注》，上海：上海古籍出版社，1995 年 12 月 1 版，1335 頁。

108. 張震澤，《孫臏兵法校理》，北京：中華書局，1986 年 1 月第 2 次印刷，202 頁。

109. 彭林，《周禮主體思想與成書年代研究》，北京：中國社會科學出版社，1991 年 9 月 1 版，258 頁。

110. 馮友蘭，《中國哲學史新編冊一、冊二》，臺北：藍燈文化事業股份有限公司，民國 82 年 12 月，270 頁、516 頁。

111. 馮東禮，《何博士備論注譯》，北京：解放軍出版社，1990 年 10 月 1 版，274 頁。

112. 湯恩比著，陳曉林譯，《歷史研究》，臺北：遠流出版社，1987 年 11 月 1 版，1703 頁。

113. 董作賓，《殷曆譜》，臺北：藝文印書館，民國 66 年 1 月初版，766 頁。

114. 傅斯年，《性命古訓辨證》，臺北：新文豐出版社，民國 74 年 7 月 1 版，270 頁。

115. 葉瑛，《文史通義校注》，北京：中華書局，1994 年 3 月一版，1094 頁。

116. 葉雨濛，《漢江血》，北京：經濟日報出版社，1992 年 3 月 3 刷，284 頁。

117. 劉春生，《尉繚子全譯》，貴陽：貴州人民出版社，1994 年 3 月 2 刷，129 頁。

118. 劉云柏，《中國兵家管理思想》，上海：上海人民出版社，1995 年 2 月 2 刷，331 頁。

119. 劉仲平，《司馬法今註今譯》，臺北：商務印書館，民國 75 年 11 月修訂

初版，133 頁。

120. 劉仲平，《尉繚子今註今譯》，臺北：商務印書館，民國 73 年 3 月修訂初版，290 頁。

121. 劉師培，《劉申叔先生遺書》，臺北：京華書局，民國 59 年 10 月再版。

122. 劉春意、劉思起，《孫子兵法教本》，北京：國防大學出版社，1997 年 4 月 2 版，345 頁。

123. 劉心健，《孫臏兵法新編註譯》，洛陽，河南大學出版社，1989 年 8 月 1 版，156 頁。

124. 楊泓、于炳文、李力，《中國古代兵器與兵書》，北京：新華出版社，1992 年 12 月 1 版，124 頁。

125. 楊寬，《戰國史》，上海：上海人民出版社，1991 年 11 月八刷，605 頁。

126. 楊寬，《中國古代都城制度史研究》，上海：上海古籍出版社，1993 年 12 月 1 版，613 頁。

127. 楊寬，《古史新探》，台灣翻印，370 頁。

128. 楊炳安，《孫子集校》，民國 76 年 3 月再版，臺北：世界書局，80 頁。

129. 楊勝勇，《中國遠古暨三代軍事史》，北京：人民出版社，1994 年 4 月 1 版，149 頁。

130. 楊善群，《孫子》，臺北：知書房出版社，1996 年 5 月初版，352 頁。

131. 楊善群，《孫臏》，臺北：知書房出版社，1996 年 12 月初版，261 頁。

132. 楊善群，《孫子評傳》，南京：南京大學出版社，1992 年 3 月 1 版，561 頁。

133. 楊善群、勞允超、胡建新、劉向榮，《兵聖孫武》，北京：軍事科學出版社，1992 年 2 月 1 版，244 頁。

134. 鄧澤宗，《李靖兵法輯本註譯》，北京：解放軍出版社，1990 年 6 月 1 版，209 頁。

135. 德博諾編，蔣太培譯，《發明的故事》，北京：三聯書店，1986 年 12 月一版，747 頁。

136. 鄭良樹，《竹簡帛書論文集》，臺北：源流出版社，民國 71 年 12 月，363 頁。

137. 蔣方震，《國防論》，臺北：中華書局，民國 51 年 5 月初版，205 頁。

138. 蔣方震、劉邦驥，《孫子淺說》，《孫子集成·冊 20》，濟南：齊魯書社，1993 年 4 月一版一刷，83 頁（頁 91～174）。

139. 蔣禮鴻，《商君書錐指》，北京：中華書局，1986 年 4 月初版，164 頁。

140. 錢穆，《先秦諸子繫年》，臺北：東大圖書公司，民國 79 年 9 月，台北東大版再版，624 頁。

141. 戴溶，《管子學案》，上海：學林出版社，1994 年 6 月 1 刷，172 頁。

142. 藍永蔚，《春秋時期的步兵》，臺北：木鐸出版社，民國 76 年 4 月初版，353 頁。

143. 魏汝霖，《孫子兵法大全》，臺北：黎明文化事業公司，民國 75 年 7 月四版，388 頁。

144. 瞿方梅，《史記三家注補正》，《二十五史三編》，長沙：岳麓書社，1994 年 12 月 1 版，46 頁。

145. 瀧川資言，《史記會注考證》，臺北：天工書局，民國 82 年 9 月，1469 頁。

146. 羅振玉，《殷虛書契考釋》（增訂本），三卷，臺北：藝文印書館，民國 70 年 3 月四版。

147. 羅振玉、王國維合著，《流沙墜簡》，北京：中華書局，1993 年 9 月 1 版，294 頁。

148. 羅焌，《諸子學述》，長沙：岳麓書社，1995 年 3 月 1 版 1 刷，412 頁。

149. 譚戒甫，《墨辯發微》，北京：中華書局，1996 年 1 月四刷，510 頁。

150. 譚戒甫，《形名發微》，北京：中華書局，1996 年 2 月 3 刷，174 頁。

151. 顧實，《漢書藝文志講疏》，臺北：廣文書局，民國 77 年 10 月再版，262 頁。

152. 龔留柱，《武學聖典》，河南大學出版社，1995 年 6 月 1 版，314 頁。

三、論　文

1. 2081 部隊防化理論連理論小組，〈孫臏樸素的軍事辯證法〉，《文物》1975 年第 3 期，頁 9～13。

2. 丁山，〈由陳侯因資錞銘黃帝論五帝〉，《中央研究院歷史語言研究所集刊》第三本第四分，民國 22 年，頁 517～535。

3. 丁琇玲，〈銀雀山漢簡孫臏兵法之研究〉，（興大碩士論文），民國 84 年 6 月，167 頁。

4. 丁肇強，〈對孫子「凡戰者，以正合，以奇勝」試解〉，收錄於《孫子述要》，（臺北，台灣高等教育出版社，84 年 12 月一版），頁 162～171。

5. 毛澤東，〈抗日游擊戰爭的戰略問題〉，《毛澤東選集》第二卷，上海：人民出版社，1966 年 7 月 1 版，頁 373～406 頁。

6. 毛澤東，〈論持久戰〉，《毛澤東選集》第二卷，同上，頁 407～484。

7. 王學理，〈一幅秦代的陳兵圖──論秦俑坑的性質及其編成〉，《文博》38 期（1990 年 5 期），頁 169～185。

8. 王叔岷，〈論司馬遷述慎到、申不害及韓非之學〉，《中央研究院歷史語言

研究所集刊》第 54 本第一分，頁 75～99。

9. 王振鐸，〈司南指南針與羅經盤〉（上）（中）（下），《中國考古學報》第
三冊、四冊、五冊（民國 37 年 5 月，38 年 12 月，1951 年），頁 119～
259，185～223，101～176。

10. 王夢鷗，〈戰國時代的名家〉，《中央研究院歷史語言研究所集刊》第 44
本第三分，頁 499～540。

11. 王毓銓，〈爰田解〉，《萊蕪集》，北京：中華書局，1983 年 10 月一刷，頁
1～14。

12. 石璋如，〈周代兵制探源〉，《大陸雜誌，史學叢書第一輯・第三冊：先秦
史研究論集下》，（臺北，大陸雜誌社），頁 80～88。

13. 石璋如，〈殷墟最近之重要發現〉，《中國考古學報》，（民國 36 年），頁 1
～81。

14. 田昌五，〈孫武子評傳〉，收錄於《孫子兵法全譯・附錄三》中，濟南：
齊魯書社，1998 年 4 月 1 版，頁 106～128。

15. 安志敏，〈1952 年秋季鄭州二里岡發掘記〉，《考古學報》第 8 期（1954
年），頁 65～108。

16. 任繼愈，〈《孫臏兵法》的哲學思想〉，《文物》1974 年 3 期，頁 47～55。

17. 何雙全，〈天水放馬灘秦簡甲種《日書》考述〉，《秦漢簡牘論文集》（甘
肅文物考古研究所編），1989 年 12 月 1 版，頁 7～28。

18. 何法周，〈《尉繚子》初探〉，《文物》1977 年 2 期，頁 28～34。

19. 李解民，〈《尉繚子》臆札〉，《古籍整理與研究》第 4 期（1989 年 3 月），
頁 25～34。

20. 李零，〈讀《孫子》箚記〉，《孫子古本研究》，北京：北京大學出版社，
1995 年 7 月一版，頁 291～323。

21. 李零，〈關于銀雀山簡本孫子研究的商榷〉，《文史》第 7 輯（1979 年 12
月），頁 23～34。

22. 李零，〈《孫子》篇題木牘初論〉，《文史》第十七輯（1983 年 6 月），頁
75～85。

23. 李震，〈論西周國防及其對後世的影響〉，《中山學術文化集刊》第二集，
民國 57 年 11 月，頁 1～36。

24. 李正宇，〈敦煌郡的邊塞長城及烽警系統〉，《長城國際學術研討會論文
集》，1995 年 12 月，頁 183～188。

25. 李學勤，〈銀雀山簡《市法》講疏〉，《秦漢簡牘論文集》（甘肅文物考古
研究所編），1989 年 12 月 1 版，頁 70～76。

26. 李學勤，〈秦簡與《墨子》城守各篇〉，《李學勤集》，哈爾濱，黑龍江教

育出版社，1989 年 5 月 1 版 1 刷，頁 294～309。

27. 李學勤，〈新發現簡帛與秦漢文化史〉，前引書，頁 310～321。

28. 李學勤，〈中國數學史上的重大發現〉，前引書，頁 322～326。

29. 李學勤，〈馬王堆帛書與《鶡冠子》〉，前引書，頁 327～340。

30. 李學勤，〈再論楚文化的傳播〉，前引書，頁 341～350。

31. 李訓祥，〈先秦的兵家〉，國立台灣大學歷史研究所碩士論文，民國 79 年 1 月，257 頁。

32. 宋鎮豪，〈商代的軍事制度研究〉，《陝西歷史博物館館刊》第二輯（1995 年 6 月），頁 13～25。

33. 岳玉璽，〈孫武、孫臏戰爭觀之比較〉，《東岳論叢》1991 年第 5 期，頁 66～69。

34. 周生春，〈簡本《孫子兵法》的篇題與天、地含義考〉，《文史》第 38 輯 （1994 年 2 月），頁 249～253。

35. 吳康，〈戰國法家思想概述〉，《史學先秦史研究論集》，《大陸雜誌史學叢書第三輯・第一冊》，大陸雜誌社印行，頁 291～295。

36. 吳九龍，〈銀雀山漢簡齊國法律考析〉，《史學集刊》1984 年 4 期，頁 14～20。

37. 吳樹平，〈從臨沂漢墓竹簡《吳問》看孫武的法家思想〉，《文物》1975 年第 4 期，頁 6～13。

38. 姚季農，〈孫子十三篇思想淵源初探〉，收錄於《孫子十三篇語文讀本》，臺北：商務印書館，1995 年 9 月二版，頁 1～21。

39. 胡適，〈與錢穆先生論老子問題書〉，收錄於《古史辨第四冊下編・諸子叢考》，臺北：明倫出版社據樸社初版影印，民國 59 年 3 月初版，頁 411～414。

40. 胡適，〈諸子不出於王官論〉，《古史辨第四冊上編・諸子叢考》，同上，頁 1～7。

41. 胡適，〈說儒〉，《中央研究院歷史語言研究所集刊》第四本第三分，（民國 23 年），頁 233～284。

42. 胡適，〈杜威先生與中國〉，《胡適文選》，臺北：遠流出版社，民國 78 年 3 月四版，頁 13～22。

43. 涂又光，〈論屈原的精氣說〉，收錄於《楚史論叢》（湖北人民出版社，1984 年 10 月初版），頁 183～194。

44. 孫機，〈漢代軍服上的徽幟〉，《文物》1988 年 8 期，頁 89～90。

45. 高知群，〈獻俘禮研究〉（上）（下）、《文史》第三十五、三十六輯，（1992 年 6 月、1992 年 8 月）頁 1～20；頁 11～26。

46. 常弘,〈讀臨沂漢簡的《孫武傳》〉,《考古》1975 年四期,頁 210～212。

47. 馬亮寬、徐明文,〈試論孫臏的軍事心理思想〉,《孫臏初探》,濟南:黃河出版社,1993 年 3 月 1 版,頁 94～99。

48. 馬亮寬、徐明文,〈孫臏對孫武軍事地理和治軍理論的發展〉,前引書,頁 100～103。

49. 祝融,〈對《孫子兵法》註譯中幾個問題的探討〉,《兵家史苑》第二輯（1990 年 7 月）,頁 128～143。

50. 徐勇,〈《尉繚子》逸文蠡測〉,《歷史研究》1997 年第 2 期（1997 年 4 月）,頁 19～30。

51. 徐勇,〈讀《尉繚子・制談篇札記》〉,《鄭州大學學報》1988 年 2 期,頁 12～14。

52. 黃志賢,〈略論孫武軍事地形觀〉,《兵家史苑》第三輯,1992 年 1 月,頁 154～158。

53. 黃盛璋,〈《尉繚子・擒龐涓》篇古戰地考察和戰爭歷史地理研究〉,《中國古代史論叢》1981 年第三輯,頁 276～309。

54. 陳式平,〈先秦二孫戰略思想理論之比較研究〉（上）（下）,軍事雜誌 10、11 期,民國 73 年 7 月 20 日,8 月 20 日,頁 7～17,頁 14～22。

55. 陳式平,〈先秦各家軍事思想之評述〉,《軍事史評論》創刊號,民國 83 年 6 月,頁 43～55。

56. 陳昭容,〈戰國至秦的符節──以實物資料爲主〉,《中央研究院歷史語言研究所集刊》第 66 本第一分,（民國 84 年 3 月）,頁 305～366。

57. 陳彭,〈孫子命曰費留小議〉,《文史》第三十五輯（1992 年 6 月）,頁 80。

58. 陳寅恪,〈桃花源記旁證〉,《陳寅恪論文集》,臺北:九思出版社,民國 66 年 6 月增訂三版,頁 1166～1175。

59. 陳偉武,〈簡帛兵學文獻軍術考述〉,《華學》第 1 期（1995 年 8 月）,頁 122～138。

60. 陳榮捷,〈戰國道家〉,《中央研究院歷史語言研究所集刊》第 44 本第 3 分,頁 435～497。

61. 葉山,〈對漢代馬王堆黃老帛書性質的幾點看法〉,《馬王堆漢墓研究文集》（1994 年 5 月）,頁 16～26。

62. 葉山著,劉樂賢譯,〈論銀雀山陰陽文獻的復原及其與道家黃老學派的關係〉,《簡帛研究譯叢》第二輯,1998 年 8 月 1 版,頁 82～128。

63. 許荻,〈略談臨沂銀雀山漢墓出土的古代兵書殘簡〉,《文物》1974 年第 2 期,頁 27～31。

64. 許倬雲,〈周禮中的兵制〉,《大陸雜誌史學叢書第一輯,第三冊先秦研究

論集下》，（臺北，大陸雜誌社），頁 80～88。

65. 唐蘭，〈《黃帝四經》初探〉，《文物》1974 年 10 期，頁 48～52。

66. 唐蘭，〈蔑歷新詁〉，《文物》1979 年 5 期，頁 36～42。

67. 張烈，〈關于《尉繚子》的著錄和成書〉，《文史》第八輯（1980 年 3 月），頁 27～37。

68. 張書巖，〈試談「刑」字的發展〉，《文史》第 25 輯，（1980 年 3 月），頁 27～37。

69. 張震澤，〈《孫臏兵法·威王問》校理〉，《遼寧大學學報》1979 年 2 期，頁 89～96。

70. 張家山漢墓整理小組，〈江陵張家山漢簡概述〉，《文物》1985 年 1 期，頁 9～15。

71. 勞榦，〈戰國時代的戰爭〉，《勞榦學術論文集》，（臺北，藝文印書館，民國 65 年 10 月初版），頁 1139～1166。

72. 勞榦，〈戰國時代的戰爭方法〉，《勞榦學術論文集》，（臺北，藝文印書館，民國 65 年 10 月初版），頁 1167～1184。

73. 傅斯年，〈周東封與殷遺民〉，《中央研究院歷史語言研究所集刊》第四本第三分（民國 23 年），頁 285～289。

74. 傅斯年，〈戰國子家敘論〉，收錄於《中國通史論文選輯》（上），臺北：南天書局，民國 83 年 9 月三刷，頁 251～298。

75. 楊泓，〈一部貫澈法家路線的古代軍事著作——讀竹簡本《孫子兵法》〉，《考古》1974 年 6 期，頁 345～355。

76. 楊寬，〈「大蒐禮」新探〉，收錄于《古史新證》（台灣影印），頁 256～279。

77. 楊丙安、陳彭，〈《孫子》書兩大傳本系統源流考〉，《文史》第十七輯（1983 年 6 月），頁 65～73。

78. 楊丙安、陳彭，〈孫子兵學源流述略〉，《文史》第二十七輯（1986 年 12 月），頁 287～306。

79. 楊英杰，〈先秦旗幟考釋〉，《文物》1986 年第 2 期，頁 52～56。

80. 楊伯峻，〈孫臏和《孫臏兵法》雜考〉，《文物》1975 年第 3 期，頁 9～13。

81. 楊家駱，〈孫子兵法考〉，收錄於《孫子十家註》後，臺北：世界書局，民國 61 年 10 月新一版，頁 1～4。

82. 楊國勇，〈西周戰爭若干問題淺論〉，《西周史論文集》（下），西安：陝西人民教育出版社，1993 年 6 月 1 版 1 刷，頁 848～860。

83. 詹立波，〈《孫臏兵法》殘簡介紹〉，《文物》1974 年 3 期，頁 40～46。

84. 詹立波，〈略談臨沂漢墓竹簡《孫子兵法》〉，《文物》1974 年 12 期，頁 13～19。

85. 詹立波，〈《孫臏兵法》初探〉，收錄於《孫臏兵法》中，（1975 年 2 月），頁 1～23。

86. 趙達夫，〈孫臏兵法校補〉，《文史》第 39 輯（1994 年 3 月），頁 43～57。

87. 遵信，〈《孫子兵法》的作者及其時代〉，《文物》1974 年第 2 期，頁 27～31。

88. 壽湧，〈論春秋孫武非齊國陳書之後〉，《文史》第 40 輯（1994 年 9 月），頁 33～42。

89. 劉慶，〈孫子兵法研究述評〉，《兵家史苑第三輯》，（1992 年 1 月），頁 140～153。

90. 劉永恩，〈論姜子牙在周滅商中的歷史功績〉，《西周史論文集》，西安：陝西教育出版社，1993 年 6 月 1 版 1 刷，頁 926～932。

91. 劉仲平，〈孫子兵法一書的作者〉，收錄于《孫子兵法大全‧附錄》中，臺北：黎明文化事業公司，民國 75 年 4 月四版，頁 347～365。

92. 劉海年，〈戰國齊國法律史料的重要發現——談銀崔山漢簡《守法守令第十三篇》〉，《法學研究》1987 年第 2 期，頁 72～82。

93. 鄭良樹，〈孫子軍事思想的繼承和創新〉，《漢學研究》第十卷第 2 期（民國 81 年 12 月），頁 173～182。

94. 鄭良樹，〈論孫子的作成時代〉，《竹簡帛書論文集》，臺北：源流文化事業有限公司影印，民國 71 年 12 月，頁 47～86。

95. 鄭良樹，〈孫子續補〉，前引書，頁 101～114。

96. 鄭良樹，〈尉繚子斛正〉，前引書，頁 115～148。

97. 黎明釗，〈秦代什伍連坐制度之淵源問題〉，《大陸雜誌》第七九卷第 4 期（民國 78 年 10 月 15 日），頁 27～44。

98. 齊思和，〈孫子兵法著作時代考〉，收錄于《中國史探研》中，臺北：弘文館出版社，民國 74 年 9 月，頁 218～227。

99. 臨沂文物組，〈臨沂銀崔山漢墓發掘簡報〉，收錄于《孫臏兵法》中，北京：文物出版社，1975 年 2 月一刷，頁 143～151。

100. 衛今，〈從銀崔山竹簡看秦始皇焚書〉，收錄于《孫臏兵法》中，北京：文物出版社，1975 年 2 月一刷，頁 143～151。

101. 霍印章，〈論孫臏兵法與孫子兵法的師承關係〉，收錄於《孫臏初探》，濟南：黃河出版社，1993 年 3 月一版，頁 71～82。

102. 鍾柏生，〈卜辭中所見的殷代軍禮之二——殷代的戰爭禮〉，《中國文字》新 17 期（民國 82 年 3 月），頁 85～239。

103. 鍾柏生，〈卜辭中所見的殷代軍政之一——戰爭啓動的過程及其準備工作〉，《中國文字》新 14 期（民國 80 年 5 月），頁 95～156。

104. 鍾柏生，〈卜辭中所見的殷代軍禮之二——殷代的大蒐禮〉，《中國文字》新 16 期（民國 81 年 4 月），頁 41～165。

105. 鍾兆華，〈關于尉繚子某些問題的商榷〉，《文物》1978 年第 5 期，頁 60～68。

106. 鍾兆鵬，〈黃老帛書的哲學思想〉，《文物》1978 年第 5 期，頁 63～68。

107. 魏崇武，〈「節」的歷史考察之一〉，《殷都學刊》1996 年第 2 期，頁 46～51。

108. 羅根澤，〈戰國前無私家著作說〉，《古史辨·第四冊》，（台灣影印，書局、出版時間不詳），頁 8～68。

109. 羅福頤，〈臨沂漢簡概述〉，《文物》1974 年第 2 期，頁 32～35。

110. 羅獨修，〈白起戰功考〉（下），《簡牘學報》，第 12 期，民國 75 年 9 月，頁 147～184。

111. 羅獨修，〈長城在戰國時代之作用試探〉，《慶祝王恢教授九秩嵩壽論文集》（1997 年 5 月），頁 1～10。

112. 羅獨修，〈魏武三詔令問題平議〉，《簡牘學報》，第 13 期，民國 79 年 9 月，頁 163～231。

113. 嚴一萍，〈殷商天文志〉，《中國文字》新 2 期（民國 69 年 9 月），頁 1～60。

114. 嚴一萍，〈殷商兵志〉，《中國文字》新 7 期（民國 72 年 4 月），頁 1～82。

115. 龐樸，〈先秦五行說之壇變〉，《穰秀集》，上海：上海人民出版社，1983 年 3 月 1 版，頁 450～476。

附錄：從《春秋》三傳看周人羈縻、統御諸侯之術

提　要

　　武王克商，二年而崩，周公東征，使周室危而復安，開創周室八百年之基業。對周公之治術，後人追慕不已。王國維以比較殷周文化之異同，以觀「周公之聖，與周之所以王。」但胡厚宣卻認爲王國維之論點，十九皆當更正。春秋時代之韓起觀看易象與魯春秋，感歎的說：「吾乃今知周公之德，與周之所以王。」本文即分析春秋經傳，以觀周人綱紀天下之治術。

　　從春秋經傳分析歸納周人治術，約有以下五端。一、勢治，周人綱紀天下，首先確立一體之治，整個態勢是本大末小、內重外輕、層層節制、以大制小、以合制分及行不測之恩威，此種勢治理論，又可分爲政治上之勢治、軍事上之勢治、宗族上之勢治、地理形勢上之勢治。二、名治，以名責實，周天子以賜命、賜盟之方式，加強彼此間之契約關係。三、命卿與史官，爲了對地方諸侯一舉一動瞭如指掌，加強對地方之控制，維護周天子之最大利益，周天子特設命卿與史官。四、內外相維，天子維持封建秩序，諸侯則設法維持王室。諸侯之間，亦有同惡相恤之義務。五、認同，周人以認同之民族思想，強化諸姬、諸姬之婚姻國、華夏諸國之團結。周人以挽救同姓國免於淪亡爲大德；以伐滅同姓、引外族入侵爲大咎；兄弟之國見伐而不能救，則視之爲奇恥大辱；兄弟之國即使有紛爭，遇有外侮，則一致對外；兄弟之國內爭之際，不得借助外力。

　　魯之《春秋》確實透露出不少「周公之德，與周之所以王」之訊息。周

公安邦定國之治術表現在勢治、名治、完善之監察制度、內外相維與認同之民族思想上。其良法美意實開百代之太平，這些治術應是中國歷朝歷代分而能合、一再能重行建立統一帝國之主要原因。

壹、總　論

　　武王牧野一戰克商，如何有效控制廣大的新拓領土成爲周人面臨之更大挑戰，武王爲此愁得無法入寐。〔註1〕果然，武王克殷後，二年而崩，管叔、蔡叔群弟疑周公，與武庚作亂叛周，天下洶洶。雖成王占卜東征得吉兆，但庶邦君、庶士、御事，無不對東征深懷疑忌，認爲「艱大、民不靜。」勸成王「何不違卜？」〔註2〕此事充分說明創業固是艱難，守成更是不易。周公經過三年破斧缺斨的苦戰之後，〔註3〕一連串之軍政措施，使新造之周危而復安，開周室八百年之基業。後人對周制始終追慕不已，孔子更是到了寤寐以求之地步，晚年感嘆的說：「甚矣，吾衰也，久矣，吾不復夢見周公。」〔註4〕王國維以爲欲瞭解「周公之聖，與周之所以王。」可由比較殷周文化之異同知悉：

> 周人制度之大異於商者，一曰立子立嫡之制，由是而生宗法及喪服之制，並由是而有封建子弟之制，君天子臣諸侯之制。二曰廟數之制。三曰同姓不婚之制。此數者，皆周之所以綱紀天下。
>
> 自其裏言之，則舊制度廢而新制度興，舊文化廢而新文化興。又自其表言之，則古聖人之所以取天下及所守之者，若無以異於後世之帝王，而自其裏言之，則其制度文物與其立制之本意，乃出於萬世治安之大計，其心術與規摹，迥非後世帝王所能夢見也。〔註5〕

但胡厚宣詳析王國維所列之周人所大異於殷之內容，卻認爲：「其〈殷周制度論〉前在學術界所公認以爲不刊之定論者也，然由今日觀之，已十九皆當更

〔註1〕《逸周書》（朱右曾集訓校釋本）（臺北：世界書局，民國69年11月3版），卷5，〈度邑〉，頁118。

〔註2〕《尚書》（蔡沈集傳本）（臺北：世界書局，民國70年11月3版），第4卷，〈大誥〉，頁83。

〔註3〕《詩經》（朱熹集傳本）（臺北：世界書局，民國70年11月，5版），第3卷，〈豳・破斧〉，頁64。

〔註4〕《論語》（劉寶楠正義本）（臺北：世界書局，民國63年7月2版），卷8，〈述而〉，頁137。

〔註5〕王國維：〈殷周制度論〉，《觀堂集林》（臺北：河洛圖書公司，民國64年3月初版），卷10，頁453～454。

正。」〔註6〕是比較殷、周異同，未必眞能探知「周公之聖，與周之所以王。」

春秋時代晉國賢大夫韓起「聘魯，觀書于太史氏，見易象與魯春秋，曰：『周禮盡在於魯矣！吾乃今知周公之德，與周之所以王也。』」〔註7〕由此可知只要觀看《易象》、《魯春秋》即足以知「周公之德，與周之所以王。」《易象》作者所知不多，本文即透過《春秋》探索周人綱紀天下之道。春秋時代之韓起看《魯春秋》可以一目瞭然，但時移事變，後人若缺乏三傳、外傳，即使「閉門深思十年，亦不能知。」〔註8〕故本文引述資料兼及三傳、外傳。今本《魯春秋》是否全帙，顧炎武即有疑問：

> 春秋不始於隱公。晉韓宣子聘魯，觀書于太史氏，見易象與魯春秋，曰：周禮盡在魯矣。吾乃今知周公之德與周之所以王也。蓋必起自伯禽之封，以洎于中世。當周之盛，朝觀會同征伐之事皆在焉，故曰周禮，而成之者古之史也。（孟子雖言詩亡然後春秋作，然不應伯禽至孝公三百五十年全無記載。）自隱公以下，世衰道微，史失其官，于是孔子懼而修之。自惠公以上之文無所改焉，所謂述而不作者也。自隱公以下則孔子以己意修之，所謂作春秋也。然則自惠公以上之春秋，固夫子所善而從之者也。〔註9〕

韓起所見之春秋究竟是始自伯禽，抑或是隱公，今已無由知悉。但正因爲隱公以下，世衰道微，朝觀會同征伐之事皆在而且發生種種變化，興衰對比，有時反而更能看出周人早先綱紀天下高明深邃之處。顧棟高即云：「彝歎張氏謂春秋非是維王跡，乃著王跡之所以熄，最得春秋之旨。細看全經，……聖人之意，明白具見。」〔註10〕此或即韓起因之而發「周禮盡在魯矣！」之感嘆。

貳、從春秋經傳看周人綱紀天下之治術

從《春秋》經傳分析歸納周人羈縻、統御諸侯之術，約有以下五端：

〔註6〕 胡厚宣：〈殷代婚姻家族宗法生育制度考〉，《甲骨學商史論叢》，初集（臺北：大通書局，民國61年10月初版），頁169。

〔註7〕 《左傳》，昭公7年。

〔註8〕 桓譚：〈正經〉，《新論》第9，收錄於《全上古三代秦漢三國六朝文，全後漢文卷十四》，冊1中（北京：中華書局，1995年11月6刷），頁546。

〔註9〕 顧炎武：〈魯之春秋〉，《日知錄》（臺北：明倫出版社，民國60年10月初版），卷4，頁83。

〔註10〕 顧棟高：〈讀春秋偶筆〉，《春秋大事表》（尚志堂版）（臺北：廣學社，民國64年9月初版），頁117～118。

一、勢　治

　　周人綱紀天下，令嚴政行，首先確立一體之制，整個態勢是本大末小、內重外輕、層層節制、以大制小、以合制分、能在意想不到之時地行出奇不意之不測恩威。此種勢治理論，分析而言，有政治上之勢治、軍事上之勢治、宗族上之勢治、地理形勢上之勢治。

　　政治上之勢治對宗親、姻親而言是大行封建，以蕃屏周。富辰曰：

> 周公弔二叔之不咸，故封建親戚以蕃屏周。管、蔡、郕、霍、魯、衛、毛、聃、郜、雍、曹、滕、畢、原、酆、郇，文之昭也；邗、晉、應、韓，武之穆也；凡、蔣、邢、茅、胙、祭，周公之胤也。〔註11〕

祝佗云：「昔武王克商，成王定之，選建明德，以蕃屏周。」〔註12〕此二段話均明指周之大行封建實始於周公、成王之時。《史記·周本紀》云：

> （武王）於是封功臣謀士，而師尚父爲首封，封尚父於營丘曰齊，封弟周公旦於曲阜曰魯，封召公奭於燕，封弟叔鮮於管，弟叔度於蔡，餘各以次受封。

因不合當時形勢，其可信度遠在《左傳》敘事之下。傅斯年調合《史記》、《左傳》二種異說，以爲武王首行封建，周公東征後再行第二次之移封，〔註13〕因其舉證語多附會，所引詩經證明魯有二次分封實係誤解經文原意，故亦不可信。〔註14〕

〔註11〕《左傳》，僖公 24 年。

〔註12〕《左傳》，定公 4 年。

〔註13〕傅斯年：〈大東小東說〉，《中央研究院歷史語言研究所集刊》第 2 本 1 分（民國 21 年），頁 101～109。

〔註14〕傅文多所附會，周初所封七十餘國，〈大東小東說〉證明徙封者僅魯、燕、齊三國而已。即此三國，傅文云：「今以比較可信之事實訂之」，其所謂之比較可信之事實，實多所穿鑿，可以有種種不同之解釋，不一定是徙封之確證。如傅氏以燕本作郾，而河南亦有郾城，郾城縣又包括郾、召陵二縣，故以爲曰郾曰召不爲孤證。實際上中國地名即或相同，未必即有關連，傅氏言及召陵與召公有關，即係明顯附會，此召陵與召公應無關係，而與相距不遠均屬河南之穆陵實爲相對之稱呼。《左傳·僖公四年》：「南至于穆陵。」楊伯峻注云：「疑即今湖北省麻城縣北一百里與河南省光山縣、新縣接界之穆陵關。」傅氏以河南有魯山縣，其地當爲魯城之原，亦係明顯附會，魯有大、美好之意，爲吉慶之語，被用作地名，實再自然不過，未必即與魯國有關。其引《詩經·魯頌·閟宮》之詩：「王曰：叔父！嘉爾元子，俾侯于魯，大啓爾宇，爲周室輔！」所下案語「此敘周之原始，以至魯封。」詩中既稱叔父，則始封

　　周公大行封建，在封國之大小設計上，極具巧思。鄭之祭仲論及先王之制是：「都，城過百雉，國之害也。先王之制：大都，不過參國之一；中，五之一；小，九之一。」〔註15〕師服云：

　　　吾聞國家之立也，本大而末小，是以能固。故天子建國，諸侯立家，
　　　卿置側室，大夫有貳宗，士有隸子弟，庶人、工、商，各有分親，
　　　皆有等衰，是以民服事其上，而下無覬覦。今晉，甸侯也，而建國，
　　　本既弱矣，其能久乎？〔註16〕

故王畿千里，諸侯大國百里，中國七十里等依次遞減。漢代賈誼認為安天下之策是眾建諸侯而少其力，而周公在封國之開始設計上即未雨綢繆，採「眾建諸侯而少其力」之措施，避免尾大不掉、末大必折之遠憂。申無宇即論及「國為大城，未有利者。」「且夫制城邑若體性焉。」〔註17〕並論及層層節制實為周人得天下之主要原因。〔註18〕眾建又不致削弱地方諸侯力量至無以自存之地步。〔註19〕從地圖上可以看出周人分封之諸侯絕大多數連點成線，如邢、雍、胙、衛沿黃河北岸連線排列，制狄南下；管、蔡、曹、郕、滕、魯、齊連成一線，將商人勢力一切為二，直指東方濱海之域，且可防徐戎、淮夷勢力北犯；漢陽諸姬雖無法確知其為那些國家，但單由其名稱可知其為漢水以北之一連串姬姓國，其形勢應與邢、雍、胙、衛類似，連點成線，以防南方荊蠻勢力北犯。連點成線之諸侯國，在攻守態勢上可分可合，一遇危難、緊急狀況，又可互相支援，不致形成散局，為敵人各個擊破。齊桓公之盟國

周公之子于魯者即是成王，故《詩經・魯頌・閟公》其原意根本沒有絲毫徙封之痕跡。有關齊國徙封之證據則更顯薄弱，純就太公號為呂望，其子丁公為呂伋立說，「此父子之稱呂，必稱其封邑無疑也。」「然則齊太公實封于呂，其子猶嗣呂稱，後雖封于齊，當侯伋之身舊號未改也。」太公之稱為呂望，《史記・齊太公世家》實有直接而合理之解釋：「太公望呂尚者，東海上人。其先祖嘗為四嶽，佐禹平水土，甚有功。虞夏之際封於呂，或封於申，姓姜氏。夏商之時，申呂或封，枝庶子孫或為庶人，尚其後苗裔也。本姓姜氏，從其封姓，故曰呂尚。」

〔註15〕《左傳》，隱公元年。
〔註16〕《左傳》，桓公2年。
〔註17〕《國語》，卷17，〈楚語上・范無宇論國為大城未有利者〉。
〔註18〕《左傳》，昭公7年。
〔註19〕孟子即云：「……天子之地方千里，不千里不足以待諸侯；諸侯之地方百里，不百里不足以守宗廟之典籍。」見《孟子・告子下》（焦循正義本）（臺北：世界書局，民國63年7月2版），頁502。

江、黃即因過於孤立，以致爲楚所滅之際，齊桓公根本無從救援。〔註20〕

對宋國而言，周則採分而制之之方式。見之於《春秋》經傳者，殷民即被分之爲三，魯伯禽以殷民六族在山東建國，衛康叔以殷民七族至衛建國，〔註21〕微子啓率部分殷民建國曰宋。見之於《尚書·康誥》、〈多士〉、《逸周書·作雒》等篇尚有殷頑民被遷之於洛邑，見之於《詩經卷六·大雅·文王之什三之一》尚有殷民被遷之於豐、鎬。殷民分之爲五，力分則弱，在周人處心積慮算計之下，商終究是「天之棄商久矣」、「一姓不再興」。〔註22〕

周天子以朝聘巡狩之禮制，加強對地方諸侯之羈縻控制。單以上朝一事而論，諸侯面對的即是禍福頃刻之不測之局。見之於《公羊傳·莊公四年》者是：

> 大去者何？滅之也。孰滅之？齊滅之也。曷爲不言齊滅之，爲襄公諱也。春秋爲賢者諱。何賢乎襄公，復仇也。何仇爾，遠祖也。哀公亨乎周，紀侯譖之，以襄公之爲於此焉者，事祖禰之心盡也。

軍事上之勢治是天子六軍，大國三軍，次國二軍，小國一軍。秦蕙田引《左傳·莊公十六年》：「王使虢公命曲沃以一軍爲諸侯。」《左傳·閔公元年》：「晉侯作二軍，公將上軍，太子申生將下軍。」《左傳·襄公十四年》：「晉侯舍新軍，禮也。成國不過半天子之軍。周爲六軍，諸侯之大者，三軍可也。」以證周禮天子六軍之說。並云：「蕙田案，以上三條皆春秋邦國之軍近於周禮者，故列於此。」〔註23〕周天子之軍力超過任何兩個大國軍力之總和，因而能居於壓倒性之優勢，能有效掌控整個局勢，敉平各地叛亂，諸侯不敢僭越或有非分之想。

宗族上之勢治是以親間疏，以眾使寡。立子以嫡以長，嫡長子繼承家業（名分、財產、行政軍事主權），庶子無力抗衡，只有服從嫡長子領導，一方面可免除內部之惡性競爭，一方面可防止家大怕分之局面出現。故辛伯極諫：「並后、匹嫡、耦國，亂之本也。」〔註24〕在與外族、敵國競爭之際，勝負往往取決於同宗子孫之多寡。周文王克承大命，與周文王之「太姒嗣徽音，則百斯男。」

〔註20〕《穀梁傳》，僖公12年：「貫之盟，管仲曰：『江、黃遠齊而近楚，楚爲利之國也，若伐而不能救，則無以宗諸侯矣。』桓公不聽，遂與之盟。管仲死，楚伐江滅黃，桓公不能救，故君子閔之也。」

〔註21〕《左傳》，定公4年。

〔註22〕《左傳》，僖公22年。

〔註23〕秦蕙田：〈軍禮三·軍制〉，《五禮通考》（臺北：聖環圖書公司，民國83年5月1版），卷235，無頁碼。

〔註24〕《左傳》，桓公2年。

實有密切關連，在以親間疏之布局上，除掉武王、管叔、霍叔而外，文之召還有十六國。〔註25〕晉之士蒍即引《詩經‧大雅‧板之七章》：「懷德惟寧，宗子惟城。」並云：「君其修德，而固宗子，何城如之？」〔註26〕有鑑於此，故在娶妻妾上，天子一娶一百二十，諸侯一娶九女，天子多妻之目的非爲恣意享樂，而是「用備百姓」。在宗族人數上，亦設法形成內重外輕之有效統治形勢。此種競爭，在齊國姜、陳二姓之鬥爭最爲分明。〔註27〕

地理形勢上之勢治，可於周人之奠基鎬京、營建成周、遷商於宋，一目瞭然。周人龍興之地渭水流域，位居天下之上游，制天下之命者也。〔註28〕但在周公東征之後，對大東、小東已有鞭長莫及之勢，故成王「定鼎於郟鄏」，營建成周，〔註29〕可以居中制馭四方。顧棟高《春秋大事表‧卷四‧列國疆域表‧周》論及東周之形勢是：

> 案東遷後王畿疆域尚有今河南懷慶二府之地，兼得汝州，跨河南北，有虢國桃林之阨以呼吸西京；有申呂南陽之地，以控扼南服，又名山大澤不以封。虎牢、崤函，俱在王略，襟山帶河，晉鄭夾輔，光武創業之規模，不過是也。

名山大川不以封，其目的在防止負隅頑抗，如姜氏請制，鄭莊公即曰：「制，嚴邑也，虢叔死焉，佗邑惟命。」〔註30〕相反的，對於周之宿敵殷商，不但五分其地，且處心積慮封微子啓於四戰平坦之地。顧棟高對宋之立國形勢即有觀察入微之分析：

> 余嘗適汴梁，取道鳳陽，由歸德以西，歷春秋吳楚戰爭地及杞宋衛之郊，慨然思曰：周室棋布列侯，各有分地，豈無意哉。蓋自三監作孽，武庚反叛，周公誅武庚，而封微子于宋，豈非懲創當日武庚國于紂都，有孟門、太行之險，其民易煽，其地易震。而商邱爲四

〔註25〕《左傳》，僖公24年。

〔註26〕《左傳》，僖公5年。

〔註27〕《左傳》，昭公4年：「齊公孫竈卒，司馬竈見晏子曰：『又喪子雅矣。』晏子曰：『惜也！子旗不免，殆哉！姜族弱矣，而媯將始昌。二惠競爽猶可，又弱一個焉，姜其危哉！』」

〔註28〕顧祖禹：〈陝西方輿紀要序〉，起首一句即先聲奪人：「陝西據天下之上游，制天下之命者也。」見《歷代州域形勢》（臺北：樂天出版社，民國62年10月初版），頁451。

〔註29〕《左傳》，昭公32年；《左傳》，宣公3年。

〔註30〕《左傳》，隱公元年。

望平坦之地，又地近東都。日後雖子孫自作不靖，無能據險爲患哉！
〔註31〕

二、名　治

《莊子第五卷・天運》云：「孔子謂老聃曰：『丘治詩、書、禮、樂、易、春秋六經，以奸者七十二君，謂先王之道而明周、召之跡。』……」《莊子第十卷・天下》則云：「春秋以導名分。」驗之《春秋》經、傳，周天子綱紀天下之主要方式確是以名責實。春秋時代，名、盟、命可以互通，〔註32〕周天子主要治術即是賜命、賜盟。賜命、賜盟之載書有些是規定、限制，用以止惡。〔註33〕有些是立功而施予之賞賜，用以勸善。《荀子第十六卷・正名》稱：「刑名從商，爵名從周。」說明商人綱紀天下以刑爲主，而周人以賞爲主，最明顯的是周公東征獲勝之後，以賜命方式，大舉封建諸侯。〔註34〕太公戰功顯赫，周室封之於齊，其命辭有「東至于海，西至于河，北至無棣，南至穆陵，五侯九伯，女實征之。」之專誅大權。〔註35〕王室與後繼諸侯之間亦須不斷以賜盟、賜命方式，加強彼此間之契約關係。齊思和曰：

> 天子與諸侯俱係世襲，則一方死，他方必與新繼承人重行締結此等封建制之契約關係。是故新天子即位，諸侯須朝於新王，重受賜命，而諸侯之嗣位，亦須受王之同意與錫命，始得即位爲侯。於是雙方又重新締結契約關係焉。西洋中古時期之封建制度如是，而吾國古

〔註31〕 顧棟高：〈列國疆域表・宋疆域論〉，《春秋大事表》，卷4，頁717～718。
〔註32〕 孔子之「必也正名」，傅斯年釋之爲「正命」，意爲整飾命令、令典之意，是名即命，其詳可見傅斯年：《性命古訓辨證》（臺北：新文豐出版社，民國74年7月1版），頁82。《左傳》，定公13年：「荀躒言于晉侯曰：晉命大臣，始禍者死，載書在河。」載書是盟辭，而稱盟爲命，足徵盟、命可以互通。
〔註33〕 如孟子言及今之諸侯五霸之罪人所敘齊桓公葵丘之盟之盟辭：「無曲防、無遏糴、無有封而不告」、「無專殺大夫」等，見《孟子》（焦循正義本），〈告子下〉，頁497。
〔註34〕 《左傳》，定公4年：「子魚曰：『以先王觀之，則尚德也。昔武王克商，成王定之，選建明德，以蕃屏周。故周公相王室以尹天下，於周爲睦。分魯公以大路、大旂、夏后氏之璜、封父之繁弱、殷民六族，……使帥其宗氏，輯其分族，將其醜類，以法則周公，用即命于周，……因商奄之民，命以伯禽而封於少皞之虛。分康叔以大路、少帛、綪茷、旃旌、大呂，殷民七族，……命以康誥而封於殷虛，……分唐叔以大路、密須之鼓、闕鞏沽洗、懷姓九宗，職官五正，命以康誥而封於夏虛。……周公舉之（蔡仲），以爲己卿士，見諸王，而命之以蔡，其命書云：王曰：胡！無若爾考之違王命也。……』」
〔註35〕 《左傳》，僖公4年。

代之封建制度亦如是也。〔註36〕

齊思和以《白虎通》、《韓詩內傳》、《伯晨鼎銘》、《詩經・大雅・韓奕》爲此說立論之依據。若據《左傳》，則春秋之世新立諸侯得周室重行賜命者，亦屢有所見，如晉惠公即位，「天王使武公、內史過賜晉侯命。」〔註37〕魯桓公八年，「王命虢仲立晉哀侯之弟緡于晉。」〔註38〕亦有不少出之於事後之追封，如僖公二十八年，「夏四月，晉侯敗楚師于城濮，作王宮于踐土。五月丁未，獻楚俘于王，王享醴，命晉侯宥，王命尹氏及王子虎策命晉侯爲侯伯。」魯文公元年，「天王使毛伯來賜公命。」成公八年，「秋使召桓公賜魯侯命。」襄公十四年，「王使劉定公賜齊侯環命。」〔註39〕若諸侯有失檢點，天子亦可嚴加貶黜。〔註40〕以篡弒方式得國者，其未來之興衰成敗，往往取決於王室之態度。衛州吁弒君，未能和民，希望以「王覲」賜命定國，未成而死。〔註41〕而「王使虢公命曲沃伯以一軍爲晉侯。」〔註42〕使篡了大宗之曲沃伯之政治地位能有磐石之安。有特殊表現者，周天子往往予之特殊之榮寵。桓公九合諸侯，維持華夏文化免於淪亡，天子賜胙，特命「以伯舅耋老，加勞，賜一級，無下拜。」〔註43〕晉文公城濮敗楚，周天子命晉侯爲侯伯，賜服、弓矢、秬鬯、虎賁三百，曰：「王謂叔父，敬服王命，以綏四國，糾逖王慝。」〔註44〕周室一再以重行賜命、或重加賞賜、或嚴加貶抑之方式，收放隨心，以加強對地方諸侯之羈縻、控制，其權力之可收可放，比之行郡縣之天子，殊無二致。秦始皇、李斯以爲封建是「未來樹兵」、「後屬疏遠相攻擊如仇讎」，〔註45〕此種誤解實肇因於始皇、李斯只見

〔註36〕齊思和：〈周代賜命禮考〉，《中國史探研（古代篇）》（臺北：弘文館出版社，民國74年4月初版），頁63。

〔註37〕《左傳》，僖公11年。

〔註38〕《左傳》，桓公8年。

〔註39〕分見《左傳》，僖公28年、文公元年、成公8年、襄公14年。

〔註40〕《春秋經》，桓公4年：「滕子來朝」杜預注云：「隱十一年稱侯，今稱子者，蓋時王所黜。」顧棟高對此事所下之案語是：「案樂正子記，滕薛旅朝隱公，桓王聞之，微朝，滕子以子往，薛以伯往，王怒皆黜。」見《春秋大事表》，卷20，〈王跡拾遺表・桓二年〉，頁2119。周天子貶黜滕薛，時在東遷之後。在其全盛時期其陟罰臧否，可喜怒隨心，自是意料中事。

〔註41〕《左傳》，隱公4年。

〔註42〕《左傳》，莊公16年。

〔註43〕《左傳》，僖公9年。

〔註44〕《左傳》，僖公28年。

〔註45〕《史記》，秦始皇本紀第六。

其後（東周諸侯兼併膨脹、尾大不掉之實況）而未見其前（西周王室如臂使指指揮諸侯）。

　　春秋時代，王室雖已陵夷，但王命依然是諸侯行事之依據。鄭莊公南征北討，喧赫一時，其口號往往是「以王命討不庭。」〔註46〕齊師伐魯，魯國面臨室如懸磬，野無青草之窘境，但展喜居然能以「其若先君之命何？」說退齊師。〔註47〕齊桓霸業之最高潮是南征荊楚，其理由是「昔召康公命我先君太公曰：『五侯九伯，女實征之，以夾輔周室！』賜我先君履，東至于海，西至于河，南至于穆陵，北至于無棣。爾貢苞茅不入，王祭不共，無以縮酒，寡人是徵；昭王南征而不復，寡人是問。」〔註48〕葵丘之盟之盟辭，實重申天子之禁命。〔註49〕晉齊鞍之戰，齊軍潰不成軍，晉將郤至迫齊「以蕭同叔子爲質，而使齊之封內盡東其畝。」賓媚人特舉此等苛求有違王命，迫使郤至收回成命。〔註50〕王子朝反景王之命，亦以其違反先王「立子以適以長以德」之命爲辭。〔註51〕

　　諸侯須向天子繳納之貢賦，春秋時代轉而向霸主繳納，其貢賦多寡之數目，大體上仍以周人班貢之數做爲徵收之依據。〔註52〕

　　爲了以名求實、責成實效、維持王室之禮制及尊嚴、推行政令、防止臣下諸侯違禮亂紀，周天子及其大臣均有以禮（理）折人、服人之素養。周室東遷，王室雖已陵夷，但周天子及其大小官吏以名折人之能力，仍能在可能範圍內維持王室之尊嚴，對意圖越雷池一步之冒犯者，予以當頭棒喝。晉文公之請隧、鞏朔之獻齊捷、楚子之問鼎，均爲周天子本人或其朝臣說得無言可答。〔註53〕

〔註46〕 《左傳》，隱公元年：「君子謂鄭莊公，于是可謂正矣，以王命討不庭。」
〔註47〕 《左傳》，僖公26年。
〔註48〕 《左傳》，僖公4年。
〔註49〕 《穀梁傳》，僖公9年：「葵丘之盟，陳牲而不殺，讀書，加于牲上，壹明天子之禁，曰：毋壅泉，毋訖糴，毋易樹子，毋以妾爲妻，毋使婦人與國事。」
〔註50〕 《左傳》，成公2年。
〔註51〕 《左傳》，昭公26年。
〔註52〕 其詳可見子產爭承的一段話：「昔天子班貢，輕重以列，列尊貢重，周之制也。卑而貢重者，甸服也。鄭伯，男也，而使從公侯之貢，懼弗給也，敢以爲請。諸侯靖兵，好以爲事，行理之月，無月不至，小國有闕，所以得罪也。諸侯修盟，存小國也。貢獻無極，亡可待也。存亡之制，將在今矣。」見《左傳》，昭公13年。
〔註53〕 晉文公請隧，見《左傳》，僖公25年；鞏朔獻齊捷，見《左傳》，成公2年；楚子問鼎，見《左傳》，宣公3年。

齊思和以爲當春秋之世，錫命禮僅爲粉飾之具文、失其眞，王室式微，實權已失，諸侯放恣，目無天子。〔註54〕按之實際，不但春秋之世其效用未嘗全失，而且直至戰國初年，篡弒之賊臣，對於天子之賜命仍是不敢等閒視之，取得名分與否往往爲國家存亡之關鍵。司馬光即以「初命晉大夫斯、趙籍、韓虔爲諸侯」作爲春秋、戰國時代一大分野。並以爲：

> 不請於天子而自立，則爲悖逆之臣。天子苟有桓、文之君，不必奉禮義而征之。今請於天子而天子許之，是受天子之命而爲諸侯也，誰得而討之！故三晉之列爲諸侯，非三晉之壞禮，乃天子自壞之也。

〔註55〕

三、命卿與史官

爲了對地方諸侯之一舉一動能瞭如指掌，加強對地方之控制，維護周天子之最大利益，周天子特設命卿及史官。王室嫁女於地方異姓諸侯則是以最溫和之方式達到同樣羈縻、知情之有效方法。

《禮記卷第四・王制第五云》：「大國三卿，皆命于天子；次國三卿，二卿命於天子，一卿命於君。」此一記錄與《左傳》之說法適相符合。〔註56〕命卿由周天子派往諸侯國任職，一方面是輔佐地方諸侯處理部分政務、軍務，一方面是對天子盡其監視地方諸侯之責。在天子、諸侯有事須聯絡、磋商之際，命卿爲當然中間人。爲防止地方諸侯蒙蔽中央，故匯報地方政情，依禮周天子只接受命卿之上報。如：「晉侯使鞏朔獻齊捷于周，王弗見，使單襄公辭焉。」拒見理由之一即晉「不使命卿鎮撫王室，所使來撫余一人，而鞏伯實有，未有職司於王室。」〔註57〕上承王命以宣示地方諸侯，亦是命卿主要職責之一。〔註58〕

史官爲周派駐諸侯國、世代相承之記事官。歸納分析《春秋》之記事內容，大體爲盟會、戰爭、滅國、饑荒、弒父、弒君、專殺大夫、蝗災、天文

〔註54〕齊思和：〈周代賜命禮考〉，《中國史探研（古代篇）》，頁66。
〔註55〕司馬光：《資治通鑑》（臺北：世界書局，民國66年5月8版），卷1，〈周紀一・威烈王二十三年〉，頁60。
〔註56〕《左傳》，僖公12年：「冬，齊侯使管夷吾平戎于王，……王以上卿之禮饗管仲。管仲辭曰：『臣賤有司也。有天子之二守國高在。若節春秋來承王命，何以禮焉，陪臣敢辭。』」
〔註57〕《左傳》，成公2年。
〔註58〕《左傳》，僖公12年云：「若節春秋來承王命。」

異象、葬天子、葬諸侯、朝聘策命、築城、軍事變革，無一不與封建體制息息相關。史官主要職責實爲對周天子負責，其記事內容之主要閱讀者實亦爲周天子，故晉人弑晉靈公，董狐書曰：「趙盾弑其君夷皋。」崔杼弑齊莊公，太史書曰：「崔杼弑其君光。」史官記事之目的實以維護封建禮制爲其主要目的，故各諸侯國發生任何違反封建禮制之事，史官立刻秉筆直書，直向匯報中央，供中央裁決，設法誅除違法亂紀之亂臣賊子，故《春秋》確是「天子之事」，故當天子尚有威權之時，違法亂紀之事，鮮有所聞。史官之記事橫向赴告諸侯，希望諸侯能「同惡相恤」。《左傳》稱《春秋》對於他國之事是赴告則書，不赴告則不書。諸侯間之赴告，稽其內容，實以遭遇危難，希望他國能施以援手爲主。如狄人伐邢，邢國赴告於齊。〔註59〕燕大夫比逐燕簡公，燕簡公史官赴告諸侯：「北燕伯款出奔齊。」〔註60〕王室有內亂、外患、災禍，亟須諸侯援手，王室史官亦赴告各地諸侯，請諸侯平亂。如王子帶之亂，周襄王曰：「先后其謂我何？寧使諸侯圖之。」〔註61〕周平王東遷，王綱解紐，立時出現「弑君三十六，逐君一十二。」周天子對於討伐亂臣賊子已是力不從心，但史官卻依然盡忠職守，有事則書，面對強梁，死而無悔，能否伸討亂臣賊子是天子之事，記錄與否是史官之事。史官之能力僅限於口誅筆伐。但單只口誅筆伐，亦足令「亂臣賊子懼」。董狐記下之「趙盾弑其君」、齊太史記下之「崔杼弑其君」，造成以後趙、崔兩家滅族之禍。寧殖出君，至死猶以此事爲大感。〔註62〕管仲勸齊桓公救邢以從簡書，理由亦是畏懼史官簡冊上之記載。〔註63〕

周人採外婚制度。天子之女下嫁諸侯。此舉明著是加強天子與諸侯之關係，暗著是監視諸侯之一舉一動。只要娶了天子之女，地方諸侯「安得晏然而已乎！」。〔註64〕

〔註59〕 《春秋經》，莊公32年；《左傳》，閔公元年。

〔註60〕 《左傳》，昭公13年。

〔註61〕 《左傳》，僖公24年。

〔註62〕 《左傳》，襄公2年：「衛寧惠子疾，召悼子曰：『吾得罪於君，悔無及也，名藏在諸侯之策曰：『孫林父、寧殖出其君。』君入，則掩之。若能掩之，則吾子也。若不能，猶有鬼神，吾有餒而已，不來食矣。』」

〔註63〕 《左傳》，閔公元年。

〔註64〕 魯仲連反對帝秦，理由之一是「彼又將使其子女讒妾爲諸侯妃姬，處梁之宮，梁王安得晏然而已乎！」見《戰國策》（臺北：河洛圖書公司，民國69年8月，影印初版），卷20，〈秦圍趙之邯鄲〉，頁708。

四、內外相維

　　周代治術不純粹是上對下之高壓，其中尚有內外互相支撐、扶持之處，使周之封建態勢能維持長久之不敝不敗，能應付各種突發之意外狀況。這種內外相維之治術，分析而言約有以下三端。

　　一是政治、軍事上之內外相維。天子設法維持封建秩序，保障地方諸侯安全，諸侯則設法維護王室。西周盛時是「天下有道，禮樂征伐自天子出。」見之于《汲冢紀年存眞》，未有諸侯征戰，只有周昭王南征荊楚、穆王北征西征伐紆、夷王命虢公帥六師伐太原之戎，以及宣王對西戎北狄之一連串征戰。〔註65〕春秋早期，遇有小宗攻伐大宗、不用王命之違反封建禮制之舉，周桓王屢次興兵討伐，如隱公五年之「曲沃莊伯以鄭人邢人伐翼，王使尹氏武氏助之。翼侯奔隨，曲沃叛王，王命虢公伐曲沃而立哀侯。」〔註66〕桓公五年，「鄭伯不朝王，（周桓）王以諸侯伐鄭，王卒大敗。」〔註67〕葵丘之盟之具體內容是「毋壅泉、毋訖糴、毋易樹子，毋以妾爲妻，毋使婦人與國事。」「無有封而不告。」其中「毋壅泉、毋訖糴」係以維持一共榮共存之經濟體系爲目的；「毋易樹子、毋以妾爲妻、毋使婦人與國事。」是在預先堵塞亂源；「無有封而不告」係限武談判。這些條目均以維持封建體制爲著眼點，《穀梁傳》明言此均是「壹明天子之禁」。〔註68〕天子這些禁命說明天子負有維持華夏國家共榮共存之責任。爲謀華夏國家之長久和平，周天子有時亦擔任和平公約之保證人，如魯人追溯成王賜盟，希望齊、魯之後世子孫能長期和睦相處：

> 昔周公、太公股肱周室，夾輔成王。成王勞之，而賜之盟，曰：「世世子孫，無相害也！」載在盟府，太師職之。〔註69〕

天子或盟主爲了取信諸侯，以興滅繼絕爲大德。武王克商，不滅商之祀；周公東征之後，仍立微子啓於宋，只是其立國之地愈來愈小而已。呂思勉云：

> 古有所謂興滅國、繼絕世者，書傳以爲美談，實則貴族之互相迴護而已。說見《尚書·大傳》曰：「古者諸侯始受封，必有采地。百里

〔註65〕朱右曾：《汲冢紀年存眞》（歸硯齋藏本）（臺北：新興書局，民國48年12月初版），卷2，頁72～85。

〔註66〕《左傳》，隱公5年。

〔註67〕《左傳》，桓公5年。

〔註68〕其中除「無有封而不告」，見《孟子》〈告子下〉外，其餘均見《穀梁傳》，僖公9年。

〔註69〕《左傳》，僖公26年。

諸侯以三十里，七十里諸侯以二十里，五十里諸侯以十五里。其後
子孫雖有罪黜，其采地不黜，使其子孫之賢者，守之世世，以祠其
始受封之人。此之謂興滅國、繼絕世。」〔註70〕

齊桓公挾天子、令諸侯，爭取諸侯支持之主要方法亦是興亡繼絕。公子目夷
云：「……齊桓公存三亡國以屬諸侯，義士猶曰德薄。……」〔註71〕

相反的，王室有難，往往亦須仰仗諸侯之力靖難。齊人淳于越建議始皇
封建子弟之理由是：

殷周之王千餘歲，封子弟功臣，自爲支輔。今陛下有海內，而子弟
爲匹夫，卒有田常六卿之患，臣無輔弼，何以相救哉？事不師古而
能長久者，非所聞也。〔註72〕

此論論及殷周封建爲求外援支持之目的極其中肯。見之於歷史者，如：

（頹叔、桃子）遂奉大叔以狄師攻王，王卿士將禦之，王曰：「先后
其謂我何？寧使諸侯圖之。」王遂出。……〔註73〕

王子朝使告於諸侯，明言周之封建目的在內外相救：

昔武王克殷，成王靖四方，康王息民，並建母弟，以蕃屏周，亦曰：
「吾無專享文武之功，且爲後人之迷敗傾覆而溺入于難，則振救
之。」……

並歷數王室亂政、遇難，諸侯靖亂之諸多史實，如厲王無道，諸侯釋位干政；
攜王奸命，諸侯廢之；惠襄辟難，則有晉、鄭咸黜不端。〔註74〕

除王室與諸侯間有政治、軍事上之內外相維作用外，諸侯之間亦有互相
扶持之責任、義務。見之於春秋記事，史官有赴告之舉。燕大夫比殺燕簡公
之外嬖，燕簡公懼而奔齊，燕史官赴告於魯：「北燕伯款出奔齊。」〔註75〕狄
人伐邢，管仲於諸侯相恤救難之義務說得極其明白：

戎狄豺狼，不可厭也；諸夏親暱，不可棄也；宴安酖毒，不可懷也。
詩云：「豈不懷歸，畏此簡書。」簡書，同惡相恤之謂也。請救邢以

〔註70〕呂思勉：〈政治制度〉，《先秦史》（臺北：開明書店，民國66年6月臺6版），
第14章，頁376。
〔註71〕《左傳》，僖公19年。
〔註72〕《史記》，〈李斯列傳第二十七〉。
〔註73〕《左傳》，僖公24年。
〔註74〕《左傳》，昭公26年。
〔註75〕《左傳》，昭公3年。

從簡書。〔註76〕

二是民族上之內外相維。周人將殷民五分，分居五地之殷民實有榮辱、禍福與共之關連性。如《國語》所述鄭桓公在宗周爲司徒，但卻能「甚得周眾與東土之人。」〔註77〕白川靜對此事之解釋是：

> 殷之遺民，亦不僅在洛陽一地，蓋移往宗周者亦夥。……此等移入陝西之殷民中，鄭人當居多數，陝西有鄭之地名，並非自桓公始，蓋在彼以前即有鄭人居留地而然也。……「甚得周眾與東土之人」，「周人皆説，河洛之間，人便思之」云云，可見，此亦即桓公在華縣之鄭，愛彼鄭人，在河南之鄭亦大獲人望。〔註78〕

實際上此種民族舉措，不只限於商人，對於位尊權高之周人，亦以此種方式加以羈縻、維繫。周公之子伯禽封之於魯，召公之子封之於燕。但周公、召公仍率部分族人供職於宗周，其本人及其後世子子孫孫世世代代爲天子效力。〔註79〕

與民族二分一樣產生榮辱、禍福與共之效果者，尚有葬地。周人控有諸侯祖先之葬地，亦可產生同樣羈縻控制之效。《禮記卷第七‧檀公》云：「（齊）五世反葬于周。」傅斯年以爲「『太公望封之於營丘，比及五世，皆反葬于周。』營丘之不穩可知也。」〔註80〕詳《禮記‧檀公》前後文意太公及其五世孫歸葬只是葉落歸根，以示從先公居，表示不忘本之意。在周天子方面而言，歸葬一事亦可產生相當之羈縻作用。如南越王先人冢在漢境，〔註81〕漢即以此優勢，迫南越王臣屬於漢廷。〔註82〕

三是與異姓諸侯聯姻之內外相維。周人以聯姻方式加強中央與地方諸侯之維繫。周人與姜齊有密切之婚姻關係，早期確實達到兩邦爲一之效果。鄭

〔註76〕《左傳》，閔公元年。
〔註77〕《國語》，卷第16，〈鄭語〉。
〔註78〕見陳槃：《春秋大事表列國爵姓及存滅表譔異》（臺北：中央研究院歷史語言研究所，民國77年6月3版），冊1，所引述白川靜之說法，頁125～127。
〔註79〕見之於《春秋》經、傳，在桓、莊、僖、惠、襄、頃、匡、成、簡王九朝，周公均爲王之卿士；在匡、定王時，召公爲王之卿士。其詳可參看《春秋大事表》，卷20，〈王跡拾遺表〉，頁2119～2137。
〔註80〕傅斯年：〈周東封與殷遺民〉，《中央研究院歷史語言研究所集刊》第2本第2分，頁105。
〔註81〕《史記》，〈南越尉佗列傳第五十三〉：「漢文帝乃爲佗親冢在眞定置守邑，歲時奉祀。」
〔註82〕《史記》，〈酈生陸賈列傳第三十七〉。

太子忽以齊大非耦，其後因失外援以致失國。〔註83〕周人之婚姻對象除姜齊之外，尚有宋、夏、陳、薛、狄等國，加強其附遠別厚之宗族影響力。因爲聯姻，使原本無血緣聯繫之異姓國，達到血緣聯繫之目的。

五、認　同

　　周人以認同之民思想，強化諸姬、諸姬之婚姻國、華夏諸國之團結。西周初年之史佚即曰：「非我族類，其心必異。」〔註84〕《公羊傳》主旨三科九旨之一即是「春秋內其國而外諸夏，內諸夏而外夷狄。」〔註85〕周人以親親、認同爲常道，周人封建之初，「召穆公思周德之不類，故糾合宗族于成周而作詩，曰：『常棣之華，鄂不韡韡，凡今之人，莫如兄弟。』……」富辰引伸召穆公的話，云：

　　　　周之有懿德也，猶曰：「莫如兄弟」，故封建之。其懷柔天下也，猶

　　　　懼有外侮，扞禦侮者，莫如親親，故以親屏周。〔註86〕

以挽救華夏國家免於淪亡爲大德；〔註87〕以伐滅同姓、引外族入侵爲大咎；〔註88〕兄弟之國見伐而不能救，則視之爲奇恥大辱；〔註89〕兄弟之國即使有紛爭，遇有外侮，則一致對外；〔註90〕兄弟之國內爭之際，不管結果如何，均不得引外人爲助，殘殺兄弟之國。〔註91〕周人之認同感由兄弟之國擴至甥舅之國。與甥舅之國即或衝突戰爭獲勝，亦不可向周室獻功，用以表示「敬親暱，禁

〔註83〕《左傳》，桓公 6 年。

〔註84〕《左傳》，成公 4 年。

〔註85〕《公羊傳》，成公 15 年。

〔註86〕《左傳》，僖公 24 年。

〔註87〕《左傳》，僖公 19 年：「司馬子魚曰：『……齊桓公存三亡國以屬諸侯，義士猶曰德薄。……』」

〔註88〕如曹伯之豎侯獳指斥晉文公不如齊桓公：「齊桓公爲會而封異姓，今君爲會而滅同姓。……」見《左傳》，僖公 28 年；周人指斥晉人引狼入室：「王使詹伯辭於晉，曰：『……昔先王居檮杌于四裔，以禦螭魅，故允姓之姦居于瓜州。伯父惠公歸自秦，而誘以來，使偪我諸姬，入我郊甸，戎有中國，誰之咎也。……』」見《左傳》，昭公 9 年。

〔註89〕《左傳》，僖公 28 年：「（晉文）公曰：『若楚惠何？』欒貞子曰：『漢陽諸姬，楚實盡之。思小惠而忘大恥，不如戰也。』」

〔註90〕《左傳》，僖公 24 年：「其四章曰：『兄弟鬩於牆，外禦其侮。』如是，則兄弟雖有小忿，不廢懿親。」

〔註91〕《國語》，卷第 2，〈周語中〉：「富辰曰：『……且夫兄弟之怨，不徵於他，徵於他，利乃外矣。』」

淫慝也。」〔註92〕再擴大為華夏國家間共榮共存之認同。〔註93〕西周之世周天子以親親之認同思想使姬姜等國通力合作，共創局面。時至春秋，霸主則以認同諸夏之方式挽救「南夷與北狄交，中國不絕如線。」之局面，使華夏國家危而復安。〔註94〕此種親親認同之民族思想加強了周天子與地方諸侯之團結、和諧，加強了地方諸侯間之團結、和諧。

參、結 論

魯之《春秋》確實透露出不少「周公之德，與周之所以王」之訊息。經由《春秋》經傳，吾等可以對周人之治術有深一層、另一番之體會。

顧炎武以韓起觀看魯之《春秋》能「知周公之德，與周之所以王」為據，推斷《春秋》並非始自隱公。殊不知任何一段歷史不會孤立存在，而完全不涉及前因後果。經由前興後衰之對比，衰世對治世之追惟，反而更能彰顯周公政治規劃之臻於完善，其後周室之逐步走入衰運，實肇因於子孫之不肖。

周公安邦定國之治術表現在勢治、名治、完善之監察制度、內外相維與認同之民族思想上，奠定了周室八百年之基業，其良法美意實開百代之太平，這些治術應是中國歷朝歷代分而能合，一再能重行建立統一帝國之主要原因。

除周公之外，召公之影響亦不容小覷，特別是在宣揚認同之民族思想方面。

〔註92〕《左傳》，成公 2 年：「晉侯使鞏朔獻齊捷于周，王弗見，使單襄公辭焉，曰：『蠻夷戎狄，不式王命，王命伐之，則有獻捷。王親受而勞之，所以懲不敬，勸有功也。兄弟甥舅，侵敗王略，王命伐之，告成事而已，不獻其功，所以敬親暱，禁淫慝也。』」

〔註93〕《左傳》，閔公元年：「管敬仲言於齊侯曰：『戎狄豺狼，不可厭也，諸夏親暱，不可棄也。……』」

〔註94〕其詳可參看王師仲孚：〈試論春秋時代的諸夏意識〉，《中國上古史專題研究》（臺北：五南圖書出版有限公司，民國 85 年 12 月初版），頁 593～620。